植物乳杆菌的功能特性及在酸奶中的应用研究

单 艺 著

中国纺织出版社有限公司

图书在版编目（CIP）数据

植物乳杆菌的功能特性及在酸奶中的应用研究 / 单艺著 . -- 北京：中国纺织出版社有限公司，2025.3.
ISBN 978-7-5229-2462-5

Ⅰ . Q939.11

中国国家版本馆 CIP 数据核字第 2025PE1364 号

责任编辑：范红梅　　责任校对：王花妮　　责任印制：王艳丽

中国纺织出版社有限公司出版发行
地址：北京市朝阳区百子湾东里 A407 号楼　邮政编码：100124
销售电话：010—67004422　传真：010—87155801
http://www.c-textilep.com
中国纺织出版社天猫旗舰店
官方微博 http://weibo.com/2119887771
三河市宏盛印刷有限公司印刷　各地新华书店经销
2025 年 3 月第 1 版第 1 次印刷
开本：710×1000　1/16　印张：13.75
字数：210 千字　定价：68.00 元

凡购本书，如有缺页、倒页、脱页，由本社图书营销中心调换

目 录

第一章 植物乳杆菌的功能及在酸奶中的应用 ………………………………… 1

  1.1 植物乳杆菌简介 …………………………………………………… 1

  1.2 乳酸菌素概述 ……………………………………………………… 5

  1.3 降胆固醇概述 ……………………………………………………… 13

  1.4 γ-氨基丁酸的简介 ……………………………………………… 24

  1.5 乳酸菌发酵剂的概述 ……………………………………………… 32

  1.6 研究的目的及意义 ………………………………………………… 43

  参考文献 ……………………………………………………………… 44

第二章 植物乳杆菌的抑菌活性 ………………………………………………… 61

  2.1 植物乳杆菌抑菌活性概述 ………………………………………… 61

  2.2 抑菌活性实验材料 ………………………………………………… 61

  2.3 抑菌活性实验方法 ………………………………………………… 64

  2.4 抑菌活性结果与分析 ……………………………………………… 71

  2.5 本章小结 …………………………………………………………… 84

  参考文献 ……………………………………………………………… 85

第三章 植物乳杆菌的降胆固醇作用 …………………………………………… 88

  3.1 降胆固醇作用概述 ………………………………………………… 88

  3.2 降胆固醇作用实验材料 …………………………………………… 89

  3.3 降胆固醇作用实验方法 …………………………………………… 93

  3.4 降胆固醇作用结果与分析 ………………………………………… 103

  3.5 本章小结 …………………………………………………………… 119

参考文献 ………………………………………………………………… 120

第四章 植物乳杆菌产 γ- 氨基丁酸的研究 ………………………… 122
 4.1 植物乳杆菌产 γ- 氨基丁酸概述 ………………………………… 122
 4.2 植物乳杆菌产 γ- 氨基丁酸实验材料 …………………………… 122
 4.3 植物乳杆菌产 γ- 氨基丁酸实验方法 …………………………… 125
 4.4 植物乳杆菌产 γ- 氨基丁酸结果与分析 ………………………… 136
 4.5 本章小结 …………………………………………………………… 161
 参考文献 ………………………………………………………………… 162

第五章 植物乳杆菌高活性发酵剂制备 ……………………………… 173
 5.1 高活性发酵剂制备概述 …………………………………………… 173
 5.2 高活性发酵剂制备实验材料 ……………………………………… 174
 5.3 高活性发酵剂制备实验方法 ……………………………………… 178
 5.4 高活性发酵剂制备结果与分析 …………………………………… 183
 5.5 本章小结 …………………………………………………………… 205
 参考文献 ………………………………………………………………… 207

附 录 植物乳杆菌 SY-8834 的 *pln* 基因序列 ………………… 214

第一章
植物乳杆菌的功能及在酸奶中的应用

1.1 植物乳杆菌简介

1.1.1 植物乳杆菌的生物学特性

植物乳杆菌（*Lactobacillus plantarum*）归属于硬壁菌门杆菌纲乳杆菌目乳杆菌科乳杆菌属。细胞呈杆状，通常规则，为（0.5～1.2）μm ×（1.0～10.0）μm，通常呈短链状，革兰氏阳性，不生芽孢。兼性厌氧型，有时微好氧，在有氧条件下生长差，降低氧分压时生长较好。化能异养菌，需要营养丰富的培养基，为兼性异型乳酸发酵菌，发酵分解糖代谢，终产物中50%以上是乳酸。不还原硝酸盐，不液化明胶，接触酶和氧化酶皆为阴性。最适生长温度为30～35℃，广泛分布于环境中，特别是乳制品、肉类、鱼类和蔬菜，它们也生活在鸟和脊椎动物的消化道，以及哺乳动物的尿道中，罕见致病。DNA的（G+C）含量为44%～46%。截至2014年，已有6株植物乳杆菌完成了全基因组测序，其中最早是在2003年，由Kleerebezen等人完成了对植物乳杆菌WCSF1的全基因组测序。2005年，Van Kranenburg等人又对该菌株的三个质粒进行了功能分析。2012年Siezen等人对该菌株重新进行全因组测序并对基因的功能进行注释分析，完善了植物乳杆菌的基因组信息。

1.1.2 植物乳杆菌及其代谢产物的生理功能

益生菌（probiotics）是一类对宿主有益的活性微生物，是定植于人体肠道、生殖系统内，能够产生确切功效从而改善宿主微生态平衡、发挥有益作用的活性有益微生物的总称。植物乳杆菌是一种重要的益生菌，能够调节肠道内微生物群平衡、缓解乳糖不耐症、改善便秘等慢性肠道疾病等。Zago 等人证明了植物乳杆菌具有良好的耐酸、耐胆盐和抵抗溶菌酶水解的能力，同时能够定植在肠上皮细胞表面产生细菌素、β-半乳糖苷酶等活性成分，对肠道有害细菌的生长繁殖有明显的抑制作用，并且可以有效改善由乳糖引起的乳糖不耐症。植物乳杆菌具有诸多重要的对人体有益的生理功能，它常与发酵剂乳酸菌种配伍使用，用于发酵乳制品的制备和生产。有研究证明，每日摄入一定数量的植物乳杆菌，能够对机体起到促进健康的作用。

1.1.2.1 免疫调节

目前，许多研究都已证明了植物乳杆菌能够刺激机体的免疫系统，包括体液免疫和细胞免疫，做出相应的免疫应答反应，从而起到免疫调节的作用。体外实验证实，植物乳杆菌可以较好地黏附在肠上皮细胞表面，引起菌体和肠表皮细胞间的活动和反应，激活或抑制体液免疫感受蛋白（innate innunity receptors）的表达，控制某些炎性因子、细胞因子、趋化因子的释放，从而起到调节机体免疫应答反应的作用。植物乳杆菌不仅可以激活机体的免疫应答反应，对抗外源致病菌和毒性物质，同时还可以通过抑制免疫相关基因的表达，控制机体过免疫和免疫失调的发生。鉴于植物乳杆菌在免疫调节方面的优异表现，国外许多研究者建议将其添加到功能性食品和药品中，辅助性治疗免疫失调、免疫缺陷等相关疾病。

1.1.2.2 抗致病菌

研究对比了饲喂植物乳杆菌两周后的小鼠和正常饲喂的小鼠肠道中微生物（致病菌和益生菌）的数量。结果发现，饲喂植物乳杆菌的小鼠肠道内的致病菌数量明显少于正常饲喂的小鼠；同时发现，植物乳杆菌没有影响小鼠肠道的稳定性，说明了植物乳杆菌能够减少肠道中致病菌的数量，对肠道起到一定的保护作用。另有临床试验证明，植物乳杆菌可以影响某些致病菌在人体呼吸道内的定植、生长和繁殖，能起到与抗生素相似的抗菌和消炎的功效。植物乳杆菌的抗菌作用可体现在其能够影响致病菌在黏膜或上皮细胞表面上的定植，另外，一些植物乳杆菌的菌株还能够分泌被称为细菌素的一类蛋白或肽类的物质，它们能使某些致病菌的蛋白酶失去活性，从而起到抑制致病菌生长和繁殖的作用，而且不同植物乳杆菌菌株的抗菌谱是不同的。

1.1.2.3 预防心血管疾病

目前，医学界已经公认高血脂是导致动脉粥样硬化、冠心病等心血管疾病的首要原因，降低血液中脂类物质的含量能够有效降低心血管疾病发生的概率。动物实验证明了一株从婴儿粪便中筛选出来的植物乳杆菌具有良好胆汁耐受性和胆盐水解活性，同时给患高脂血症的小鼠饲喂一定数量（10^7CFU/天）植物乳杆菌，两周后小鼠血液中的血清总胆固醇和甘油三酯的含量显著降低，说明该株植物乳杆菌具有良好的降胆固醇的益生功效。相似的实验也证明了一株从开菲尔乳制品中筛选的植物乳杆菌，该菌株也能够明显降低血清总胆固醇、低密度脂蛋白和甘油三酯，但对高密度脂蛋白的影响不显著；另外，它还能够降低肝脏中的总胆固醇和甘油三酯，对机体胆固醇的控制作用更加明显，说明对心血管疾病有良好的预防作用。

1.1.2.4 改善肠道机能

植物乳杆菌具有良好的耐胃酸、耐胆汁的能力，能够经受住胃肠的消化作用，并最终在小肠和大肠中定植下来。早期通过动物实验就有研究者发现，饲喂植物乳杆菌的小鼠的粪便中乙酸和丙酸的含量较高，这说明了植物乳杆菌不仅定植在了小鼠的肠道内，而且还与其他微生物相互影响，改变了肠道微生物的发酵作用，同时还发现小鼠的排便量增加，粪便质地变得柔软，排气次数减少等，说明了植物乳杆菌对机体的肠道功能有一定的改善作用。植物乳杆菌改善肠道机能还与其能够和某些致病菌形成拮抗作用密切相关，这是由于当植物乳杆菌大量定植到机体肠道内时会形成抵抗外源致病微生物的屏障，从而较少肠道受感染的可能，起到保护肠道的功效。

1.1.3 植物乳杆菌在乳品工业上的应用

1.1.3.1 改善发酵乳制品品质

目前制备酸奶使用的发酵剂以德式乳杆菌保加利亚亚种和嗜热链球菌为主，这两种乳酸菌对人体胃液和胆汁的酸碱环境均比较敏感，经过胃肠道消化后一般很难在肠道定植下来，使得乳酸菌未能最大化地实现其良好的益生功能。将植物乳杆菌与两种酸奶主发酵剂菌株配伍制备的发酵乳，植物乳杆菌不仅具有良好的产酸性能，三种乳酸菌之间的生长和代谢存在着一定的协同作用，可以一定程度上缩短凝乳时间，同时植物乳杆菌还可以生成乙醛、丁二酮、挥发性有机酸等香气物质，从而改善发酵乳风味方面的品质。另外，植物乳杆菌对胃酸和胆汁有较好的耐受能力，能够在人体小肠和大肠成功定植，发挥其多种益生作用，大幅增加了发酵乳的益生功能，提高了发酵乳制品的附加值。

1.1.3.2 丰富发酵乳制品种类

随着生活水平的逐渐提高，人们需要品种多样的乳制品以满足工作和生活中的各种需要；除了德式乳杆菌保加利亚亚种和嗜热链球菌，其他种属的乳酸菌逐渐被开发和应用到发酵乳制品中。植物乳杆菌是发酵乳制品中使用比较广泛的一种乳酸菌，它不仅具有良好的发酵特性，可以改善传统发酵乳制品的品质，更重要的是，植物乳杆菌能够利用植物性的原料（如水果、蔬菜、豆类）进行发酵制备乳酒、发酵乳饮料、发酵豆奶等新型的发酵乳制品。这些以植物乳杆菌为主发酵剂的新型发酵乳制品既发挥了植物乳杆菌独特的发酵特性，同时在牛乳的基础上又结合了水果、蔬菜、豆类等植物性元素，使得产品的营养价值更加全面。目前，我国对于应用植物乳杆菌为主发酵剂制备发酵乳饮料、发酵果汁等新型的发酵乳制品还处于研究阶段，因此，着力研究植物乳杆菌的发酵特性、代谢途径对开发新型的发酵乳制品具有重要的指导意义。

1.2 乳酸菌素概述

1.2.1 乳酸菌素的定义和分类

1925年，Gratia等发现了一种具有抗菌活性的物质，被称为"colicine"，该物质是由一株大肠杆菌（*E. coli*）代谢产生的。1953年，Jocob等将细菌代谢产生的抑菌蛋白物质统称为"bacteriocin"，即细菌素，该物质对同源菌株具有很高的专一性。1982年，Konisly重新定义细菌素：细菌素是某些细菌通过核糖体合成机制产生的一类具有抑菌活性的蛋白质或多肽，它们只能抑制亲缘关系较近的细菌的生长；而且，细菌素对产生菌没有抑制作用。直至今日，对细菌素的定义尚无统一结论，目前普遍认为：细菌素是一类由质粒DNA（plasmid DNA）编码形成的，在某些细菌的核糖体内合成的一类具有抗菌活性的次级代谢产物，其化学本质为蛋白质、多肽或前体多肽，不仅能够抑制同源的细菌，对某些其他的种也有抑制作用，但是不能抑制产生菌的生长繁殖。大多数细菌素的抑菌谱较窄，只对亲缘关系相近的细菌有抑制作用，只有少数细菌素具有广谱抑菌作用。

细菌素以生产菌而命名，由乳酸菌产生的细菌素称为乳酸菌素。乳酸菌素的分子量一般小于6000Da，热稳定性很强，可以抑制甚至杀死食品中大部分革兰氏阳性致病菌和腐败菌，小部分乳酸菌素可以抑制一些革兰氏阴性菌。目前已经发现并正被广泛研究的乳酸菌素有乳球菌素（Lactococcin）、乳杆菌素（Lactocin）、乳酸链球菌素（Nisin）、片球菌素（Pediocin）、明串珠菌素（Carnocin）、植物乳杆菌素（Plantaricin）、肉食杆菌素（Carnobacteriocin）、肠球菌素（Enterocin）等。

乳酸菌素种类繁多，分类比较混乱。根据乳酸菌素相对分子质量、化学结构、稳定性和组成氨基酸的特点，一般乳酸菌素可以被分为4类。

1. 羊毛硫乳酸菌素（Lantibiotics）

羊毛硫乳酸菌素的分子量一般小于5kDa，是一类小分子多肽，其分子结构中含有氨基酸分子19～50个。在翻译过程中，羊毛硫乳酸菌素被加工修饰，组成性氨基酸转变为羊毛硫氨酸（不常见氨基酸），之后经过修饰过程，非编码氨基酸β-甲基羊毛硫氨酸（β-methyllanthioninc）、羊毛硫氨酸（Lanthionine）、脱氢丙氨酸（Dehydroalanine）和脱氢酪氨酸（Dehydrobutyrine）等存在于分子的活性部位，这些氨基酸在分子内部形成环状结构，以共价键连接。通常，羊毛硫乳酸菌素中含有 1～2 个羊毛硫氨酸。含有两个羊毛硫氨酸的羊毛硫细菌素的抑菌图谱较广，对革兰氏阳性菌和真菌的生长均有抑制作用。依据分子形状和作用机理的不同，现在已经发现的 50 多种羊毛硫乳酸菌素，被分为两类：Class Ia 类的分子结构呈延伸的螺旋状，分子带正电荷，具有两亲性，可以在细胞质膜上形成孔洞，并且该孔洞具有电位依赖性，如 Nisin 等。Class Ib 类为球形，大部分是由甲基羊毛硫氨酸（MeLan）组成，其结构中含有 4 个分子内的硫醚环，带负电荷或不带电荷，能抑制细菌细胞壁的形成，为酶抑制物和免疫蛋白，如肉桂霉素等。

2. Class II 细菌素

Class II 细菌素的分子量小于 10kDa，具有热稳定性，不含羊毛硫氨基酸，无翻译后修饰的过程。这类乳酸菌素含有长度为 18～21 个氨基酸的 N- 末端信号肽，有活性的细菌素其 N 末端的位置上通常是赖氨酸或精氨酸。Class II 细菌素又分为 4 个亚组。① Class IIa：是一种抗李斯特菌的多肽，如片球菌素，其 N- 末端区域被 YGNGVXC 所修饰，含有 Tyr-Gly-Asn-Gly-Val 保守序列。其分子结构中含有 37～48 个氨基酸，由 1～2 个半胱氨酸构成 S-S 桥，主要抑制李斯特氏杆菌的生长，其抑菌图谱相对较窄。② Class IIb：即二肽细菌素，由两个具有不同氨基酸序列的肽类寡聚体形成，如 Lactacin F 和 Plantaricin NC8，需两个肽共同作用才能发挥活性，当结合在一起的二肽单独作用时，活性大大降低。③ Class IIc：包括分泌依赖型细菌素，能被硫醇激活，活性基团要求有还原性半胱氨酸残基。④ Class IId（其他细菌素）：不属于这些型的其他 Class II 细菌素，如 Enterocin B。

3. Class III 细菌素

Class III 细菌素是大分子热不稳定蛋白类细菌素。通常分子量大于 30kDa，60～100℃处理 10～15min 即失活。其抑菌谱较窄，只拮抗亲缘关系很近的种属，包括 Helveticin J、Lacticin A 等。

4. Class IV 细菌素

Class IV 细菌素是大分子复合物，由蛋白质和 1～2 种非蛋白基团（如碳水化合物、类脂等）组成，其结构中的非蛋白组分对它们发挥抑菌活性具有重要作用。

1.2.2 乳酸菌素的合成

乳酸菌素的化学本质是多肽，它是由细菌的染色体或质粒 DNA 编码，通过转录和翻译等核糖体蛋白合成机制来合成的。大多数革兰氏阳性菌的细菌素是由质粒基因编码的，如 Lactocins 等；而 Nisin 等则是由染色体 DNA 编码；肉杆菌素 B1 的合成过程中，染色体和质粒 DNA 都参与了细菌素活性的编码。

细菌素是微生物的次级代谢产物，一般在菌体的对数生长期进行生物合成，合成后的细菌素在细胞中为无活性的蛋白前体，通过转运系统分泌到细胞外。此时的细菌素需要经过加工修饰才能表达抑菌活性。乳酸菌素的生物合成通常与染色体上的转座子或者质粒等运动元件密切相关。合成细菌素的活性位点通常在操纵子簇上，目前含有羊毛硫细菌素基因的操纵子被广泛研究。通常，用 lan 表示其位点，结构蛋白用编码的 LanA 表示，加工蛋白用 LanP 表示，修饰蛋白用 LanB、LanC 和 LanM 表示，转运蛋白则用 LanT、LanH 等表示。这些能够产生有活性细菌素的基因被称为操纵子簇。由 LanA 基因编码产生的前体多肽即为结构蛋白，该蛋白含有 23～59 个氨基酸。信号肽序列存在于前体多肽的氨基端，LanB、LanC 或 LanM 等酶修饰的位点则位于前体多肽的羧基端。LanA 在细胞内需经过一个复杂的酶学反应过程才能形成羊毛硫乳酸菌素，并且具有抑菌活性，该反应过程包括加工、修饰（至少存在两步翻译）、转运以及信号肽切除等。其中，合成具有生物活性的羊毛硫乳酸菌素的重要加工过程就是信号肽的切割。一般，先进行前体肽的修饰，之后再通过引导肽帮助其在胞内转运。此过程完成后，引导肽被 LanP 或者 LanT 切割，分泌出具有活性的细菌素分子。其中 LanP 是一种丝氨酸蛋白酶类，而 LanT 是一种含有 ATP 结合域的蛋白，其结构中包括两个区域，一个区域负责识别前导肽，另外一个区域通过 ATP 的水解提供乳酸菌素分泌所需的能量。如果引导肽的切割酶出现异常，将直接导致羊毛硫细菌素的合成受到影响。如在合成乳链球菌素的过程中，若蛋白酶 LctT 的活性结构域发生突变或被删除，那么该菌株将不能合成完整的链球菌素。由此可以看出，羊毛硫细菌素的信号肽在细胞中既能使其前体蛋白保持非活性状态，使无活性的乳酸菌素不能攻击产生菌的菌体，又能充当信号肽酶的识别序列以及切割的靶序列，也可以为前体蛋白充当运输信号。

Nisin 是研究最为深入的乳酸菌素，由乳酸乳球菌乳酸亚种分泌，分子结构呈线型。Nisin 的生物合成过程为：在 LanB 的催化作用下，苏氨酸和丝氨酸脱水反应生成 2，3-双脱氢氨基酸，然后通过 LanC 的修饰作用，以局部和立体选择方式，2，3-双脱氢氨基酸与相邻的半胱氨酸的巯基形成硫醚环，Nisin 的合成过程见图 1-1。有些菌种含有两个羊毛硫细菌素基因，它们合成的羊毛硫细菌素的 LanM 酶兼具 LanB 和 LanC 的功能，既能够催化脱氢反应又能够催化硫醚环化反应，如合成 Lacticin 481 的过程中，仅存在一种 LanM 就实现了 Lacticin 481 的表达。

非羊毛硫乳酸菌素的合成机理与第一类不同，不经过后转移修饰过程，如片球菌素 PA-1，其生物合成的相关基因包括 *pedA*、*pedB*、*pedC*、*pedD* 等。*pedA* 负责编码片球菌素 PA-1 的前体肽，再与前导肽一起被分泌出来，此时的前导肽含有两个甘氨酸分裂单元；菌体自我保护的蛋白质主要由 *pedB* 基因负责编码；*pedC* 负责编码一些必要的蛋白质，这些蛋白质与 *pedD* 编码后的 ABC 转座子协同作用，促进细菌素的分泌及其活性的表达。

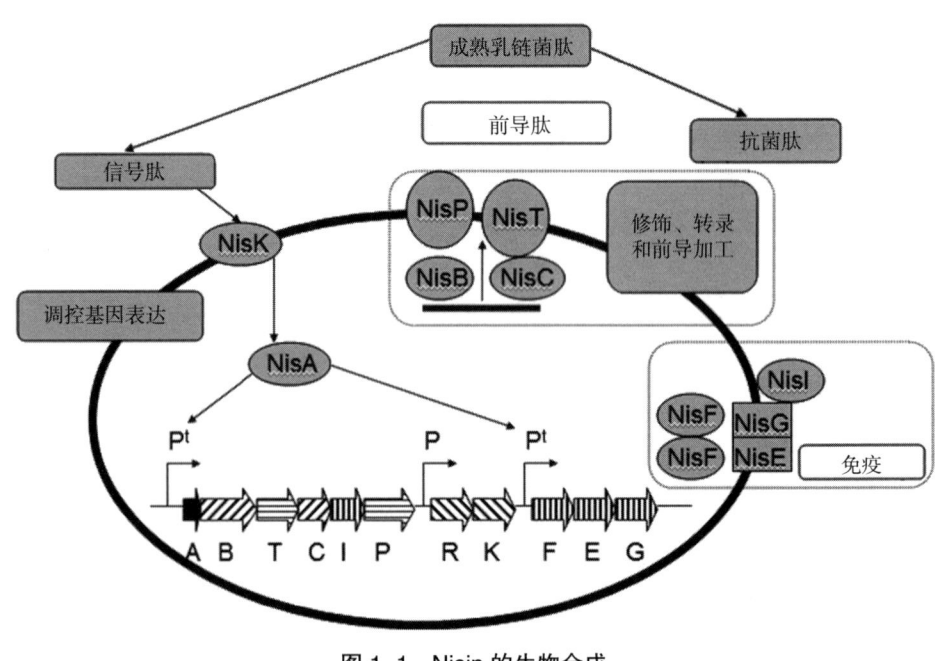

图 1-1 Nisin 的生物合成

1.2.3 乳酸菌素的作用机制

乳酸菌素通过不同的抑菌机制产生抑菌效果，由于不同的乳酸菌素结构不同，其对细胞膜的作用方式也不同。多数乳酸菌素是通过杀菌来达到抑菌效果的。

羊毛硫乳酸菌素具有双重作用机制：细菌素在一定的膜电位的存在下，非特异性地吸附到靶细胞膜上形成孔洞，释放胞内离子，从而引起质子驱动势耗尽，致使电子传递体解偶联，ATP 的合成受到阻碍，物质运输和能量代谢受到影响，并阻断核酸与蛋白质等大分子物质的合成，最终导致细胞死亡。Nisin，Lacticin 等就是通过类似的作用方式达到抑菌效果的。其中，Nisin 的作用机制研究最为深入。Nisin 吸附到靶细胞的细胞膜后，形成孔道结构，引起跨膜电势消失，使质子驱动力（PMF）丧失、pH 失衡。由于 K^+ 等小分子物质外流、ATP 泄漏、细胞膜去极化、细胞外的水分子流入，细胞因自溶而死亡。另外，有研究显示，Nisin 能够与一种肽聚糖的前体 lipid Ⅱ 结合，导致细胞壁的生物合成受到干扰，这一过程加速了孔洞形成，进而达到了抑制细菌生长的效果。由于双重机制，羊毛硫乳酸菌素在毫摩尔浓度即能发挥抑菌作用。

Class Ⅱ 乳酸菌素的作用机制主要是通过在细胞膜上形成孔隙，增加了细胞膜的通透性，消耗细胞内的 ATP，引起细胞内的各种亲水性离子和氨基酸泄漏而杀死菌体。在此过程中，作为乳酸菌素的受体，磷酸转移酶系统 EIItMan（糖摄取/磷酸化系统）中的甘露醇透性酶引起广大学者的研究兴趣。Ramnath M 等发现，乳酸菌素对于缺少甘露糖透性酶 EIItMan 的菌体无抑制作用；Dalet K 等报道，在单核细胞增生李斯特氏菌（单增李斯特氏菌）中也出现了同样的情况。但是，目前还不清楚甘露糖透性酶 EIItMan 作为 Class Ⅱ 细菌素受体所起到的具体作用。此类细菌素主要通过破坏细胞膜功能（如能量传导）的稳定性来达到对指示菌的抑制作用，而并非破坏完整的细胞膜结构。

Class Ⅲ 细菌素也被称为溶菌素，其作用机制与其他细菌素有所不同。该类细菌素能促进靶细胞细胞壁的溶解，而不是溶解敏感细胞的细胞膜。这些蛋白是形成细胞壁的重要组分，并且在 N- 末端存在反应区域，在 C- 末端可能具有目标识别位点，它们的肽链内切酶相同。

1.2.4 乳酸菌素的应用

乳酸菌所产生的细菌素具有高效、无毒、不残留、无抗药性、无副作用等优点，而且能够抑制甚至杀死一些病原菌、腐败菌，热稳定性较强，人体和动物肠道内的部分蛋白酶可以将其降解，不易在机体中蓄积引起不良反应，故而受到了食品工业、医疗保健、基因工程以及饲料加工等领域的广泛关注。乳酸菌素作为食品级安全的乳酸菌所产的细菌素，特别受到食品工业的青睐，其应用前景非常广阔。

1.2.4.1 在食品中的应用

细菌素最早在食品行业中得到应用，目前的主要用途仍是作为天然的食品防腐剂使用。Nisin作为被美国食品与药品管理局（FDA）确认的安全无害（GRAS）的细菌素产品，已被世界60多个国家、地区作为天然的防腐剂应用于食品工业。其应用范围包括乳制品、罐头食品、果汁饮料、海产品、肉制品以及酒精饮料等。

1. 在乳制品中的应用

乳酸菌作为发酵剂，在乳品发酵生产中有着长久安全的历史。Nisin对许多革兰氏阳性菌，包括葡萄球菌、单增李斯特氏菌等有明显抑制作用，已成功应用于巴氏灭菌干酪、硬质干酪、巴氏灭菌奶、高温灭菌奶、罐装浓缩牛奶、高温处理风味奶、酸奶、乳制甜点等制品中。经研究表明，在鲜奶中加入30～50IU/mL的乳酸菌素可以使其货架期延长一倍；经巴氏杀菌的牛奶制成干酪，在其中加入500～1000IU/mL的Nisin，不但能有效地抑制肉毒梭菌的生长和毒素的形成，而且还能降低NaCl和磷酸盐的用量；当Nisin以500IU/mL的浓度与耐酸CMC、复合稳定剂A或B联合使用时，可以在不影响酸奶的感官品质的情况下，延长酸奶的保质期4～8天。

一些具有优良性质的菌种被很多研究者分离筛选出来，它们产生的细菌素作为防腐添加剂加入到食品中。Reviriegoc等在对奶酪的研究中发现产Nisin的乳酸链球菌和片球菌素PA-1同时存在，结合对照实验发现，加入片球菌素PA-1不但不影响 Nisin 的产生，而且还加强了对单增李斯特氏菌的抑菌作用，降低了李斯特氏菌的最低数量至 25CFU/g。另外，研究人员发现，将浓度为 160Au/g 的蜡样菌素 8A 添加到牛奶和奶酪中，4℃条件下，可以减缓李斯特氏菌的生长，使其到达对数生长期的时间延长 6 天。

2. 在罐装制品中的应用

乳酸菌素在酸性环境下的稳定性、活性和溶解度都有提高。所以乳酸菌素在酸性食品中得到了广泛应用。张晓东等通过研究发现，在瓶装酱菜中添加 Nisin，不仅降低了食品中 NaCl 的使用量，而且能有效地抑制乳酸菌再发酵和腐败菌的生长，比化学防腐剂山梨酸钾和苯甲酸钠的抑菌效果更好。Coagulin 也应用于罐装食品加工中。Coagulin 在 pH 4～8 范围内具有抑菌活性，可以抑制肠球菌、李斯特氏菌和明串珠菌的生长，对有机溶剂具有一定的抗性。

3. 在肉类制品中的应用

病原体和腐败有机体容易在新鲜肉类产品和熟食中生长，所以肉类制品中经常加入硝酸盐以抑制肉毒梭菌的生长。但是在硝酸盐还原菌的作用下，硝酸盐会转化为亚硝酸盐，亚硝酸盐与体内胺类物质反应生成亚硝胺化合物，其致癌性有害人体健康。因此，安全、无毒、无残留的细菌素作为硝酸盐的替代物逐渐被研究者关注。Nisin 单独使用或与低浓度的硝酸盐混合使用可以有效抑制梭状芽孢杆菌的生长。另外，在肉制品中使用 Nisin 可降低产品的 pH，减少残留的亚硝酸盐，降低对人体的危害，提高了肉制品的安全性。据 Rayman 等研究报道，将一定浓度的 Nisin 加入火腿中，硝酸盐的用量由原来的 0.015% 降至 0.004%，而且火腿的品质保持不变。除了 Nisin，其他细菌素如：乳杆菌素 Sakacin 能抑制李斯特氏菌的生长；明串珠菌素能抑制乳球菌、李斯特氏菌、粪肠球菌的生长；某些肉细菌属的乳酸菌合成的乳酸菌素对肉毒梭菌和部分革兰氏阳性细菌具有抑制作用；片球菌属合成的乳酸菌素可以抑制一些革兰氏阳性菌，如金黄色葡萄球菌和产气荚膜梭菌，以及嗜水气单胞菌、恶臭假单胞菌等的生长繁殖。

4. 在酒品和果汁中的应用

Nisin 由于能够抑制革兰氏阳性菌，但对酵母菌无抑制作用，已被应用于酒类产品和果汁饮料中。Nisin 能够防止酒类和果汁的酸败，有效抑制由于乳酸菌属的乳酸杆菌和片球菌生长繁殖引起的腐败，而且不会影响产品的风味、口感、组织状态等特性。在啤酒的加工过程中，巴氏杀菌会导致产品有"杀菌味"和"老化味"。添加Nisin降低了巴氏杀菌的温度，缩短了杀菌的时间，可以减少因杀菌带来的异味，保持啤酒的新鲜度，不影响其风味。100IU/mL的Nisin几乎可以抑制啤酒中常见的所有腐败菌的生长繁殖，延长瓶装啤酒的货架期，尤其是非巴氏杀菌啤酒的货架期。Radier等研究报道，将Nisin应用于白酒酿造中，有效地防止了肠膜明串珠菌、啤酒片球菌和乳杆菌等杂菌的污染。有英国学者研究报道，Nisin对橘子汁、苹果汁和葡萄柚汁中的酸土芽孢杆菌孢子有良好的抑制作用，因此可以防止果汁加工过程中酸土芽孢杆菌引起的酸败。除Nisin之外，Martimez等报道的enierocin AS-48能通过钝化有害乳酸菌的细胞膜活力，抑制苹果酒中的有害乳杆菌和片球菌产酸，极大地延长产品的货架期。

1.2.4.2　在医药领域的应用

乳酸菌素通过促进胃液的分泌、加强胃肠蠕动，进而促进食物消化。因此，乳酸菌素可用于治疗临床上因消化不良引起的腹泻、腹胀、胃肠炎等。而且，乳酸菌素可以选择性杀死消化道内的致病菌，对益生菌具有保护和促进作用，能够平衡肠黏膜水分，调节附着在肠黏膜表面的电解质，平衡消化道的菌群，改善胃肠道菌群环境。乳酸菌素由于其多肽性质，食用后会很快被消化道内的部分蛋白酶水解吸收，而不影响正常菌群的存活。另外，乳酸菌素能够使人体的特异性和非特异性免疫物质的免疫能力增强，吞噬细胞酶被激活，肠道中的致病菌被选择性杀死，而不影响有益菌的生长。通过刺激肠道内免疫球蛋白A（IgA）的产生，提高机体的体液免疫和细胞免疫，加强肠道免疫力。据Laukova A等报道，粪肠球菌CCM4231产生的抑菌物质，可以预防和治疗羊羔、牛犊、猪仔和幼鸡的细菌性肠炎。有研究发现，微生态制剂乳酸菌素在妇科疾病治疗方面也有了新的用途。

1.2.4.3　在饲料中的应用

近年来，有些商家为了谋求经济利益，在饲料中不当或过量添加抗生素，对动物和人体健康及生态环境产生不良影响，引起动物的抗药性，甚至导致安全事故的发生。细菌素由于无毒、热稳定、无抗性、无副作用、易被胃肠道中的部分蛋白酶所降解、不会残留在动物体内而产生不良反应、可以较好地保持饲料的营养价值和风味等优良性质成为近年来研究的热点。根据微生物学原理，将细菌素以添加剂的形式加入饲料中，主要可以起到两个作用：一方面是防止饲料本身被致病菌污染（如沙门氏菌等），并抑制带菌动物排泄物中的病原菌传播，较大程度地抑制病原菌对动物体的危害；另一方面是防止致病菌危害动物的肠道，而不影响动物肠道中的有益微生物。乳酸菌，特别是乳杆菌，作为动物肠道中的优势菌群，利用它们研制益生菌制剂，可以有效调节宿主动物胃肠道的生态环境。Bhunia等研究发现，用细菌素Pediocin AcH进行饲喂，小鼠和兔子的免疫力得到提高，并且没有产生任何不良反应和致死作用。据Vederas等报道，利用乳酸菌素facticin3147对奶牛乳头进行封口，既能有效防止革兰氏阳性菌的感染，又在一定程度上预防奶牛乳房炎的发生。

1.3 降胆固醇概述

1.3.1 胆固醇与人类健康

胆固醇（Cholesterol）广泛存在于各种组织、细胞中，在体内发挥生理作用的以环戊烷氢菲核为骨架的27碳化合物。作为人体必需的营养成分，具有重要的生理功能，它既是构成细胞的重要成分，又是类固醇激素以及胆汁酸和维生素D的合成原料的前体。人体内总胆固醇浓度为110～200mg/100mL为正常指标，若体内胆固醇的浓度过高则会导致心血管疾病，使人类健康受到威胁。美国人Kim在研究中证实了血液胆固醇浓度与心脑血管疾病发生率密切相关。人体的胆固醇除少量的自身合成外，多数来自于膳食，当摄入较高量的胆固醇时，则会引起胆固醇在血液中的沉积率升高，从而引发心血管疾病。随着生活水平的改善，心血管疾病的发病率也逐年上升，有研究表明，每降低1%的血清胆固醇浓度，相应地发生心血管疾病的危险性就可以降低2%～3%。因此，开发具有降胆固醇功能的产品对降低心血管疾病的发病率具有重要意义。

日常饮食中对胆固醇的摄入量的控制可以减少胆固醇在血管壁的沉积，保护血管功能。每日胆固醇的摄入量以不超过 300mg 为宜，而对于心脑血管疾病患者，胆固醇的摄入量应控制在 200mg 以下。同时，要注意科学饮食：第一，尽量选用低胆固醇的食物；第二，避免高脂肪、高胆固醇的食物，尤其是富含饱和脂肪的食物；第三，多食用富含膳食纤维和植物固醇的食物。为了有效防止心脑血管疾病的发生，很多人通过限制饮食的方法来达到控制体内胆固醇指标的目的，而却又无法满足人们所追求的生活质量的提高，这便使得多种低胆固醇的食品应运而生。因此，利用先进技术和手段有效降低胆固醇食品的开发势在必行。

1.3.2 胆固醇的合成与代谢

胆固醇是细胞的重要组成成分，是细胞膜的重要组成部分，对细胞和机体具有重要的生理功能。胆固醇在机体内转化为孕醇酮，进一步合成多种类固醇激素，影响反应应激、代谢调节以及激活免疫反应，是维持免疫细胞生理机能的重要物质，同时，胆固醇作为体内许多激素的前体物质和合成原料，在肾上腺和脑神经组织中含量丰富，与神经传导关系密切，此外，胆固醇还可以促进骨骼发育，维持神经系统的正常机能。但是过高的胆固醇会诱发如肥胖、心血管疾病等一系列疾病。大量证据表明，动脉粥样硬化症的发生受人体血液中低密度脂蛋白含量的影响，诱发冠心病和中风等疾病的发生，利用药物降低血液中的低密度脂蛋白水平可显著减少动脉粥样硬化症等疾病发生的风险。体内大部分胆固醇来自食物，体内胆固醇平衡，受其自身合成、胆固醇的代谢以及食物中胆固醇的吸收等因素影响。肠道负责把食物中的胆固醇在肠道以微粒的形式吸收到肠道上皮细胞内，经淋巴管运输到血液和肝脏。因此，肠道胆固醇的吸收运输对体内胆固醇平衡起着重要作用。

机体内胆固醇的来源分为外源性摄入和内源性合成（图 1-2），其中，小肠和肝脏是机体合成胆固醇的主要场所。由于胆固醇在肠道吸收和运输，因此，对体内胆固醇浓度的调节以及食物中降血脂成分和降血脂药物均可通过调控肠道胆固醇吸收、运输和合成的关键基因来影响胆固醇代谢。乙酰辅酶 A 是机体内源性胆固醇合成的前提,其中胆固醇合成中的限速酶为 3-羟基-3-甲基戊二酰 CoA 还原酶(HMG-CoA),对人体内胆固醇的合成速度有调节作用。

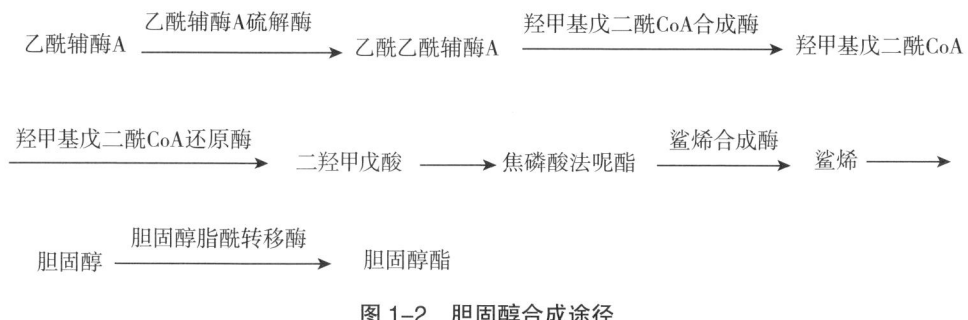

图 1-2 胆固醇合成途径

此外,少量膳食中获取的外源性胆固醇主要来源于动物性食品,其中内脏、海产品中较为丰富。胆固醇在体内无法彻底氧化分解,可在肾上腺等组织向其他具有生理作用的物质转化,但转化为其他物质的胆固醇只占总胆固醇的小部分,体内大部分的胆固醇在肝脏转化为胆酸参与肝肠循环,其他部分则还原成类固醇等物质随粪便排出体外。

1.3.3 降低胆固醇的方法

目前,降低血清胆固醇水平的方法主要有以下几方面:

(1)减少外源胆固醇的摄入。摄取低胆固醇的食物或者摄入植物固醇含量高的食物,以竞争性抑制人体对食物性胆固醇的吸收。食物性胆固醇降解技术主要包括:吸附剂吸附、微胶囊包埋技术、分子印迹固相萃取、胆固醇氧化酶脱除作用以及乳酸菌的应用等方面。

(2)抑制胆固醇的自身合成。HMG-CoA 还原酶作为胆固醇合成中的限速酶,其活性高低决定着胆固醇合成速率。胆固醇吸收抑制剂可以对肠道胆固醇的吸收起到抑制作用,从而使胆固醇的合成受阻,降低血清中的胆固醇水平。

(3)促进体内胆固醇的分解。胆固醇是胆酸的前体,促进胆固醇转化成胆酸可加速体内胆固醇的排出,血清胆固醇含量的降低可通过促进胆固醇在肝脏内向胆酸的转化来实现。膳食纤维以及具有胆酸盐水解酶活性的乳酸菌等可以抑制胆酸在肠道中的重新吸收，从而降低血清胆固醇浓度。

1.3.4 乳酸菌降胆固醇的作用机理

自从 Mann 等报道非洲 Masai 部落人群血清中含有低水平的胆固醇，与长期大量饮用天然乳酸菌发酵乳有关，通过体外和体内试验的大量研究，也证实了乳酸菌的降胆固醇作用，但其作用机理尚无定论。

研究者们通过对乳酸菌降胆固醇作用的研究，相继提出了乳酸菌降低胆固醇作用机理的多种假说，主要有以下几个方面：①共沉淀作用；②胆酸盐水解酶对胆酸盐的去结合作用；③乳酸菌细胞对胆固醇的同化（吸收）作用；④胆固醇结合到乳酸菌细胞膜上；⑤共沉淀与同化（吸收）共同作用；⑥其他理论。这些机理假说尚有待于进一步研究证实。

1.3.4.1 共沉淀作用

研究发现，菌株体外降低胆固醇的机理在于，低 pH 环境下胆酸盐和胆固醇发生的共沉淀作用。Usman 等提出的共沉淀理论，认为乳酸菌可产生胆盐水解酶，使胆盐失去共轭作用，在酸性（pH < 6.0）条件下，胆固醇与去共轭胆盐复合物发生沉淀，从而使胆固醇溶解性降低，不被体内吸收而通过粪便排出体外。Klaver 等用色谱法测定了培养基中的胆酸盐组分，结合型胆酸盐被分解成游离胆酸盐，认为乳酸菌在 pH 低于 6.0 条件下使得游离胆酸盐和胆固醇发生共沉淀，从而去除培养基中的胆固醇。当 pH 稳定在 6.0 时，游离的胆酸盐不能与胆固醇共沉淀，培养基中的胆固醇没有被降解，因此，认为胆固醇的降解不是由于其被吸收，而是受共沉淀作用的影响。胡梦坤等发现，通过培养上清液和沉淀物中胆固醇含量的变化，推断出植物乳杆菌 LD 1103 在生长过程，培养基中部分胆固醇随胆盐一起沉淀下来，证明该菌降胆固醇作用机理可能为胆盐共沉淀作用。Yurong 等发现嗜酸乳杆菌对脱氧牛磺胆酸盐、苷氨胆酸盐、鹅脱氧牛磺胆酸盐和牛磺胆酸盐能生成游离胆酸盐同胆固醇一起沉淀均具有发挥去结合的作用。Liong 等对双歧杆菌和乳杆菌的研究表明，它们均具有胆酸盐水解酶活性，能够分解苷氨胆酸钠和牛磺胆酸钠生成

游离胆酸盐与胆固醇发生共沉淀作用。目的菌株在所产生的胆盐水解酶作用下水解胆盐产生能与胆固醇结合生成复合物的游离态的胆酸，在酸性条件下发生共沉淀，从而降低胆固醇。

1.3.4.2 胆酸盐水解酶对胆酸盐的去结合作用

胆酸盐在肝脏中由胆固醇合成，在人体内主要以牛磺胆酸盐和甘氨胆酸盐两种形式存在并参与肝肠循环。研究表明，一些乳酸菌可产生胆盐水解酶（bile salt hydrolase, BSH），具有水解胆酸盐的作用。肝细胞通过将胆固醇转化合成初级胆汁酸作为清除肝脏中的胆固醇的主要方式，初级胆汁酸与牛磺酸和甘氨酸共轭结合形成结合胆汁酸，由于肠道内存在大量的细菌，在细菌胆盐水解酶的作用下使结合胆汁酸水解为游离氨基酸和游离胆汁酸，并脱氧形成次级胆汁酸，而小肠不易吸收去结合作用产生的游离胆酸盐，因此，其不参与肝肠循环，而随粪便排出体外。由于胆汁酸的减少，可激发体内的反馈抑制作用，使胆固醇进一步合成新的胆酸盐，从而降低体内胆固醇水平降低。Ibrahim 等通过小鼠实验，检测小鼠肠道结合型胆盐和游离胆酸含量，与饲喂乳杆菌的小鼠相比，定植有乳杆菌的小鼠小肠内主要的胆酸是游离的胆酸，因此表明乳杆菌产生的胆酸盐水解酶可以在肠道发挥活性。乳酸菌产生的胆酸盐水解酶的能力也因此引起了研究者的广泛关注。

研究表明，胆酸盐水解酶是乳酸菌自身产生的组成型水解酶。Tanaka 等对 273 株乳酸菌的胆酸盐水解酶活性进行了研究，BSH 活性的存在与属种的生活环境之间关系密切，BSH 种类、分子量以及等电点都存在菌株特异性，并不是所有的细菌都具有胆盐水解酶活性。其中编码 BSH 的基因证明能在大肠杆菌中克隆及表达，随着乳酸菌菌株全基因组的测序完成，编码胆酸盐水解酶的 *bsh* 基因在基因组中得到了定位，Pridmore 等对肠道益生菌 *L. johnsonii* NCC 533 的全基因组序列进行了测序，检测发现 3 种胆酸盐水解酶基因，并研究证明其对菌株是否可以在胃肠道中的定植存活有影响。Mirlekar 等对作为益生菌商业化生产的嗜酸乳杆菌进行了全基因测序，结果发现其具有 *bsh A* 和 *bsh B* 两个编码胆盐水解酶的基因存在。

对于胆盐水解酶降低胆固醇的作用主要有以下两种可能途径：①胆盐被水解后导致溶解度下降，从而与胆固醇发生沉淀作用，影响胆固醇的溶解度，使胆固醇发生沉淀而浓度下降，胆盐水解酶水解生成的游离胆酸是使胆固醇沉淀从而降低其含量的主要因素。②在体内胆盐水解酶的作用下，水解产生的去结合胆酸难以在肠道吸收，而是由粪便直接排出体外，由于胆酸的排出而导致胆固醇在肠肝系统的循环次数减少，而胆固醇作为形成胆酸的重要前体物质，在体内胆酸降低时促进了由胆固醇向胆酸的合成，胆固醇的转化便加速了胆固醇的分解代谢，从而导致体内胆固醇浓度的降低。因此，一些研究者认为服用具有产生胆盐水解酶活性的乳酸菌可以减少胆汁酸在肠道的吸收，加速胆汁酸的体外排出，从而起到降低血清胆固醇的效果。

1.3.4.3 乳酸菌细胞对胆固醇的同化作用

许多研究证实，乳酸菌细胞对胆固醇的同化吸收作用是乳酸菌降解胆固醇的另一主要原因。Gilliland 在研究中发现，厌氧条件下培养的乳酸菌可以吸收培养基中的胆固醇。潘道东等研究发现乳酸乳球菌可降低培养基添加的胆固醇浓度，起到降解胆固醇的作用。嗜酸乳杆菌，干酪乳杆菌的体外研究发现，厌氧条件下，菌体可使培养基中的胆固醇含量降低，通过测定破碎细胞液中的胆固醇含量发现介质中胆固醇浓度下降，同时细胞内胆固醇含量增加，推测菌体可能是通过细胞吸收起到降解胆固醇的作用。但菌体细胞吸收降胆固醇机制尚未得到体内试验的证实，只是推测得出乳酸菌细胞可吸收肠道中的胆固醇，从而减少机体对胆固醇的吸收，导致血清中胆固醇的含量降低。乳酸菌细胞对培养基中胆固醇的同化吸收作用已从大量的体外试验中得到证实，但此方面的体内验证仍很少。

1.3.4.4 胆固醇结合到乳酸菌细胞膜上

细胞膜中也存在少量胆固醇，原因可能是乳酸菌可将胆固醇吸收到菌体细胞膜或细胞壁上。Brashears 等也发现嗜酸乳杆菌对胆固醇的去除作用主要是由于菌体细胞对胆固醇的吸收作用或胆固醇结合到细胞膜上的结果。同时也有研究发现，胆固醇在活细胞中的降解情况显著高于热杀死细胞，由于没有由牛磺胆酸钠产生的游离胆酸盐，因此排除共沉淀降胆固醇作用，即可能是细胞吸收作用使培养基中的胆固醇含量降低。在限制 pH 的情况下，可从乳酸菌的细胞膜中分离得到胆固醇，试验结果发现这可能与胆固醇在支原体膜上结合从而增加膜强度的机理类似，但尚无机理方面的定论。经研究发现，长双歧杆菌可使大部分胆固醇被吸收到细胞内，细胞膜上胆固醇含量较少，这可能由于胆固醇仅被吸附到细胞膜表面而没有与细胞膜结合。此外，热杀死细胞既没有共沉淀的发生，也不能吸收胆固醇，却能够去除部分胆固醇，可能是胆固醇结合到细胞膜上，而活细胞去除胆固醇则是结合到细胞膜上与吸收至细胞内共同作用的结果。对乳杆菌进行细胞的脂质分析，发现添加胆固醇的培养基中乳酸菌细胞的饱和酸、不饱和酸较对照组发生改变，这可以推测可能是由于胆固醇结合乳酸菌细胞膜的结果。

1.3.4.5 共沉淀与吸收共同作用

随着共沉淀和吸收作用在研究中被证实，也有报道指出细菌的共沉淀和吸收作用可同时存在，并共同发挥作用。Grill 等分别对细胞破碎液、菌体洗涤液，以及菌体培养液进行胆固醇含量的测定，结果发现，在牛胆汁和胆酸盐的存在下，细胞洗涤液、菌体洗涤液以及细菌培养液中胆固醇的降解率相近，结果证明胆酸盐对共沉淀和吸收作用均有促进作用，胆固醇含量的降低推测可知是乳酸菌细胞共沉淀和吸收作用共同作用的结果。此外，Jones, M. L. 等的试验也证明细胞共沉淀和细胞同化吸收的共同作用使胆固醇的含量下降。由此，可证实细胞共沉淀和细胞吸收可同时发挥作用从而起到降解胆固醇的作用。

1.3.4.6 调控胆固醇代谢基因

由于过高胆固醇浓度的有害性，如何控制机体内胆固醇浓度成为研究的热点，通过基因水平控制胆固醇的代谢起到关键作用。其中，肝 X 受体（LXRs）是一些可以通过结合配体而激活的转录因子。LXRs 主要包括 LXRα 和 LXRβ 两种亚型，LXRβ 在多种细胞类型中表达广泛，而 LXRα 在肝脏、脂肪、小肠和巨噬细胞中高表达。LXRs 的很多靶基因已被证明参与机体重要代谢调节。LXRs 作为甾醇反应转录因子，对于参与胆固醇吸收、转运、流出等过程的一系列基因都起着重要的调节作用。LXRα 是胆固醇的传感器 LXR 被胆固醇的氧化衍生物激活，表明其在胆固醇代谢平衡具有调节作用。LXR 的靶基因能够将过多的胆固醇通过脂蛋白载体运载到肝脏，参与胆固醇代谢。至今，人们已确认的 LXR 的靶基因有 ABC 转运蛋白（ABCA1），以及载脂蛋白 E（ApoE）等。研究发现，三磷酸（ABC）结合盒蛋白 A1 可受 LXR 的激活剂调控上调表达，其调控胆固醇运输对维持体内胆固醇的平衡起着重要作用，可以增加细胞内胆固醇外向运输，其在体内各组织中均有表达，但小肠和肝脏中表达丰度最高，调控胆固醇和磷脂流量载脂蛋白形成高密度脂蛋白胆固醇（HDL-C），在 HDL-C 形成过程中起着限速作用。Zelcer 等发现，诱导 ABC A1 高表达可以促进已被吸收的胆固醇在肠道随粪便排出，来实现其对胆固醇吸收的调控。

此外，机体通过调控胆固醇吸收的关键蛋白和胆固醇转运子 NPC1L1 的表达，NPC1L1 在肠道表达丰度，是小肠吸收胆固醇的主要转运蛋白，在人类肝脏胆小管侧膜也有表达，并具有调节胆固醇含量的作用。作为肠道胆固醇吸收的转运子，NPC1L1 主要位于肠道黏膜的上表面，研究表明其可以调控肠道上绒毛黏膜对食物中的胆固醇和其他脂类与脂蛋白一起被肠道的吸收过程，还参与着细胞内胆固醇的酯化过程，对体内胆固醇平衡起着重要作用。NPC1L1 的作用机制可能是一定量的胆固醇在膜表面被结合，通过蛋白介导的内吞作用转运到细胞内。当 NPC1L1 表达缺陷时，小鼠肠道胆固醇吸收明显减少，与降脂药物依泽替米贝的作用效果相似。当降胆固醇药物不能再进一步降低 NPC1L1 基因敲除小鼠对胆固醇的吸收时，给 NPC1L1 基因缺陷小鼠喂食高胆固醇饲料，小鼠未出现高脂血症和动脉粥样硬化症状。

体内胆固醇的含量，除由外源胆固醇的吸收而运输到体内各个组织外，机体自身也具有合成胆固醇的能力。体内胆固醇合成过程极其复杂，由近 30 步酶促反应构成。胆固醇的合成关键在于胆固醇及非甾醇类异戊二烯合成所需底物甲羟戊酸的生成，β-羟甲基戊二酰辅酶 A 还原酶（HMGCR）是体内胆固醇合成的限速酶，控制固醇反应元件和雌激素反应元件，具有胆固醇敏感性，调控着体内胆固醇和血脂的水平，它能在体内催化乙酰辅酶 A 合成甲羟戊酸从而参与体内胆固醇平衡的调节过程。

1.3.4.7 其他理论

由于乳酸菌降胆固醇作用存在菌株差异，而且受多种因素的影响，因此乳酸菌降胆固醇的具体作用机制究竟是由单个作用效果的影响还是共同作用的结果并无明确定论。其对于已经报道的乳酸菌体外对胆固醇的作用方式，部分研究人员倾向于共沉淀和菌体吸收共同作用的观点，而且不同条件下乳酸菌会以某一种作用方式（共沉淀或吸收）为主。Rajesh 等的试验发现，培养基中添加半乳寡聚糖（GOS）可促进菌体生长，同时还可起到降低胆固醇的作用。同样，Malaguarnera 等也研究表明，通过益生元的分析可确定干酪乳杆菌、低聚果糖和麦芽糊精复合剂最佳配比，起到促进胆固醇降解的作用。此外，研究发现 Tween 80 的添加量具有抑制嗜酸乳杆菌对胆固醇吸收的作用。综上研究可说明乳酸菌降胆固醇作用的机制十分复杂，并且可能有其他作用机制的存在，因此，乳酸菌降胆固醇的作用机理的确定尚有待于进一步深入研究。

近年来，国内外的学者在益生菌降胆固醇方面做了大量的研究。国外对降胆固醇乳酸菌的研究较早，早在 1963 年，Shaper 等人年发现非洲部落的人们大量饮用由野生乳杆菌发酵的乳制品后，患心血管及动脉硬化的疾病率较低。Mann 及 Spoerry 也发现居住在非洲 Maasai 部落的人们存在同样的现象。1977 年，Gilliland 等人开始了肠道乳杆菌降胆固醇作用的研究，提出了乳酸菌可通过产生具有降胆固醇作用的胆盐水解酶来降低胆固醇的观点。随后，1985 年其研究团队又提出，嗜酸乳杆菌在添加含适量胆盐的高胆固醇培养基中生长过程中，菌体细胞可吸收胆固醇到细胞膜中。之后的研究发现，如短杆菌属、棒状杆菌属等多个益生菌属均具有产生胆盐水解酶的活性，具有降胆固醇的作用。随后的研究发现，对试验动物进行无菌处理，其排泄物中的胆固醇含量较普通动物粪便的胆固醇多，当对两种试验动物喂食高胆固醇饲料，无菌动物血清胆固醇含量是普通动物血清胆固醇含量的 2 倍，这表明机体肠道中定植的微生物可能会影响肠道胆固醇的吸收。这些结果引起了国内外微生物学、营养学、医学等各界研究者的普遍关注，掀起了乳酸菌降胆固醇作用的研究热潮。Walker 研究了数株嗜酸乳杆菌的降胆固醇作用，发现除个别不具有降胆固醇能力外，多数试验菌株均具有降低培养基中胆固醇的能力。1994年，Buck等从人体粪便中分离得到的乳酸菌研究其降胆固醇作用，试验发现，分离得到的乳酸菌具有不同程度的降胆固醇能力，其中四株乳杆菌对胆固醇的降解能力最大。2002年，Pereira等人分离得到一株对酸和胆汁具有良好耐受能力的乳杆菌，并就其体外降胆固醇能力进行了判定，研究发现，试验菌株可有效降低培养基中的胆固醇。2007年，Nguyen等人通过小鼠体内试验研究发现，对高胆固醇小鼠灌胃植物乳杆菌PH 04，与对照组相比，小鼠灌胃植物乳杆菌PH 04后，可维持小鼠血清胆固醇水平。2012年，Manoj Kumar等人发现，乳酸菌具有降低胆固醇含量，降低心脑血管和冠状动脉心脏疾病的风险。目前为止，虽然关于乳酸菌的降胆固醇作用机理尚无定论，但其具有降胆固醇作用是不容置疑的。迄今为止，已有大量体外和体内试验证实了不同种类的乳酸菌均具有降低胆固醇的功效。

与国外的研究相比，国内对乳酸菌降胆固醇作用的研究相对较晚。最早为张佳程等利用胆固醇含量较高的奶油来筛选出14株具有降低胆固醇含量的乳酸菌，其中有9株降胆固醇能力较强，对胆固醇的降解率可以达到40%以上。研究发现，从成年人粪便中分离的双歧杆菌，在没有添加胆盐的培养基中，能够以胆固醇作为唯一的碳源，通过降解胆固醇来获得能量和碳源，使培养基中胆固醇浓度降低，推测可能是微生物将胆固醇同化在细胞膜上，也可能是因为细菌产生胆盐水解酶或高活性胞内酶的结果。双歧杆菌通过胆汁盐与胆固醇的同化吸收降低了培养基中的胆固醇含量。从泡菜中分离的植物乳杆菌可以去除培养基中的胆固醇。随后，肖琳琳等从西藏传统发酵乳中分离得到一株具有高效降胆固醇能力的干酪乳杆菌，以其灌胃高胆固醇模型小鼠后，通过小鼠试验研究发现其具有体内降胆固醇能力，结果表明，该分离得到的干酪乳杆菌可使小鼠体内胆固醇以及甘油三酯水平降低，维持小鼠体内动脉硬化指数恒定。从发酵莴笋、酸辣椒、芹菜、白菜四种蔬菜中筛选出的乳酸菌，不同接种量对胆固醇的降解能力不同，对胆固醇的降解程度受培养基中胆固醇的添加浓度影响也具有一定的差异性。同时，在发酵食品中分离筛选到能高效同化胆固醇的嗜酸乳杆菌和植物乳杆菌，研究发现，其对胆固醇的降解率分别可达到80%和70%，此外，进行了两株菌对蛋黄和肉制品中胆固醇降解情况的研究，结果表明，两株乳酸菌对食品风味无明显改变，但对其中胆固醇具有一定程度的同化作用，具有应用价值。同年，从乳酸发酵制品及其发酵剂中分离得到10株乳酸菌，研究结果表明，多数乳酸菌对低质量分数（0.1%）的胆酸盐具有一定的耐受能力，将这些乳酸菌作用于牛奶中发现，其对牛奶中的胆固醇含量具有不同程度的降解作用，但当胆盐含量在0.3%（w/v）时，只有少量的乳酸菌显示出降胆固醇作用。研究者从传统乳制品中筛选出来的长双歧杆菌对胆汁盐和酸性环境具有一定的耐受性，同时具有同化胆固醇的能力。此外，市售乳制品中分离得到一株降胆固醇能力达到41.87%的乳酸乳球菌亚种，并且通过体内试验，对高胆固醇模型大鼠进行含有该乳酸乳球菌发酵乳的灌胃，经过28天的试验周期发现，与高胆固醇组小鼠相比，灌胃乳酸乳球菌组的试验动物血清胆固醇和甘油三酯指标明显下降，同时粪便胆固醇含量增加。除传统乳制品外，开菲尔粒中筛选到15株具有去除胆固醇能力的乳酸菌，其中一株干酪乳杆菌能产胆盐水解酶。张和平等从内蒙古地区蒙古族家庭制作的16份酸马奶样品中筛选到一株干酪乳杆菌 *L. casei* Zhang，在37℃下培养24h发现其对培养基中的胆固醇具有脱出作用。对泡菜中筛选得到的13株乳酸菌进行了胆固醇降解能力进行研究，确定一定的培养时间和接种量，发现其对1mg/mL浓度的胆固醇降解量最大，其中降解率最高可达到97.01μg/mL，13株乳酸菌多数为乳球菌，均具有不同程度的降胆固醇作用。同时，从中国传统食品泡菜、腊肠中筛选植物乳杆菌，研究发现其呈现了较好的耐酸性和耐胆盐活性，应用改良的高胆固醇培养基进行其降胆固醇能力的研究发现，分离得到的植物乳杆菌表现较高的胆固醇降解率。于平等探讨了植物乳杆菌 LpT1 和 LpT2 的体内降胆固醇能力，结果发现植物乳杆菌 LpT1 和 LpT2 可降低大鼠体内总胆固醇和总甘油三酯的含量，对试验大鼠肝脏组织进行电镜扫描发现，结果表明，灌胃植物乳杆菌组能调节肝脏代谢，使体内脂类物质变化趋于正常水平，具有降胆固醇作用。

纵观国内外的研究报道，大量的试验研究表明，乳酸菌在体外和体内试验中均表现出不同程度的胆固醇同化作用，为乳酸菌及其制品的开发和应用奠定了理论基础，其具有降胆固醇的作用是肯定的，但乳酸菌降胆固醇的作用机理尚无定论，还有待于进一步研究证实。

1.4 γ-氨基丁酸的简介

1.4.1 γ-氨基丁酸的性质及结构

γ-氨基丁酸（GABA）是广泛存在于真核生物和原核生物体内的一种非蛋白质氨基酸，首次发现于19世纪晚期，并成功对其进行了人工合成。GABA除在脑和脊髓中发现外，在多种哺乳动物的近30种外周组织中均有所发现，但其浓度较低，仅为脑组织中的1%。GABA的化学分子式为$C_4H_9NO_2$，分子量为103.12，结构式如图1-3所示。GABA在常温下呈白色片状或针状结晶状态，分解点为202℃，无旋光性，气味微臭，具有潮解性，极易溶于水，为溶于热乙醇，不溶于冷的乙醇、乙醚和苯酚。

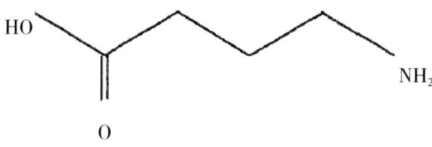

图1-3 GABA的化学结构式

1.4.2 γ-氨基丁酸的生理功能

GABA最早发现于哺乳动物的中枢神经系统，其后经过20余年的研究，证实GABA是一种重要的抑制性神经递质。GABA在中枢神经系统的不同位置，发挥抑制性作用的方式是不同的。在脑中，主要以突触后抑制作用为主；在脊髓中，主要以突触前抑制作用为主。除作为神经中枢的抑制性递质外，GABA还有多种生理功能被广泛关注。

1.4.2.1 调节血压

高血压症是一种由于中枢神经功能失调引起的全身性疾病。GABA作为哺乳动物神经中枢系统中的一种主要的抑制性神经递质，有研究表明，它能够通过抑制交感神经末梢释放去肾上腺激素来有效降低血压水平。近年来，许多研究报道指出可以通过摄入适量的食源性 GABA 来辅助治疗高血压症。Harada 等人采用蘑菇子实体富集 GABA，同时给患有自发性高血压症的小鼠单一灌服富含 GABA 的金针菇粉，一段时间后小鼠的收缩压降低了 30mm 汞柱。Yoshimura 等人也通过相似的体内研究，证明了富含 GABA 的西红柿是一种潜在的降压食物，对于高血压症的辅助治疗有明显效果。

1.4.2.2 调节激素分泌

GABA 作为一种抑制性神经递质，能够通过下丘脑—垂体—性腺轴系影响垂体和性腺的生理机能，从而调节激素的分泌。有研究指出，GABA 能够有效降低正常人患 1 型糖尿病的风险，是由于 GABA 能够促进正常的胰岛 β 细胞分泌胰岛素。此外，GABA 对生长激素、催乳素、促肾上腺皮质激素以及促性腺激素的分泌均有调节作用。

1.4.2.3 保护肝肾功能

GABA 能够大幅度降低体内碱性磷酸酶和转氨酶的含量，还能通过与 α-酮戊二酸反应生成谷氨酸，抑制谷氨酸脱羧的方式降低血液中的氨浓度，起到保护肝肾功能的作用。Ozkan 等人用含有 GABA 的米胚芽饲喂大鼠，发酵实验组动物肾脏基底膜细胞坏死数量减少，尿素态氮含量降低，证明了 GABA 确实对肾脏的功能具有一定保护作用。最近还有研究指出，GABA 还可以通过促进肝脏细胞的分化，起到修复肝脏损伤的效果。

1.4.2.4 营养神经，镇静安神

有研究发现 GABA 可以作为一种神经营养因子，在神经系统发育过程中起到营养神经、镇静安神的作用。癫痫是一种由于脑功能失常而引起的中枢神经系统的常见疾病，该疾病的发生与中枢神经递质有密切关系。研究已经证实，脑中 GABA 浓度下降，患癫痫疾病的风险会明显上升，因此临床上常使用 GABA 作为治疗轻度癫痫的特效药。除了能够稳定癫痫症状，GABA 还可以作为镇静剂对失眠、抑郁和自主神经障碍均有一定的缓解作用。

1.4.2.5 调节免疫功能

GABA 除了作为一种抑制性神经递质能够辅助性治疗与中枢神经系统相关的一些疾病，近年来已有研究证明，GABA 还具有一定的免疫调节能力。马玉华等人在探究 GABA 对高脂膳食小鼠免疫功能影响的研究中发现，膳食中适量补充 GABA 能够有效缓解长期由于高脂膳食引起的免疫损伤，同时 GABA 还能够通过清除自由基来减少调节性 T 细胞的凋亡。国外研究学者也有相似的报道，Soh 等人发现，适量摄入 GABA 对机体的免疫功能、血脂水平和免疫相关的脂溶性维生素均具有积极的调节作用。

1.4.2.6 其他功能

除上述主要的生理功能外，GABA 还具有其他的一些功能特性。例如，GABA 可以提高血浆生长激素的浓度，从而促进脑中某些蛋白质的合成；GABA 还可以调节输卵管和子宫的收缩，促进精子的转运，同时引起精子发生置顶反应，从而提高受精能力。另外，根据 GABA 对猫睡眠影响的研究，认为 GABA 能够延长慢波睡眠二期和快动眼睡眠期的时间，从而提高睡眠质量。GABA 也可以有效控制哮喘，这是由于 GABA 既可以阻断哮喘的神经炎症，又可以从多个环节抑制气管平滑肌的收缩，迅速缓解喘息的症状。

1.4.3 乳酸菌发酵合成 γ- 氨基丁酸

与化学合成法相比，生物合成 GABA 具有高效、温和、安全、环保等诸多优势。目前在很多植物中均发现了 GABA 的存在，尤其是在低温、低 pH、低氧分压等恶劣极端环境下生长的植物中 GABA 浓度会明显增加。虽然我们可以利用植物富集法获得 GABA，但由于植物的生长周期较长，培育难度大，因此该方法不适合用于工业生产。与植物相比，微生物具有生长繁殖迅速、代时短、易于大规模培养，因此采用微生物发酵富集 GABA 具有操作简便、高效经济等优势。目前，研究报道了多种微生物已被广泛应用于 GABA 的工业生产。由于乳酸菌使用安全且兼具多种益生特性，成为应用最为广泛的一类微生物。

1.4.3.1 产 γ- 氨基丁酸乳酸菌的种类

具有合成 GABA 能力的乳酸菌较多，分布于乳杆菌属（*Lactibacillus*）、乳球菌属（*Lactococcus*）、链球菌属（*Streptococcus*）和明串珠菌属（*Leuconostoc*），但少有涉及双歧杆菌属，而且不同种属乳酸菌合成 GABA 的能力也有较大差异。

1. 乳杆菌属

乳杆菌属中有很多菌种具有合成 GABA 的能力，其中来源较多，产量较大应属短乳杆菌（*Lactobacillus brevis*）。很多研究者从泡菜和酸菜中筛选出具有高产 GABA 性能的 *Lb. brevis*。例如，Park 和 Oh 等人从韩国泡菜中分离出一株高产 GABA 的 *Lb. brevis*，并将其作为发酵剂菌株应用于富含 GABA 酸奶的制备。李海星等人从中国传统发酵酸菜中也筛选到一株具有较强 GABA 合成能力的 *Lb. brevis*，并对培养该菌株的培养基成分进行了优化。干酪也是益生乳酸菌较为丰富的食品来源之一，Siragusa 等人从 22 种干酪中筛选出多株能够合成 GABA 的 *Lb. brevis*，其中产量最高的可达到 15.0mg/kg。除了发酵食品外，研究者从人体的肠道中也分离出一株能够以谷氨酸为发酵底物合成 GABA 的 *Lb. brevis*。除 *Lb. brevis* 外，还有一些乳杆菌也被筛选出来并证明有合成 GABA 的能力。有研究者从干酪中筛选出了产 GABA 的植物乳杆菌、德式乳杆菌（*Lb. delbrueckii*）和副干酪乳杆（*Lb. paracasei*），其中植物乳杆菌合成 GABA 的能力较强，在 MRS 纯培养条件下 GABA 的产量为 504mg/kg。另外，从发酵水产品筛选出来的香肠乳杆菌（*Lb. farciminis*）和从泡菜水中筛选出来的清酒乳杆菌（*Lb. sakei*）都均有报道。

2. 乳球菌属

乳球菌是乳酸菌中重要的一类，具有良好的产酸特性和多种益生功能，在发酵食品中有广泛应用，然而，乳球菌属中产 GABA 的菌种不如乳杆菌种属那样丰富，目前报道较多的有嗜热链球菌和乳酸乳球菌及其亚种。Lu 等人从泡菜和酸奶中筛选到 10 株能够产 GABA 的乳酸菌，其中产量最高的菌株鉴定为乳酸乳球菌乳酸亚种（*Lactococcus lactis subsp. lactis*）。Lacroix 等人在传统干酪发酵剂中也筛选到了两株 GABA 产量较高的 *L. lactis subsp. lactis*，但与 Lu 等人筛选到菌株的 GABA 产量差异较大。Yang 等人从酸奶中筛选到一株高产 GABA 的唾液链球菌嗜热亚种，并对其发酵条件进行优化，提高了该菌株产 GABA 的量。

1.4.3.2 影响乳酸菌发酵产 γ- 氨基丁酸的因素

乳酸菌中 GABA 主要通过谷氨酸脱羧酶（GAD）催化底物谷氨酸（Glu）或谷氨酸盐进行脱羧反应生成的，因此，GAD 的生物合成量和酶的活性会直接影响 GABA 的产量。目前，多数对乳酸菌 GABA 产量优化的研究主要从增强 GAD 活性入手，其中重要的影响因素有底物 Glu 或谷氨酸盐的浓度、辅酶磷酸吡哆醛（PLP）的浓度、发酵的温度、环境 pH 和发酵基质等。

1. 底物及辅酶浓度的影响

在乳酸菌中，Glu 或谷氨酸盐是 GAD 进行脱羧反应生成 GABA 的唯一底物，底物的浓度会直接影响 GABA 生成的数量和速率；PLP 是多种脱羧酶的辅酶，它的存在能够显著提高 GAD 的活性，促进底物进行脱羧反应。因此底物和辅酶是影响乳酸菌 GABA 产量的重要因素。Komatsuzaki 等人从酸菜中筛选到一株高产 GABA 的 *Lb. paracasei*，并采用 MRS 培养基发酵，他们发现培养基中添加适量的谷氨酸钠和 PLP 能够显著增加发酵液中 GABA 的含量，同时发现，GABA 产量随底物和辅酶浓度逐渐升高呈现先升高后下降的变化趋势。Di Cagno 等人对一株植物乳杆菌在发酵葡萄汁中的 GABA 含量进行研究发现，尽管葡萄汁中含有丰富的游离氨基酸，但无额外添加 Glu 时，GABA 的产量比较低，添加适量 Glu 后，GABA 的产量明显增加，再次证明了底物 Glu 或谷氨酸盐对乳酸菌合成 GABA 的重要影响。然而也有文献指出，向发酵培养基中额外补充底物和 / 或辅酶并没有提高乳酸菌合成 GABA 的量。对于底物来说，可能不同种属的乳酸菌对 Glu 或其盐类的敏感性存在差异，或是由于某些乳酸菌中可能存在特殊的、不依赖底物 Glu 的 GABA 合成途径；对于辅酶来说，可能是由于发酵基质中或菌株本身已经提供了充足的内源性辅酶，从而导致外源性的辅酶对 GABA 的产量没有影响。

2. 发酵 pH 和发酵温度的影响

发酵环境中的 pH 和温度不仅影响 GAD 的催化活性，同时影响菌体细胞的生长和繁殖，因此发酵 pH 和发酵温度也是影响乳酸菌发酵过程中 GABA 积累量的关键因素。由于不同乳酸菌中 GAD 的性质不同，所以 GABA 最大积累时的 pH 和发酵温度具有种属特异性，一般来说，乳酸菌 GAD 的最适 pH 是偏酸性的，最适生长温度在 30～37℃的范围内。王超凯等人对一株乳酸短杆菌产 GABA 的发酵条件进行初步优化，他们发现当发酵初始 pH 为 6.5，发酵温度为 32℃时，该乳酸短杆菌合成 GABA 的量最大。Di Cagno 等人对植物乳杆菌 DSM19463 在发酵葡萄汁中 GABA 的产量进行优化时发现，GAD 的活性和 GABA 的产量均在 pH 为 6.0 时达到最高，说明了适宜的酸性环境能够增强 GAD 的活性，从而促进菌体将底物转化为 GABA。还有文献报道，*Lb. brevis* GABA057 能在高酸性的环境下（pH 约为 4.2）将 10% 的底物转化成 GABA，然而此时的酸性环境已经不适宜菌体的生长。鉴于一些乳酸菌生长最适宜的 pH 和温度与其合成 GABA 最适宜的 pH 和温度不一致，Peng 等人采用两步发酵法，即分两个阶段控制环境的 pH 和温度，分别适宜 *Lb. brevis* CGMCC1306 的生长繁殖和 GABA 的合成，从而使 GABA 最大程度地积累。

3. *发酵基质的影响*

培养基中的营养成分，如碳源、氮源、生长因子等会显著影响乳酸菌的生长和代谢，因此乳酸菌的发酵基质也是影响其合成 GABA 的重要因素之一。孟和毕力格等人采用正交实验对一株产 GABA 的 *L. lactis* 的发酵培养基进行优化，发现不同碳源、氮源以及各自的添加量会明显影响菌株合成 GABA 的量，并通过正交实验得出发酵培养基最佳复合碳源为葡萄糖与糊精质量比为 3∶1，最佳复合氮源为蛋白胨与酵母膏的质量比为 1∶3，总碳氮比为 1∶2。Li 等人又对 *Lb. brevis* NCL912 产 GABA 的最佳碳源进行探究，结果发现在阿拉伯糖、核糖、D-木糖、半乳糖、葡萄糖、果糖和麦芽糖等多种碳源中，1.25% 的葡萄糖是菌株合成 GABA 的最佳碳源。除了碳源和氮源外，其他营养成分或生长因子也会影响乳酸菌产 GABA 的量。Park 等人采用脱脂牛乳作为 *Lb. brevis* OPY-1 发酵产 GABA 的培养基，发酵后仅得到 1.5μg/g 酸奶的 GABA 产量，然而，当他们向脱脂乳中添加发酵大豆的提取物，并采用相同的方法进行发酵，结果得到了 424.67μg/g 酸奶的 GABA 产量，这说明了发酵大豆提取物中某些成分激活菌体中 GABA 的合成系统，促进了 GABA 的合成。另有文献报道，培养基中硫酸根离子对 *Lb.*

brevis IFO12005 的 GAD 活性影响显著，且酶活的升高依赖硫酸根离子的添加量，也就是说可以通过调整培养基中硫酸根离子的浓度来提高 GAD 的活性，从而提高 GABA 的产量。

1.4.4 乳酸菌 γ-氨基丁酸代谢途径的研究进展

21 世纪初，许多研究通过优化乳酸菌发酵的条件、采用固定化或连续发酵的方式以期获得较高 GABA 的产量，然而，深入了解乳酸菌合成 GABA 机理，探究乳酸菌中 GABA 的代谢途径才能够从根本上控制乳酸菌发酵产生 GABA 的过程。分子生物学技术手段的快速发展，为探究乳酸菌 GABA 的代谢途径提供了强有力的技术支持，目前主要的技术手段有基因芯片和高通量测序等。

1. 基因芯片技术

基因芯片（gene chip），又称 DNA 微阵列、DNA 芯片，是将大量 DNA 片段按预先设计的排列方式固定在特殊材料的固相载体表面，并以固定化的核苷酸作为探针，与待检样品中的靶基因片段杂交，通过检测杂交信号，实现对基因定性和定量的快速检测。基因芯片技术的实现了基因检测的大规模性，使得基因的定性和定量从单一检测迈向高通量检测。正因为如此，基因芯片技术被广泛应用在真核生物和原核生物的某些生理功能的信号通路和某些生理活性物质的代谢途径的研究中。2010 年，Mazzoli 等人首次采用基因芯片技术在 RNA 和蛋白水平上探究了乳酸乳球菌（*Lactococcus lactis*）中与 GABA 产量相关的差异基因和差异蛋白。基因芯片技术的应用使得该研究能够从转录水平较为全面地揭示了参与乳酸菌 GABA 合成的相关基因和途径，同时也为其他研究者提供了新的思路：调控乳酸菌 GABA 的合成可能不仅局限于 GAD 催化底物脱羧这一单一过程。虽然基因芯片技术实现了基因探究的高通量性和整体性，但是该技术也存在着一定的缺陷。首先，基因芯片的原理是 DNA 片段的杂交，杂交过程会产生较高的背景噪声信号，导致定量不准确；其次受背景噪声信号和信号饱和度的影响，基因芯片技术很难实现对低丰度表达基因的定量；另外，基因芯片技术的重现率较差，技术上的缺陷使得基因芯片技术在某些领域的应用受到了一定程度的限制。

2. 转录组测序技术

转录组测序，也称 RNA 测序技术（RNA-Seq）是新一代高通量测序技术的重要应用技术之一。转录组指的是处于某一特殊生长发育阶段或某一特定生理条件下的细胞中一整套转录本和它们的表达量。转录组测序就是通过高通量测序技术对细胞中一整套转录本进行定量、功能注释等生物信息学的分析；它的基本原理是将总 RNA 或 mRNA 经反转录成 cDNA，经过片段修饰、测序接头连接后建立 cDNA 文库后上机测序，根据测序的结果和参考物种的已知基因组和蛋白组信息分别对基因进行定位、定量、功能富集、代谢通路富集等分析，从而实现对生物生理功能或物质代谢在转录组水平上整体的分析。转录组测序的发展也经历了几个阶段：初期的转录组测序主要是 Sanger 测序，该测序方法无法实现大规模的高通量测序，对基因的表达量也无法定量，测序成本也比较高；随后出现的以标签测序为基础的测序技术基本上克服了 Sanger 测序的不足，一方面实现了测序的高通量，另一方面实现了测序结果的"数字化"，也就是可以通过计算机的计算对基因的表达量进行较为准确的定量分析。然而，由于"标签测序"的读取片段是长度较短的特定片段（17～21 个碱基），因此测序覆盖度不够，无法呈现转录组全部的生物学信息。发展至今，转录组测序主要采用的是第三代高通量测序技术，这种测序技术读取片段可达到 300～400 个碱基，大大提高了测序的覆盖度和准确性。目前，第三代高通量测序技术主要使用的测序平台有 Illumina IG，Applied Biosystems SOLiD 和 Roche 454 Life Science。

大量研究表明，乳酸菌中 GABA 的合成是通过 GAD 催化底物谷氨酸或其盐类进行 α-脱羧实现的。然而，菌体细胞中是否存在其他与 GABA 合成/分解相关的代谢途径，乳酸菌对碳源、氮源的选择性利用是否影响 GABA 的合成，乳酸菌的能量代谢是否对 GABA 的合成和分解也存在着一定影响等问题，目前还没有研究报道和明确的解释。

Mazzoli 等人以谷氨酸为底物诱导 *L. lactis* 合成 GABA，并比较了诱导物存在和不存在两种条件下菌体发酵产生 GABA 的量以及转录组水平基因的差异情况。他们研究发现，在诱导组和非诱导组之间有 30 个基因的表达量存在明显差异；通过功能富集分析，这些差异基因与糖酵解途径、伴有能量产生的精氨酸脱氨途径、

ATP 合成和转运途径、脂肪酸代谢途径等存在不同程度的联系。此外，还有研究指出，一些细菌如单增李斯特氏菌（*Listeria monocytogenes*）、大肠杆菌（*Escherichia. coli*）中存在着一个 GABA 的旁路代谢途径，在这个代谢途径中不仅包括由 GAD 催化的 GABA 的合成途径，还包括由 GABA 转氨酶和琥珀酸半醛脱氢酶催化的 GABA 的分解途径。这些结果充分说明了，乳酸菌中 GABA 的代谢途径可能是一个涉及碳水化合物代谢、氨基酸代谢、脂肪酸代谢和能量代谢等多种代谢途径的代谢网络。

目前从已发表的国内外文章来看，从基因组水平或转录组水平上并采用高通量测序技术考察乳酸菌 GABA 相关代谢途径的研究比较少，然而这样的研究工作不仅有助于深入了解乳酸菌合成 GABA 的机理，为从根本上提高 GABA 产量奠定理论基础，还可以为其他种属的微生物与 GABA 相关代谢途径的研究提供思路和方法的指导。因此，探究乳酸菌或其他具有 GABA 合成能力的微生物中 GABA 代谢途径的工作，将成为今后相关领域研究的热点和重点。

1.5 乳酸菌发酵剂的概述

1.5.1 发酵剂中的乳酸菌特性及其益生功能

乳酸菌是指能够发酵碳水化合物并产生 50% 以上乳酸的细菌总称。形态多为杆菌或球菌，革兰氏染色阳性，不产生芽孢，不运动或极少运动，过氧化氢酶呈阴性，接触酶阴性，厌氧或兼性厌氧；营养需求复杂，最适的生长温度为 30～40℃；最适 pH 通常为 5.5～6.0。

制备发酵剂的乳酸菌必须属于食品安全级（GRAS）的微生物，菌株的安全性直接关系到食品的安全性，与人类生命健康密切相关。乳酸菌发酵剂菌株选择标准包括：来源安全、具有耐酸耐胆盐能力、对肠道有一定的黏附能力、能够产生抗菌物质、临床证明对健康有效；乳酸菌加工特性包括：菌种活力强、作用于产品能够产生良好的质地和风味、后酸化能力弱、冷冻干燥或其他干燥方法处理时具有稳定性，正确的菌株鉴定和有效剂量的实验数据等。常见的乳酸菌由 4 个核心的属组成：乳杆菌属、明串珠菌属片球菌属、链球菌属。根据乳酸菌最适生长温度，可以将发酵剂中的菌株分为嗜热型菌株（最适生长温度在40℃～45℃），如德氏乳杆菌保加利亚亚种、唾液链球菌嗜热亚种、瑞士乳杆菌等，这些菌株常用于生产乳酸菌饮料、酸奶、瑞士干酪等；嗜温型菌株（最适生长温度在20℃～30℃），如明串珠菌、乳酪乳杆菌等，这些菌株常用于生产契达干酪、菲它干酪等。乳酸菌在生长代谢过程中，能够产生多种代谢产物，包括各种有丁二酮、机酸、细菌素和过氧化氢等。这些物质对人体有许多益生功能，常常被人们有意识地作为发酵剂应用到食品中，以利于食品形成良好的风味和组织状态。目前在食品发酵和加工利用中常用的乳酸菌分属有乳杆菌属、双歧杆菌属、链球菌属、片球菌属和明串珠菌属。

发酵剂中的乳酸菌具有许多优良的益生功能，具体包括以下几方面：①维持肠道菌群平衡。肠道菌群和肠黏膜共同组成了肠道防御屏障，益生菌主要作用于肠道黏膜表面，通过黏附促进宿主消化酶及黏液分泌、抗氧化等途径来阻止外来病原菌的入侵，通过增强机体的非免疫性防御功能，从而调节机体的肠道内益生菌和有害菌的动态平衡。②降低血清胆固醇。血清中的高胆固醇和脂类的积累是动脉硬化以及心血管疾病的主要致病因子。王今雨等研究发现，用含植物乳杆菌SY-8834饲料饲喂高血脂小鼠，第28天时小鼠血清胆固醇水平明显降低。Mann和Spoerry研究发现，由于非洲Masai族人在日常生活中大量饮用由乳杆菌发酵的乳制品，即使食用高胆固醇膳食，体内血清胆固醇和血脂含量仍然较低。

1. 免疫调节作用

乳酸菌能够增强机体的免疫，主要是通过影响机体的非特异性免疫应答反应以及刺激机体的免疫应答来完成。赖新峰等人研究表明双歧杆菌可以激活普通小鼠和裸鼠巨噬细胞的吞噬活性，增加巨噬细胞来源的IL1、IL6以及TNF在mRNA中的表达水平。尹胜利等人研究表明，不仅乳酸菌的活菌体具有免疫调节作用，细胞质提取液、热杀死的菌体和发酵液都有免疫活性。

2. 抗肿瘤作用

Takano等研究发现瑞士乳杆菌可以有效降低大肠癌的发生率。Esser等报道了保加利亚乳杆菌具有抗白血病活性。

3. 缓解乳糖不耐症

全球近 70% 的人由于其肠道内含有极少量消化乳糖的 β-半乳糖苷酶，从而引起乳糖在肠道内积累，引起乳糖消化不良问题。大量的研究发现，乳酸菌可以通过产生 β-半乳糖苷酶分解乳糖，促进乳糖酶缺乏者对乳糖的消化吸收，从而提高乳糖耐受能力。

4. 其他功能

益生菌除了上述益生功能外，还具有辅助降低血压、调节血糖和抗氧化等功能。

1.5.2 直投式乳酸菌发酵剂的概述

直投式乳酸菌发酵剂是指发酵活力强，活菌数含量高，在生产酸奶和其他发酵乳制品时可以直接接种、无需中间继代培养过程、使用方便、发酵产品质量稳定的一类新型商品化生产菌种。目前，许多发酵乳制品（如酸奶、干酪、黄油等）均使用直投式发酵剂进行生产；其他发酵食品行业（如发酵香肠、法式面包、酸泡菜等）也使用浓缩型直投式发酵剂进行生产。目前直投式乳酸菌发酵剂应用最广泛的是酸奶的生产。Almentarius 法典委员会将发酵乳定义为：牛乳经益生菌发酵得到的乳制品，在生产过程经过微生物作用其 pH 降低，牛乳中的酪蛋白结构发生改变使蛋白发生沉淀。

发酵乳的制品不仅对机体具有营养作用，更重要的是其在对机体的益生作用。随着人们对健康意识的逐渐增加，发酵乳制品的消费量也逐年上升。2000 年、2005 年和 2010 年，益生菌发酵食品的市场份额分别是 330 亿美元、735 亿美元和 1670 亿美元。功能性发酵乳制品（如富含 GABA 的酸奶）中含有的特殊成分（如 GABA），它们对机体的健康作用（降血压、安神等作用）超过了其营养作用，越来越受到人们的欢迎。发酵乳制品在全世界范围广泛生产，目前将近有 400 个乳酸菌应用于传统发酵乳制品中。发酵乳制品中直投式发酵剂菌种的活力受许多因素的影响：pH、溶氧量、添加剂、生长因子（牛乳中的蛋白水解物）、储存温度和时间、菌种之间的相互作用等。乳酸菌发酵剂在生产发酵乳制品必须充分考虑益生菌的一些特性，包括安全性、发酵牛乳能力（后酸化能力）、发酵时间、产品中令人满意的益生菌的数量、感官特性以及成本效益。乳酸菌发酵剂是发酵乳制品产香、产酸和产黏的主要原因。益生菌的活力是评价益生菌好坏的最关键标尺，发酵乳制品的好坏主要取决于乳酸菌发酵剂的品质及活力。

目前国内外生产发酵乳制品大多采用直投式乳酸菌发酵剂，最著名的直投式发酵剂生产公司有荷兰的 DSM 公司、英国的 Muari Foods 公司和美国的 Marhsne 公司等。另外还有一些知名的乳品研究所，如瑞士的 Libeeefdl 研究所、澳大利亚的 CSRIO 研究所、荷兰的 Nioz 研究所等，其研制的发酵剂品种多样，性能优良，被世界各地的乳品企业使用。如今世界二分之一的发酵乳制品发酵剂由丹麦的 Hnasne 公司提供。除此之外，在市场上销售的还有日本、法国和德国等国生产的超浓缩乳酸菌发酵剂。

对于乳酸菌发酵剂研究经历了漫长的过程，早在 19 世纪末至 20 世纪初，就有西方科学家开始对超浓缩酸奶发酵剂进行了研究。在 1963 年出现了商业化的超浓缩酸奶发酵剂，20 世纪 70 年代初期就有了真空冷冻干燥发酵剂，目前已经形成了一定的商业化生产规模。国际上根据酸奶发酵剂的产品性能将其分为 3 种类型：生物酸奶发酵剂 -AB 发酵剂、YO-Flex 酸奶发酵剂和 NU-Trish 发酵剂。生物酸奶发酵剂 -AB 发酵剂是由嗜酸乳杆菌和双歧杆菌组成，在 1985 年由丹麦 Chr Hansen 公司研究生产，由于这两株菌对人体的消化器官有多种好处，由这两株菌生产的发酵乳制品也受到消费者广泛欢迎。YO-Flex 酸奶发酵剂是 1988 年由丹麦 Chr Hansen 实验室通过分离、筛选、驯化、培育，最终成功研制的超浓缩酸奶发酵剂系列产品，这类发酵剂是由嗜热链球菌和保加利亚乳杆菌两株酸奶发酵常用菌株构成，发酵剂的活菌数含量高达 $10^{10} \sim 10^{12}$ CFU/g，在发酵乳制品生产过程中不需要预培养直接加入到原料乳中进行酸奶发酵。NU-Trish 发酵剂也是由丹麦 Chr Hansen 公司研究的一种新型的乳酸菌发酵剂，它是由保加利亚乳杆菌和嗜热链球菌分别培养完成制备发酵剂，在生产使用过程中首先接种上述两种发酵剂，然后再接种生物酸奶发酵剂 -AB 发酵剂，在发酵过程中不仅缩短了发酵时间，而且提高了酸奶的感官品质和质构特性。由这四种发酵剂构成的复合发酵剂也称为 ABT 发酵剂，用这种 ABT 发酵剂可以生产多种发酵乳制品，如冰淇淋、发酵乳等。1994 年，丹麦 Chr Hansen 公司将其研发的超浓缩乳酸菌发酵剂系列产品推向了中国市场。目前该公司已建立了专业化的菌种资源库，拥有大约 10000 株益生菌资源，并且具备完善的微生物筛选以及遗传基因改良的技术体系。在直投式发酵剂的制备技术上，形成了比较成熟的高密度培养技术，并且优化出了适合不同菌株的冻干保护剂，开发出了冷冻干燥技术、深冻浓缩、低温真空喷雾干燥等技术，研发出了各种单一、混合、复合菌株的直投式发酵剂。

目前，直投式发酵剂研究的主要方向是益生菌的添加方式和益生菌益生功能的研究。主要是通过分子生物学方法对益生菌进行改造，如提高发酵剂的产酸速度、风味物质的产生、多糖合成及弱后酸化等特性。基因与分子生物学的发展，为益生菌发酵剂及发酵剂工程的基因组学研究提供了依据。最近十几年，直投式发酵剂乳酸菌的发展方向主要包括基因组学的研究、发酵工程研究、抗噬菌体能力、乳制品中乳酸菌的分离等。Carminati D 等人对发酵乳制品中的发酵剂的研究进展和未来发展趋势做了概述，未来发酵乳制品中所使用的发酵剂都将会被发酵活力强、活菌数含量高，在生产酸奶和其他发酵乳制品时，可以产生良好感官性状和质构特性的直投式乳酸菌发酵剂所替代。随着全基因组分析技术的发展，避开了传统筛选发酵剂的复杂，利用生物信息工程结合乳酸菌的代谢途径和机制来寻找具有特定功能（如产香、产黏、蛋白水解等）的特定基因或基因簇。微阵列技术与比较基因组学的发展，为大量菌株筛选提供了有利的工具。有些原奶或天然发酵剂（如雪莲和开菲尔颗粒）中含有某些乳酸菌能改善乳制品风味，因此研究天然发酵物中益生菌菌群的意义十分重要。由于目前法律和市场等原因，从天然食品中筛选得到的工业菌株，更容易被大众接受。相比之下，消费者会对经过基因修饰菌株产生一定的恐惧感。

我国的乳品工业与国外相比起步较晚，尤其是在发酵乳制品方面。对于乳酸菌发酵剂的研究也较少，具有自主知识产权的直投式乳酸菌发酵剂的研究和开发很少。早期我国发酵剂生产企业较少，国内一些中小型乳品企业生产酸奶时大多采用自繁自用的液体发酵剂，由于技术和设备落后以及传代过程中的菌种污染及接种后各种菌种比例失调等原因，往往导致产品感官和质构特性较差，这些问题是产业面临的突出问题，所以我国乳品企业为提高产品的质量，在生产酸奶及其他发酵乳制品时，大多采用国外生产的直投式酸奶发酵剂，中国直投式发酵剂的市场多年来被国外发酵剂公司垄断。目前我国大型乳品企业生产的发酵乳制品时大多采用国外生产的直投式酸奶发酵剂。如伊利、蒙牛、完达山、光明等企业都采取了与国外著名发酵剂制造商（如丹麦的 Danisco、Chr Hansen 公司）进行合作生产。蒙牛集团与丹麦 Chr Hansen 公司合作，生产了含有 LABS 益生菌的酸奶；伊利与芬兰维利奥公司合作生产了含有 LGG 益生菌的产品。

由于国外公司销售的发酵剂价格比较高，影响了终产品的成本。所以，如果国内厂家生产出价格低、活力高的发酵剂，必将在与国外同行业的竞争中占据优势，以更好地为中国乳制品行业的发展服务。国内对直投式酸奶发酵剂研究的报道相对较晚，直投式发酵剂研究最早是在 1991 年，高松柏等首次对嗜酸乳杆菌利用缓冲盐法高密度培养研究，添加保护剂，真空冷冻干燥后菌数为 8.3×10^{10} CFU/g。1995 年黑龙江应用微生物研究所刘宇峰等制备的直投式发酵剂活菌数达 4.2×10^{10} CFU/g。周洋等对植物乳杆菌 SC9 用 50 L 发酵罐进行高密度培养，优化冻干工艺和保护剂成分，制备的发酵剂中活菌数为 4.3×10^{11} CFU/g。

随着技术的发展和进步，国内研究者开始引进国外先进生产技术，加大资金和设备投入，开始对具有自主知识产权的菌株进行高密度培养研究并制备使发酵产品质量稳定的一类新型商品化直投式发酵剂。目前，我国比较知名的发酵剂供应商有哈尔滨美华、北京川秀、上海润盈等，目前这些公司生产的直投式发酵剂已经在国内占有很大市场。

1.5.3 制备直投式发酵剂的关键技术

乳酸菌发酵剂工业化生产流程如图 1-4 所示。在发酵剂的制备过程中第一步是将设备的所有阀门、管路和泵都经 CIP 就地清洗和蒸汽消毒；然后将新鲜培养基转移到发酵罐中原位进行灭菌，冷却到室温利用离心泵向新鲜培养基中接种母发酵剂。在发酵过程中控制温度、pH、中和剂、通气以及补料浓度等条件，对菌种进行高密度发酵。发酵结束后，根据选择的菌种不同，采用适当的方法收集菌体，添加保护剂对菌体进行干燥处理（如真空冷冻干燥和喷雾干燥等形式）制成成品并包装。

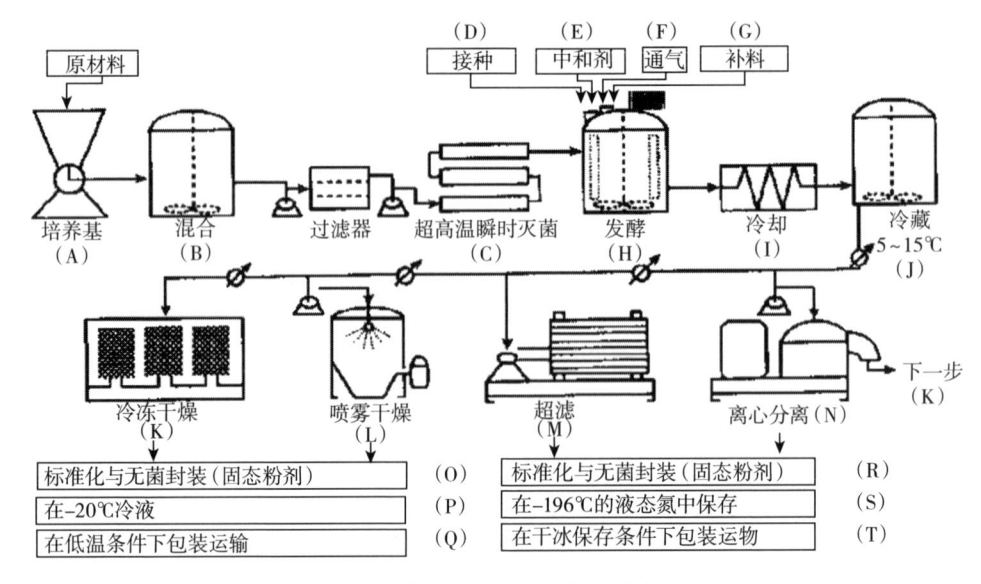

```
                (D)     (E)    (F)    (G)
               接种   中和剂  通气  补料
原材料
培养基  混合   过滤器  超高温瞬时灭菌  发酵   冷却    冷藏
 (A)   (B)         (C)              (H)   (I)   5~15℃
                                                 (J)

冷冻干燥       喷雾干燥       超滤        离心分离(N)     下一步
  (K)          (L)         (M)                        (K)

| 标准化与无菌封装(固态粉剂) | (O) | 标准化与无菌封装(固态粉剂) | (R) |
| 在-20℃冷液              | (P) | 在-196℃的液态氮中保存    | (S) |
| 在低温条件下包装运输       | (Q) | 在干冰保存条件下包装运物  | (T) |
```

图 1-4 发酵剂工业化生产标准流程

1.5.3.1 增殖培养基的确定

乳酸菌高密度培养最关键的步骤是增殖培养基的确定，培养基为乳酸菌的生长繁殖和积累代谢产物提供营养物质。直投式乳酸菌发酵剂的制备需要高浓度的菌体，所以培养基应当有利于菌体的增殖，培养基除了要提供乳酸菌生长所必需的碳源、氮源、微量元素和生长因子等物质外，还需要对培养基中各个成分进行进一步优化，筛选出最佳增殖培养基配方，以求能够获得最大的生物量。另外，为了能够使乳酸菌进一步进行工业化生产，制备发酵剂所使用的培养基应具备以下特点：原料价格低廉且容易获得，培养基中的成分和菌体利于分离。

传统的乳酸菌培养基多为 MRS 培养基，MRS 培养基成分适合大多数乳酸菌的生长，由于乳酸菌与乳酸菌之间存在菌株差异性，还需要对基础培养基成分进行进一步优化，以达到菌体最大限度增殖。目前国内外对乳酸菌增殖培养基的研究大多集中在优化培养基成分、添加微量元素、生长因子以及缓冲盐等方面。目前国内外对乳酸菌培养基成分的优化大多采用 PB 试验设计及响应面优化的方法。另外，乳酸菌在生长繁殖过程中，培养基中的 pH 会降低，这是由于乳酸菌代谢乳糖产生乳酸所致。随着培养基中 pH 的降低，菌体生长会受到抑制。化学中和法是解除酸抑制最常用的方法,在菌体培养过程中添加缓冲盐来中和发酵过程中产生的乳酸,从而提高培养基对 pH 变化的缓冲能力,使 pH 处于一定的范围,但这种调节具有一定局限性。目前常用的中和剂有 NaOH、$NH_3 \cdot H_2O$、磷酸盐、$Ca(OH)_2$ 和 Na_2CO_3 等。

张兰威等对保加利亚乳杆菌和嗜热链球菌的培养基进行了筛选,发现在培养基中添加脱脂乳和蛋白水解酶配合营养强化因子和碳酸钙可以达到这两株菌增殖的目的。刘丹等对 MRS 培养基中的碳源、氮源、营养因子以及缓冲盐成分进行了优化,并在培养基中添加番茄汁、胡萝卜汁、平菇汁等成分可以达到菌体增殖的目的。熊涛等人利用响应面优化的方法对植物乳杆菌生长的培养基配方进行优化,确定了培养基配方为:葡萄糖质量分数 5.43%、K_2HPO_4 质量分数 0.59%、蛋白胨质量分数 0.98%。Nadia A 等利用 Plackett-Burman 软件优化了 *Bacillus sp.* SAB-26 生长的营养条件和环境条件,通过高密度培养提高了菌体生物量从而达到高产聚谷氨酸(PGA)的目的。John J 等通过添加生长因子硫酸锰缩短了干酪乳杆菌的发酵时间,提高了菌体生物量同时增加了乳酸的产生。Christophe 等一些研究者报道,在乳酸菌生长培养基中添加缓冲盐、生长因子以及补料分批培养可以解除底物酸抑制,从而实现乳酸菌的高密度培养。熊涛等通过优化植物乳杆菌发酵培养基达到了高密度培养的目的,使最终植物乳杆菌菌体浓度达到 9.3×10^9 CFU/mL。此外,雷欣宇等采用 Plackett-Burman 法、最陡爬坡试验和 Box-Behnken 设计优化了嗜酸乳杆菌的培养基,从而达到了高密度培养的目的。

1.5.3.2 乳酸菌的高密度培养

高密度培养技术是在发酵工程领域发展起来的一门新兴技术,是生产高质量浓缩型菌体和代谢产物的重要环节,是工业化生产中菌体和代谢产物必须达到的基本目标与方向,同时也是工程菌和非工程菌能否实现规模化生产的重要因素。乳酸菌高密度培养是制备乳酸菌发酵剂最关键的步骤。乳酸菌高密度培养发酵方法包括分批补料培养、细胞循环培养和透析法。限制乳酸菌高密度培养的因素主要是代谢产物抑制以及营养物质匮乏所致。乳酸菌高密度培养技术就是解除代谢产物抑制,提高乳酸菌的密度。目前研究较多的乳酸菌高密度培养方式主要有以下三种：补料分批培养、细胞循环培养、透析培养等。

（1）补料分批培养是根据乳酸菌生长情况和培养基的特点，在分批培养的某一阶段以某种方式间歇或连续地流动新鲜培养基，从而延长乳酸菌的对数生长期和稳定期，以增加生物量积累的特殊培养方式。目前应用于补料分批培养以达到精确控制和模拟发酵过程的先进控制技术有模糊神经网络控制和遗传算法。补料分批培养具有以下优点：消除产物抑制、延长次级代谢产物的代谢时间、稀释有害的代谢产物。E.J Aguirre-Ezkauriatza 等人利用 3L 生物发酵罐比较了分批培养、连续培养以及分批补料培养对干酪乳杆菌生物量产生的影响，由于产物的抑制作用，分批补料培养方式产生的生物量（$0.45g \cdot L^{-1}h^{-1}$）要高于分批培养和连续培养方式产生的生物量（$0.11g \cdot L^{-1}h^{-1}$）；Wichittra Bomrungnok 等和 Tao Xiong 等通过连续培养和分批补料培养分别达到了乳酸菌高密度培养的目的。

（2）细胞循环培养是指以某种方式通过特殊的装置将细胞截留在发酵罐中的培养方式。细胞循环培养一般通过 3 种方式进行：沉降、离心和膜过滤。细胞循环培养具有以下优点：解除代谢产物抑制，用低浓度的培养基可以获得高浓度的菌体；就地培养基和分离产物，强化下游操作。F. Michael Racine 等人利用细胞循环培养方法对产甘露糖的 *lactobacillus intermedius* NRRLB-3693 进行高密度培养研究，甘露糖的产量最高能达到 $40g \cdot L^{-1}h^{-1}$。

（3）透析培养是利用半透膜除去培养液中低分子量的有害代谢产物，同时向培养室中添加充足营养物质的培养方式。乳酸菌停止生长的主要原因在培养过程中营养物质的消耗和代谢产物的积累所致。透析培养具有以下优点：最大限度地提高菌体生物量，是其他发酵方法的 30 倍。和微滤、超滤相比，透析过程中透析膜不会被培养基或乳酸菌体阻塞，而且可以很长时间维持渗透膜的渗透性能。然而，由于反应器本身需要外在的透析组件、内嵌的透析膜或辅助泵、发酵罐等。和其他培养方式相比，透析培养的设备投资较大，所以在工业上应用并不十分广泛。

目前，国内外益生菌发酵乳制品的生产大都采用直投式发酵剂，到现在各种高效发酵剂已经实现商业化，各发达国家对发酵剂的研究和生产非常重视。制备发酵剂的关键是实现菌体的高密度培养，对乳酸菌高密度培养研究最多的是补料分批培养。

1.5.3.3 菌体冻干及冻干保护剂的选择

乳酸菌冻干是制备直投式发酵剂的另一个关键步骤，冻干方式直接影响冻干菌体的活力。针对不同乳酸菌特性选择不同的冻干方式。目前最常用的干燥方法有喷雾干燥和真空冷冻干燥两种方法。由于喷雾干燥过程物料出口温度不容易控制，出口温度太高会对菌体造成大量死亡。直投式乳酸菌发酵剂的制备常采用真空冷冻干燥技术，在制备过程中受低温、水分活度的影响，菌体在冻干过程不可避免地受到一定的生理损伤，如机械损伤、细胞膜损伤、溶质损伤、细胞代谢调节作用损伤以及蛋白质变性失活等，从而极大影响了菌株的活性。而真空冷冻干燥可以在一定程度上避免活性大分子失活，保持菌体原有的性状，是目前最为常用的保藏方法。冷冻干燥方法分为升华干燥和解析干燥两个过程，升华干燥过程的原理是被冷冻样品处于共熔点以下，样品中的结晶水直接从冰晶状态升华为水蒸气，90%～95%的水分在此过程被抽出；解析干燥过程中物料温度较高，结合水获得能量来破坏结合键，最终实现样品干燥的目的。直投式乳酸菌发酵剂的终产品要求活菌数必须达到一定的要求。另外，菌体在冷冻干燥过程中会产生一些副作用，如敏感蛋白的变化、活性降低等。其中菌体自身的因素是最重要的因素，同一属的不同种之间在冷冻、干燥和储藏过程中的性能可能也存在相当大的差别；为了减少冷冻干燥导致的损伤，提高细胞抵御冷冻的能力，人们往往通过添加保护剂的方式保持细胞的高活力。

根据保护剂对细胞是否具有渗透性可分为以下3类：

渗透性保护剂：能同时渗透细胞膜和细胞壁（如DMSO、甘油），它可以增加细胞膜的韧性，使保护剂与细胞中的物质在细胞内充分水合，防止细胞脱水和细胞内冰晶的生成。

半渗透性保护剂：只能渗透细胞壁（如低聚糖、低聚物、氨基酸），它可以防止细胞在冷冻前乳酸菌细胞的质壁分离，集中在细胞壁和细胞质膜之间作为一个缓冲层防止冰晶的生长，对细胞膜起到化学保护的作用，并且在干燥后可以保持细胞内含有少量水分，以防止细胞死亡。

非渗透性保护剂：不能渗透细胞壁（如蛋白质和多聚糖）。非渗透性保护剂吸附在微生物细胞的表面，形成一个黏度较高的保护层，通过增加溶液的黏度来阻止冰晶的生长。

在真空冷冻干燥之前需要对样品进行预冻，使其成为固体状态。而冷冻过程形成的冰晶以及冷冻损伤会导致大量细菌细胞死亡，加入保护剂是防止冷冻损伤最为有效的方法。决定乳酸菌冻干效果的因素包括：保护剂体系、预冻效果、冷冻干燥方法和复水条件等。有学者研究喷雾干燥、冷冻干燥与冻干对乳酸菌粉存活率及代谢活力的影响，结果表明冷冻干燥方式生产的乳酸菌粉存活率为70%，高于喷雾干燥方法的乳酸菌粉存活率。Beauer等作者研究了真空冷冻干燥及与冷冻干燥对副干酪乳杆菌、德氏乳杆菌保加利亚亚种和双歧杆菌对细胞存活率、代谢活力和残留水分的影响，结果表明，真空冷冻干燥细胞的存活率要好于冷冻干燥细胞的存活率。Carvalho等人研究了山梨醇对保加利亚乳杆菌、鼠李糖乳杆菌、植物乳杆菌等都具有显著的保护作用。Fonseca等人也得到了类似的结果。研究发现海藻糖对乳酸菌体的保护作用要好于其他糖类，其保护作用可能是由于在冻干过程中海藻糖通过形成高黏度的玻璃态物质，代替水与干燥的蛋白质结合，防止蛋白质的脱水区域由于低温变性，从而对菌体中的敏感蛋白起到保护作用；海藻糖除了对菌体蛋白具有保护作用外，还可以通过取代脂质的亲水头部和菌体内的碳水化合物结合来降低细胞膜的相变温度，从而防止由于细胞膜的相变和复水过程中菌体细胞膜的破裂。Abadias研究发现，谷氨酸单钠对假丝酵母在冷冻过程中具有保护作用。冻干保护作用原理可能是由于谷氨酸单钠氨基和乳酸菌体内的蛋白质的羧基结合，提高细胞中的固定水分从而稳定菌体内的蛋白质。

1.5.3.4　发酵剂活力的检测

益生菌发酵剂的活力是评价益生菌好坏的关键标尺。益生菌的活力受许多因素的影响，包括产品中溶氧量、温度、pH及水分活度等。发酵剂制备完成以后需要经过检测其活菌数才能判定其效果。需要检测的指标包括安全性，发酵牛乳能力（后酸化能力）和发酵时间，产品中令人满意的益生菌的数量、感官、质构特性以及成本效益等。目前，世界上发酵剂最知名的供应商有荷兰的DSM公司、丹麦的 Danisco 和 Chr Hansen 公司等，这些公司生产的发酵剂的活菌数都在 10^{10}CFU/g 以上。

在长时间的储存过程中，产品中每种益生菌的最小数量和益生菌的活力是最关键的，因为它决定着益生菌的益生作用。尽管对益生菌产品每克或每毫克中所含有的益生菌的数量没有严格的规定，但一般来说，人们普遍接受的最小最理想的益生菌含量为 $10^6 \sim 10^8$CFU/g。在发酵和储存过程中益生菌由于受到多种因素的影响，从而导致乳酸菌发酵剂生存能力低，要达到这个水平是不太可能的。目前益生菌可以不同的方式添加到发酵乳中，第一种方式可以直接以发酵剂的形式添加到牛奶中进行酸奶生产；第二种方式是在发酵完以后，发酵剂以非发酵微生物添加到乳中。菌体到达胃肠道以后才能释放出来。发酵剂及发酵乳制品随着储藏时间的延长，活力逐渐降低。影响储藏期间发酵剂与发酵乳制品中益生菌活力的另外一个关键因素是储藏温度，降低温度会在一定程度上提高存活率。另外，为了避免或降低氧化反应的发生，样品最好保存在真空环境中或者尽量控制样品的水分活度。储藏条件对于活力的保藏也很重要。

乳酸菌发酵剂的品质直接影响发酵乳制品的质构特性以及风味。产品的感官特性及风味是影响消费者是否接受产品的关键因素。一个好的产品如果要在市场上销售，其营养价值、感官特性以及安全特性都要符合国家质量要求。王薇等人对酸奶的硬度、黏度、凝聚性、保水性进行了测定，通过添加不同的增稠剂改善酸奶的质地、状态和口感。另外，一些研究者对酸奶的质构特性以及影响酸奶的质构特性进行了研究，为酸奶的工业化生产提供了理论基础。

1.6 研究的目的及意义

植物乳杆菌是一种重要的益生乳酸菌，因其具有优良的发酵特性和卓越的益生性能而被广泛地应用于乳制品中。本研究以植物乳杆菌 SY-8834 为研究对象，首先，对其功能性进行探究，发现其具有抑菌特性、降胆固醇特性以及高产 GABA 的性质，并对影响其功能特性的因素进行筛查、条件优化及基因调控。其次，优化该菌株发酵工艺，制作直投式发酵剂，为工业化生产奠定基础。

参考文献

[1] 张刚. 乳酸细菌：基础、技术和应用 [M]. 北京：化学工业出版社, 2007.

[2] 王微, 赵新淮. 增稠剂对酸奶质地的影响研究 [J]. 中国乳品工业, 2006, 34(11): 20-22.

[3] YANG S Y, LÜ F X, LU Z X, et al. Production of γ-aminobutyric acid by Streptococcus salivarius subsp. thermophilus Y2 under submerged fermentation [J]. Amino Acids, 2008, 34(3): 473-478.

[4] YAZICI F, ALVAREZ V B, HANSEN P M T. Fermentation and properties of calcium-fortified soy milk yogurt [J]. Journal of Food Science, 1997, 62(3): 457-461.

[5] SIEZEN R J, FRANCKE C, RENCKENS B, et al. Complete resequencing and reannotation of the lactobacillus plantarum WCFS1 genome [J]. Journal of Bacteriology, 2012, 194(1): 195-196.

[6] CAMMAROTA M, DE ROSA M, STELLAVATO A, et al. In vitro evaluation of Lactobacillus plantarum DSMZ 12028 as a probiotic: Emphasis on innate immunity [J]. International Journal of Food Microbiology, 2009, 135(2): 90-98.

[7] ZAGO M, FORNASARI M E, CARMINATI D, et al. Characterization and probiotic potential of Lactobacillus plantarum strains isolated from cheeses [J]. Food Microbiology, 2011, 28(5): 1033-1040.

[8] HONGPATTARAKERE T, RATTANAUBON P, BUNTIN N. Improvement of freeze-dried lactobacillus plantarum survival using water extracts and crude fibers from food crops [J]. Food and Bioprocess Technology, 2013, 6(8): 1885-1896.

[9] KRUISSELBRINK A, HEIJNE DEN BAK-GLASHOUWER M J, HAVENITH C E, et al. Recombinant Lactobacillus plantarum inhibits house dust mite-specific T-cell responses [J]. Clinical and Experimental Immunology, 2001, 126(1): 2-8.

[10] MANGELL P, NEJDFORS P, WANG M, et al. Lactobacillus plantarum 299v inhibits escherichia coli-induced intestinal permeability [J]. Digestive Diseases and Sciences, 2002, 47(3): 511-516.

[11] KLARIN B, MOLIN G, JEPPSSON B, et al. Use of the probiotic Lactobacillus plantarum 299 to reduce pathogenic bacteria in the oropharynx of intubated patients: A randomised controlled open pilot study [J]. Critical Care, 2008, 12(6): R136.

[12] SANNI A I, ONILUDE A A. Characterization of bacteriocin produced by Lactobacillus plantarum F1

and Lactobacillus brevis OG1 [J]. African Journal of Biotechnology, 2003, 2(8): 219-227.

[13] NGUYEN T D T, KANG J H, LEE M S. Characterization of Lactobacillus plantarum PH04, a potential probiotic bacterium with cholesterol-lowering effects [J]. International Journal of Food Microbiology, 2007, 113(3): 358-361.

[14] WANG Y P, XU N, XI A D, et al. Effects of Lactobacillus plantarum MA2 isolated from Tibet kefir on lipid metabolism and intestinal microflora of rats fed on high-cholesterol diet [J]. Applied Microbiology and Biotechnology, 2009, 84(2): 341-347.

[15] VESA T, POCHART P, MARTEAU P. Pharmacokinetics of Lactobacillus plantarum NCIMB 8826, Lactobacillus fermentum KLD, and Lactococcus lactis MG 1363 in the human gastrointestinal tract [J]. Alimentary Pharmacology & Therapeutics, 2000, 14(6): 823-828.

[16] 王坚镪, 丁在咸, 张旻, 等. 益生菌对炎症性肠病小鼠肠道菌群紊乱及细菌移位的影响 [J]. 上海交通大学学报(医学版), 2010, 30(2): 186-190.

[17] 李理, 刘冶, 满朝新, 等. 产 γ-氨基丁酸乳酸菌及其应用 [J]. 中国乳品工业, 2014, 42(2): 31-34, 47.

[18] DI CAGNO R, MAZZACANE F, RIZZELLO C G, et al. Synthesis of γ-aminobutyric acid (GABA) by Lactobacillus plantarum DSM19463: Functional grape must beverage and dermatological applications [J]. Applied Microbiology and Biotechnology, 2010, 86(2): 731-741.

[19] GUO Y X, YANG R Q, CHEN H, et al. Accumulation of γ-aminobutyric acid in germinated soybean (Glycine max L.) in relation to glutamate decarboxylase and diamine oxidase activity induced by additives under hypoxia [J]. European Food Research and Technology, 2012, 234(4): 679-687.

[20] BOWDISH D M E, DAVIDSON D J, HANCOCK R E W. A re-evaluation of the role of host defence peptides in mammalian immunity [J]. Current Protein & Peptide Science, 2005, 6(1): 35-51.

[21] 佟世生, 解洛香, 徐乐, 等. 植物乳杆菌代谢产细菌素的培养基优化 [J]. 现代食品科技, 2012, 28(2): 152-155.

[22] 王辉, 贡汉生, 孟祥晨. 一株短乳杆菌所产细菌素的部分特性 [J] 微生物学通报, 2011, 38(7): 1036-1042.

[23] VAN REENEN C A, VAN ZYL W H, DICKS L M T. Expression of the immunity protein of

plantaricin 423, produced by Lactobacillus plantarum 423, and analysis of the plasmid encoding the bacteriocin [J]. Applied and Environmental Microbiology, 2006, 72(12): 7644–7651.

[24] PERDIGÓN G, FULLER R, RAYA R. Lactic acid bacteria and their effect on the immune system [J]. Current Issues in Intestinal Microbiology, 2001, 2(1): 27–42.

[25] HURTADO A, BEN OTHMAN N, CHAMMEM N, et al. Characterization of Lactobacillus isolates from fermented olives and their bacteriocin gene profiles [J]. Food Microbiology, 2011, 28(8): 1514–1518.

[26] 赵瑞香. 嗜酸乳杆菌及其应用研究 [M]. 北京：科学出版社, 2007: 98–99.

[27] 蒋志国, 杜琪珍. 乳酸菌素研究进展 [J]. 中国酿造, 2008, 27(18): 1–4.

[28] MACWANA S, MURIANA P M. Spontaneous bacteriocin resistance in Listeria monocytogenes as a susceptibility screen for identifying different mechanisms of resistance and modes of action by bacteriocins of lactic acid bacteria [J]. Journal of Microbiological Methods, 2012, 88(1): 7–13.

[29] ABADIAS M, BENABARRE A, TEIXIDÓ N, et al. Effect of freeze drying and protectants on viability of the biocontrol yeast Candida sake [J]. International Journal of Food Microbiology, 2001, 65(3): 173–182.

[30] TODOROV S D, RACHMAN C, FOURRIER A, et al. Characterization of a bacteriocin produced by Lactobacillus sakei R1333 isolated from smoked salmon [J]. Anaerobe, 2011, 17(1): 23–31.

[31] CARVALHO A S, SILVA J, HO P, et al. Protective effect of sorbitol and monosodium glutamate during storage of freeze-dried lactic acid bacteria [J]. Le Lait, 2003, 83(3): 203–210.

[32] FONSECA F, BÉAL C, CORRIEU G. Method of quantifying the loss of acidification activity of lactic acid starters during freezing and frozen storage [J]. Journal of Dairy Research, 2000, 67(1): 83–90.

[33] 陈沛, 王雪青, 阮海华. 产细菌素乳酸菌的筛选及其纯化和稳定性研究 [J]. 天津师范大学学报 (自然科学版), 2011, 31(2): 82–85.

[34] MCAULIFFE O, ROSS R P, HILL C. Lantibiotics: Structure, biosynthesis and mode of action [J]. FEMS Microbiology Reviews, 2001, 25(3): 285–308.

[35] COTTER P D, HILL C, ROSS R P. Bacteriocins: Developing innate immunity for food [J]. Nature Reviews Microbiology, 2005, 3: 777–788.

[36] BRO TZ H, BIERBAUM G, LEOPOLD K, et al. The lantibiotic mersacidin inhibits peptidoglycan synthesis by targeting lipid II [J]. Antimicrobial Agents and Chemotherapy, 1998, 42(1): 154–160.

[37] 张建飞. 乳酸菌细菌素的纯化及应用的研究进展 [J]. 中国畜牧兽医, 2012, 39(10): 225–228.

[38] BREUKINK E, WIEDEMANN I, VAN KRAAIJ C, et al. Use of the cell wall precursor lipid II by a pore-forming peptide antibiotic [J]. Science, 1999, 286(5448): 2361–2364.

[39] RAMNATH M, BEUKES M, TAMURA K, et al. Absence of a putative mannose-specific phosphotransferase system enzyme IIAB component in a leucocin A-resistant strain of Listeria monocytogenes, as shown by two-dimensional sodium dodecyl sulfate-polyacrylamide gel electrophoresis [J]. Applied and Environmental Microbiology, 2000, 66(7): 3098–3101.

[40] DALET K, COSSART P, CENATIEMPO Y, et al. A σ 54-dependent PTS permease of the mannose family is responsible for sensitivity of Listeria monocytogenes to mesentericin Y105 [J]. Microbiology, 2001, 147(12): 3263–3269.

[41] 唐春梅, 陈俊亮, 任广跃. 一株乳酸乳球菌所产细菌素的生物学特性 [J]. 食品科学, 2013, 34(1): 248–251.

[42] DE CARVALHO K G, BAMBIRRA F H S, KRUGER M F, et al. Antimicrobial compounds produced by Lactobacillus sakei subsp. sakei 2a, a bacteriocinogenic strain isolated from a Brazilian meat product [J]. Journal of Industrial Microbiology & Biotechnology, 2010, 37(4): 381–390.

[43] 王广萍, 郝奎, 付忠梅. Nisin 在乳和乳制品保藏中的应用 [J]. 中国乳业, 2006(4): 39–42.

[44] BAUER S A W, SCHNEIDER S, BEHR J, et al. Combined influence of fermentation and drying conditions on survival and metabolic activity of starter and probiotic cultures after low-temperature vacuum drying [J]. Journal of Biotechnology, 2012, 159(4): 351–357.

[45] TAYLOR S L, SOMERS E B. Evaluation of the antibotulinal effectiveness of nisin in bacon [J]. Journal of Food Protection, 1985, 48(11): 949–952.

[46] REVIRIEGO C, FERNÁNDEZ L, RODRÍGUEZ J M. A food-grade system for production of pediocin PA-1 in nisin-producing and non-nisin-producing lactococcus lactis strains: Application to inhibit listeria growth in a cheese model system [J]. Journal of Food Protection, 2007, 70(11): 2512–2517.

[47] BIZANI D, MORRISSY J A C, DOMINGUEZ A P M, et al. Inhibition of Listeria monocytogenes

in dairy products using the bacteriocin-like peptide cerein 8A [J]. International Journal of Food Microbiology, 2008, 121(2): 229–233.

[48] 张晓东. 乳酸链球菌素在瓶装酱菜中应用试验 [J]. 中国调味品, 1997, 22(6):13–15.

[49] HYRONIMUS, MARREC L, URDACI. Coagulin, a bacteriocin-like inhibitory substance produced by Bacillus coagulans I4 [J]. Journal of Applied Microbiology, 1998, 85(1): 42–50.

[50] ROBERTS C M, HOOVER D G. Sensitivity of Bacillus coagulans spores to combinations of high hydrostatic pressure, heat, acidity and nisin [J]. Journal of Applied Bacteriology, 1996, 81(4): 363–368.

[51] LIU C, LIU Y, CHEN S. Effects of nutrient supplements on simultaneous fermentation of nisin and lactic acid from cull potatoes[J]. Applied Biochemistry and Biotechnology, 2005, 122(l): 475–483.

[52] RAYMAM K, ARIS B, HURST A. Nisin: A possible alternative or adjunct to nitrite in the preservation of meats[J]. Applied and Environmental Microbiology, 1981, 41(2): 375–380.

[53] 房春红, 刘杰, 许修宏. 乳酸菌素的研究现状和发展趋势 [J]. 中国乳品工业, 2006, 34(2): 53–55.

[54] 王昌禄, 许春英, 顾小波, 等. 乳酸菌素生物防腐剂的研究 [J]. 中国食物与营养, 2000,6(5): 21–22.

[55] 丁燕, 杜金华. 乳酸链球菌素(Nisin)的特性及其在啤酒工业中的应用 [J]. 酿酒, 2002,29(1):41–44.

[56] 朱小乔. 极具潜力的天然防腐剂 –Nisin [J]. 食品与发酵工业, 2000,27(4):67–69.

[57] MARTÍNEZ P, ABRIOUEL H, OMAR N B, et al. Inactivation of exopolysaccharide and 3-hydroxypropionaldehyde-producing lactic acid bacteria in apple juice and apple cider by enterocin AS-48[J]. Food Chem Toxicol, 2008, 46(3): 1143–1151.

[58] 张凤莲, 付惠玲. 乳酸菌素治疗消化性溃疡的临床分析 [J]. 中国微生态学杂志, 2003, 15(2): 105.

[59] VILLAMIL L, FIGUERAS A, NOVOAB. Immunomodulatory effects of nisin in turbot [J]. Fish & Shellfish Immunology, 2003, 14(2):157–169.

[60] CHIEN Y L, WU L Y, LEE T C, et al. Cholesterol-lowering effect of phytosterol-containing lactic-fermented milk powder in hamsters[J]. Food Chemistry, 2010, 119(3): 1121–1126.

[61] LEE J, KIM Y, YUN H S, et al. Genetic and proteomic analysis of factors affecting serum cholesterol reduction by Lactobacillus acidophilus A4[J]. Applied and Environmental Microbiology, 2010, 76(14):

4829-4835.

[62] 李彩云, 万里. 高密度脂蛋白胆固醇临床机制的研究进展 [J]. 实用心脑肺血管病杂志, 2012, 20(9): 1429-1430.

[63] 王俊国, 武文博, 包秋华. 益生菌降胆固醇作用的研究现状 [J]. 内蒙古农业大学学报（自然科学版）, 2011, 32(4): 346-353.

[64] 匡荣光, 王建文. 胆汁酸合成及转运机制的研究热点 [J]. 医学检验与临床, 2012, 23(5): 69-70.

[65] CHO J Y, MATSUBARA T, KANG D W, et al. Urinary metabolomics in Fxr-null mice reveals activated adaptive metabolic pathways upon bile acid challenge [J]. Journal of Lipid Research, 2010, 51(5): 1063-1074.

[66] RIESENBERG D, GUTHKE R. High-cell-density cultivation of microorganisms [J]. Applied Microbiology and Biotechnology, 1999, 51(4): 422-430.

[67] 陈国良, 刘立伟, 谢爽, 等. 高密度脂蛋白胆固醇代谢及其对冠心病影响的研究进展 [J]. 心血管病学进展, 2010, 31(3): 360-363.

[68] 朱文慧, 步营, 李钰金. 降胆固醇方法研究进展 [J]. 肉类研究, 2010, 24(4): 65-68.

[69] 毕学苑, 贺熙, 臧伟进. 他汀类药物的多效性及其在心血管疾病中的应用 [J]. 心脏杂志, 2011, 23(6): 804-806, 810.

[70] 王惠英, 张志辉, 范例, 等. 他汀类药物非降脂作用的临床用途探讨 [J]. 临床合理用药杂志, 2013, 6(4): 179-180.

[71] 焦月华, 张兰威, 易华西, 等. 酸牦牛乳中乳酸菌降胆固醇作用及胆盐耐受性研究 [J]. 东北农业大学学报, 2012, 43(2): 6-12.

[72] Ti feng J, Yujin W, Fengqing G. Photoresponsive organogel and organized nanostructures of cholesterol imide derivatives with azobenzene substituent groups[J]. Progress in Natural Science: Materials International, 2012, 22(1): 64-70.

[73] 张和平. 我国益生乳酸菌研究与产业化现状及发展对策 [J]. 生物产业技术, 2009(6): 53-55.

[74] MAKAROVA K, SLESAREV A, WOLF Y, et al. Comparative genomics of the lactic acid bacteria [J]. Proceedings of the National Academy of Sciences, 2006, 103(42): 15611-15616.

[75] TO B C S, ETZEL M R. Spray drying, freeze drying, or freezing of three different lactic acid bacteria

species [J]. Journal of Food Science, 1997, 62(3): 576-578.

[76] 樊世贤, 孔晓燕, 樊婧. 乳酸菌素治疗小儿腹泻病的临床观察 [J]. 临床医药实践, 2010, 19(7): 312-313.

[77] 托娅, 杜瑞亭, 张和平. 益生菌 Lb. casei Zhang 对 H22 荷瘤小鼠的抗肿瘤作用及机制 [J]. 肿瘤防治研究, 2010, 37(4): 463-465.

[78] 宋园亮, 李海燕, 柳陈坚. 乳酸菌治疗乳糖不耐受症的研究进展 [J]. 中国微生态学杂志, 2010, 22(8): 751-753.

[79] 冯少敏, 夏红. 特异乳酸菌对机体免疫调节作用的研究 [J]. 临床医学, 2010, 30(7): 102-103.

[80] 刘秉杰, 胡德亮. 浅谈乳酸菌保健功能的研究进展 [J]. 中国外资, 2010(8): 206.

[81] 陈力平, 林杰, 孔维菊, 等. 不同血脂水平人群小而密 LDL 胆固醇分布及其与血脂组分的相关性 [J]. 中华检验医, 2012, 35(4): 354-358.

[82] JONES M L, MARTONI C J, PARENT M, et al. Cholesterol-lowering efficacy of a microencapsulated bile salt hydrolase-active Lactobacillus reuteri NCIMB 30242 yoghurt formulation in hypercholesterolaemic adults [J]. The British Journal of Nutrition, 2012, 107(10): 1505-1513.

[83] TRAUTVETTER U, DITSCHEID B, KIEHNTOPF M, et al. A combination of calcium phosphate and probiotics beneficially influences intestinal lactobacilli and cholesterol metabolism in humans [J]. Clinical Nutrition, 2012, 31(2): 230-237.

[84] 胡梦坤, 岳喜庆. 植物乳杆菌 LP1103 的筛选及其降胆固醇作用机理的研究 [J]. 食品科学, 2008, 29(6): 226-229.

[85] GAO Y R, LI D P, LIU S, et al. Probiotic potential of L. sake C2 isolated from traditional Chinese fermented cabbage [J]. European Food Research and Technology, 2012, 234(1): 45-51.

[86] 董改香, 王俊国, 段智变, 等. 具有胆盐水解酶活力乳酸菌的筛选及 16SrDNA 分子生物学鉴定 [J]. 中国乳品工业, 2008, 36(11): 7-10.

[87] IBRAHIM H A M, ZHU Y X, WU C, et al. Selenium-enriched probiotics improves murine male fertility compromised by high fat diet [J]. Biological Trace Element Research, 2012, 147(1/2/3): 251-260.

[88] ZHUANG G, LIU X M, ZHANG Q X, et al. Research advances with regards to clinical outcome and potential mechanisms of the cholesterol-lowering effects of probiotics [J]. Clinical Lipidology, 2012,

7(5): 501-507.

[89] PRAKASH O, NIMONKAR Y, SHOUCHE Y S. Practice and prospects of microbial preservation [J]. FEMS Microbiology Letters, 2013, 339(1): 1-9.

[90] GUO Z, LIU X M, ZHANG Q X, et al. Influence of consumption of probiotics on the plasma lipid profile: A meta-analysis of randomised controlled trials [J]. Nutrition, Metabolism, and Cardiovascular Diseases: NMCD, 2011, 21(11): 844-850.

[91] PATEL A K, SINGHANIA R R, PANDEY A, et al. Probiotic bile salt hydrolase: Current developments and perspectives [J]. Applied Biochemistry and Biotechnology, 2010, 162(1): 166-180.

[92] ZHANG M, HANG X M, FAN X B, et al. Characterization and selection of Lactobacillus strains for their effect on bile tolerance, taurocholate deconjugation and cholesterol removal [J]. World Journal of Microbiology and Biotechnology, 2008, 24(1). 7-14.

[93] Yildiz, Gulgez G, Ozturk, Mehmet, Aslim, Belma. et al. Identification of Lactobacillus strains from breast-fed infant and investigation of their cholesterol-reducing effects[J]. World Journal of Microbiology & Biotechnology, 2011, 27(10): 2397-2406.

[94] LYE H S, RUSUL G, LIONG M T. Removal of cholesterol by lactobacilli via incorporation and conversion to coprostanol [J]. Journal of Dairy Science, 2010, 93(4): 1383-1392.

[95] JONES M L, CHEN H M, OUYANG W, et al. Microencapsulated genetically engineered lactobacillus plantarum 80 (pCBH1) for bile acid deconjugation and its implication in lowering cholesterol [J]. Journal of Biomedicine & Biotechnology, 2004, 2004(1): 61-69.

[96] ZITZER H, WENTE W, BRENNER M B, et al. Sterol regulatory element-binding protein 1 mediates liver X receptor-β-induced increases in insulin secretion and insulin messenger ribonucleic acid levels [J]. Endocrinology, 2006, 147(8): 3898-3905.

[97] SHIN H S, PARK S Y, LEE D K, et al. Hypocholesterolemic effect of sonication-killed Bifidobacterium longum isolated from healthy adult Koreans in high cholesterol fed rats [J]. Archives of Pharmacal Research, 2010, 33(9): 1425-1431.

[98] ZELCER N, HONG C, BOYADJIAN R, et al. LXR regulates cholesterol uptake through Idol-dependent ubiquitination of the LDL receptor [J]. Science, 2009, 325(5936): 100-104.

[99] TEMEL R E, TANG W Q, MA Y Y, et al. Hepatic Niemann-Pick C1-like 1 regulates biliary cholesterol concentration and is a target of ezetimibe [J]. Journal of Clinical Investigation, 2007, 117(7): 1968-1978.

[100] HUANG Y, ZHENG Y C. The probioticLactobacillus acidophilusreduces cholesterol absorption through the down-regulation of Niemann-Pick C1-like 1 in Caco-2 cells [J]. British Journal of Nutrition, 2010, 103(4): 473-478.

[101] YAMAKUCHI M, GREER J J M, CAMERON S J, et al. HMG-CoA reductase inhibitors inhibit endothelial exocytosis and decrease myocardial infarct size [J]. Circulation Research, 2005, 96(11): 1185-1192.

[102] 李文全, 王子花, 申瑞玲. HMG-CoA 还原酶的结构和调节 [J]. 动物医学进展, 2006, 27(2): 38-40.

[103] KUMAR R, GROVER S, BATISH V K. Bile salt hydrolase (bsh) activity screening of lactobacilli: in vitro selection of indigenous lactobacillus strains with potential bile salt hydrolysing and cholesterol-lowering ability [J]. Probiotics and Antimicrobial Proteins, 2012, 4(3): 162-172.

[104] MALAGUARNERA G, LEGGIO F, VACANTE M, et al. Probiotics in the gastrointestinal diseases of the elderly [J]. The Journal of Nutrition, Health & Aging, 2012, 16(4): 402-410.

[105] REBOULLEAU A, ROBERT V, VEDIE B, et al. Involvement of cholesterol efflux pathway in the control of cardiomyocytes cholesterol homeostasis [J]. Journal of Molecular and Cellular Cardiology, 2012, 53(2): 196-205.

[106] OOI L G, LIONG M T. Cholesterol-lowering effects of probiotics and prebiotics: A review of in vivo and in vitro findings [J]. International Journal of Molecular Sciences, 2010, 11(6): 2499-2522.

[107] 程艳薇, 刘春梅, 谭书明, 等. 嗜酸乳杆菌菌粉的加工技术研究 [J]. 食品科技, 2010, 35(9): 46-50.

[108] KUMAR M, NAGPAL R, KUMAR R, et al. Cholesterol-lowering probiotics as potential biotherapeutics for metabolic diseases [J]. Experimental Diabetes Research, 2012, 2012: 902917.

[109] 肖琳琳, 董明盛. 西藏干酪乳酸菌降胆固醇特性研究 [J]. 食品科学, 2003, 24(10): 142-145.

[110] 于平, 汪晓辉. 植物乳杆菌 LpT1 和 LpT2 大鼠体内降胆固醇特性 [J]. 微生物学报, 2012,

52(1): 124-129.

[111] 张和平. 分离自内蒙古传统发酵酸马奶中 L.casei Zhang 潜在益生特性的研究 [J]. 中国乳品工业, 2006, 34(4): 4-10.

[112] BEAL C, FONSECA F, CORRIEU G. Resistance to freezing and frozen storage of Streptococcus thermophilus is related to membrane fatty acid composition [J]. Journal of Dairy Science, 2001, 84(11): 2347-2356.

[113] ERLANDER M G, TOBIN A J. The structural and functional heterogeneity of glutamic acid decarboxylase: A review [J]. Neurochemical Research, 1991, 16(3): 215-226.

[114] 郭晓娜, 朱永义, 朱科学. 生物体内 γ-氨基丁酸的研究 [J]. 氨基酸和生物资源, 2003, 25(2): 70-72.

[115] HAYAKAWA K, KIMURA M, KAMATA K. Mechanism underlying gamma-aminobutyric acid-induced antihypertensive effect in spontaneously hypertensive rats [J]. European Journal of Pharmacology, 2002, 438(1/2): 107-113.

[116] HARADA A, NAGAI T, YAMAMOTO M. Production of GABA-enriched powder by a brown variety of flammulina velutipes (enokitake) and its antihypertensive effects in spontaneously hypertensive rats [J]. Nippon Shokuhin Kagaku Kogaku Kaishi, 2011, 58(9): 446-450.

[117] YOSHIMURA M, TOYOSHI T, SANO A, et al. Antihypertensive effect of a gamma-aminobutyric acid rich tomato cultivar 'DG03-9' in spontaneously hypertensive rats [J]. Journal of Agricultural and Food Chemistry, 2010, 58(1): 615-619.

[118] GAO S F, BAO A M. Corticotropin-releasing hormone, glutamate, and γ-aminobutyric acid in depression [J]. The Neuroscientist, 2011, 17(1): 124-144.

[119] ADEGHATE E, PONERY A S. GABA in the endocrine pancreas: Cellular localization and function in normal and diabetic rats [J]. Tissue & Cell, 2002, 34(1): 1-6.

[120] END K, GAMEL-DIDELON K, JUNG H, et al. Receptors and sites of synthesis and storage of gamma-aminobutyric acid in human pituitary glands and in growth hormone adenomas [J]. American Journal of Clinical Pathology, 2005, 124(4): 550-558.

[121] RACINE F M, SAHA B C. Production of mannitol by Lactobacillus intermedius NRRL B-3693

in fed-batch and continuous cell-recycle fermentations [J]. Process Biochemistry, 2007, 42(12): 1609-1613.

[122] PÖRTNER R, MÄRKL H. Dialysis cultures [J]. Applied Microbiology and Biotechnology, 1998, 50(4): 403-414.

[123] SHILPA J, PAULOSE C S. GABA and 5-HT chitosan nanoparticles decrease striatal neuronal degeneration and motor deficits during liver injury [J]. Journal of Materials Science: Materials in Medicine, 2014, 25(7): 1721-1735.

[124] 陆勤. γ-氨基丁酸的神经营养作用 [J]. 国外医学(生理、病理科学与临床分册),1995,15(3): 187-188.

[125] OKADA T, SUGISHITA T, MURAKAMI T, et al. Effect of the defatted rice germ enriched with GABA for sleeplessness, depression, autonomic disorder by oral administration [J]. NIPPON SHOKUHIN KAGAKU KOGAKU KAISHI, 2000, 47(8): 596-603.

[126] 马玉华, 王斌, 孙进, 等. γ-氨基丁酸对高脂膳食小鼠免疫功能的影响 [J]. 免疫学杂志, 2014, 30(7): 599-603, 607.

[127] SOH J R, KIM N S, OH C H, et al. Carnitine and/or GABA supplementation increases immune function and changes lipid profiles and some lipid soluble vitamins in mice chronically administered alcohol [J]. Preventive Nutrition and Food Science, 2010, 15(3): 196-205.

[128] TUJIOKA K, OHSUMI M, HORIE K, et al. Dietary gamma-aminobutyric acid affects the brain protein synthesis rate in ovariectomized female rats [J]. Journal of Nutritional Science and Vitaminology, 2009, 55(1): 75-80.

[129] MURASHIMA Y L, KATO T. Distribution of gamma-aminobutyric acid and glutamate decarboxylase in the layers of rat oviduct [J]. Journal of Neurochemistry, 1986, 46(1): 166-172.

[130] ROLDAN E R, MURASE T, SHI Q X. Exocytosis in spermatozoa in response to progesterone and zona pellucida [J]. Science, 1994, 266(5190): 1578-1581.

[131] 孙兵. γ-氨基丁酸对猫睡眠时相的影响 [J]. 天津医科大学学报, 1996, 2(4):34-35.

[132] LU W Y, INMAN M D. Gamma-aminobutyric acid nurtures allergic asthma [J]. Clinical and Experimental Allergy, 2009, 39(7): 956-961.

[133] PARK K, OH S. Production and characterization of GABA rice yogurt [J]. Food Science and Biotechnology, 2005, 14: 518-522.

[134] LI H X, QIU T, GAO D D, et al. Medium optimization for production of gamma-aminobutyric acid by Lactobacillus brevis NCL912 [J]. Amino Acids, 2010, 38(5): 1439-1445.

[135] SIRAGUSA S, DE ANGELIS M, DI CAGNO R, et al. Synthesis of gamma-aminobutyric acid by lactic acid bacteria isolated from a variety of Italian cheeses [J]. Applied and Environmental Microbiology, 2007, 73(22): 7283-7290.

[136] BARRETT E, ROSS R P, O'TOOLE P W, et al. γ-Aminobutyric acid production by culturable bacteria from the human intestine [J]. Journal of Applied Microbiology, 2012, 113(2): 411-417.

[137] CODA R, RIZZELLO C G, GOBBETTI M. Use of sourdough fermentation and pseudo-cereals and leguminous flours for the making of a functional bread enriched of gamma-aminobutyric acid (GABA) [J]. International Journal of Food Microbiology, 2010, 137(2/3): 236-245.

[138] THWE S M, KOBAYASHI T, LUAN T Y, et al. Isolation, characterization, and utilization of γ-aminobutyric acid (GABA)-producing lactic acid bacteria from Myanmar fishery products fermented with boiled rice [J]. Fisheries Science, 2011, 77(2): 279-288.

[139] 章德法. 发酵香肠超浓缩高活性发酵剂的研制及应用 [D]. 南京：南京农业大学, 2008.

[140] LU X X, CHEN Z G, GU Z X, et al. Isolation of γ-aminobutyric acid-producing bacteria and optimization of fermentative medium [J]. Biochemical Engineering Journal, 2008, 41(1): 48-52.

[141] LACROIX N, ST-GELAIS D, CHAMPAGNE C P, et al. Gamma-aminobutyric acid-producing abilities of lactococcal strains isolated from old-style cheese starters [J]. Dairy Science & Technology, 2013, 93(3): 315-327.

[142] ROUBOS J A, VAN STRATEN G, VAN BOXTEL A J B. An evolutionary strategy for fed-batch bioreactor optimization; concepts and performance [J]. Journal of Biotechnology, 1999, 67(2/3): 173-187.

[143] KOMATSUZAKI N, JUN S M, KAWAMOTO S, et al. Production of γ-aminobutyric acid (GABA) by Lactobacillus paracasei isolated from traditional fermented foods [J]. Food Microbiology, 2005, 22(6): 497-504.

[144] 王超凯,刘绪,张磊,等.产 γ－氨基丁酸乳酸菌的筛选及发酵条件初步优化 [J]. 食品与发酵科技, 2012, 48(1): 36-39.

[145] CHOI S I, LEE J W, PARK S M, et al. Improvement of γ-aminobutyric acid (GABA) production using cell entrapment of lactobacillus brevis GABA 057 [J]. Journal of Microbiology and Biotechnology, 2006, 16: 562-568.

[146] PENG C L, HUANG J, HU S, et al. A two-stage pH and temperature control with substrate feeding strategy for production of gamma-aminobutyric acid by lactobacillus brevis CGMCC 1306 [J]. Chinese Journal of Chemical Engineering, 2013, 21(10): 1190-1194.

[147] 孟和毕力格,冀林立,罗斌,等.传统乳制品中产 γ－氨基丁酸乳酸菌的培养基优化 [J]. 食品工业科技, 2009, 30(7): 124-127.

[148] LI H X, QIU T, HUANG G D, et al. Production of gamma-aminobutyric acid by Lactobacillus brevis NCL912 using fed-batch fermentation [J]. Microbial Cell Factories, 2010, 9(1): 85.

[149] PARK K B, OH S H. Production of yogurt with enhanced levels of gamma-aminobutyric acid and valuable nutrients using lactic acid bacteria and germinated soybean extract [J]. Bioresource Technology, 2007, 98(8): 1675-1679.

[150] UENO Y, HAYAKAWA K, TAKAHASHI S, et al. Purification and characterization of glutamate decarboxylase from lactobadllus bvevis IFO 12005 [J]. Bioscience, Biotechnology, and Biochemistry, 1997, 61(7): 1168-1171.

[151] 邓平建.基因芯片技术(上)[J]. 中国公共卫生, 2001, 17(8):24-28.

[152] 陈琉,哈伯·旺斯路德,尼尔·温哥顿,等.基因芯片——同时研究数以千计的生物技术 [J]. 中国现代医学杂志, 2005, 15(13): 1977-1983.

[153] MAZZOLI R, PESSIONE E, DUFOUR M, et al. Glutamate-induced metabolic changes in Lactococcus lactis NCDO 2118 during GABA production: Combined transcriptomic and proteomic analysis [J]. Amino Acids, 2010, 39(3): 727-737.

[154] OKONIEWSKI M J, MILLER C J. Hybridization interactions between probesets in short oligo microarrays lead to spurious correlations [J]. BMC Bioinformatics, 2006, 7: 276.

[155] WANG Z, GERSTEIN M, SNYDER M. RNA-Seq: A revolutionary tool for transcriptomics [J].

Nature Reviews Genetics, 2009, 10: 57-63.

[156] ROYCE T E, ROZOWSKY J S, GERSTEIN M B. Toward a universal microarray: Prediction of gene expression through nearest-neighbor probe sequence identification [J]. Nucleic Acids Research, 2007, 35(15): e99.

[157] LI B, DEWEY C N. RSEM: Accurate transcript quantification from RNA-Seq data with or without a reference genome [J]. BMC Bioinformatics, 2011, 12: 323.

[158] GERHARD D S, WAGNER L, FEINGOLD E A, et al. The status, quality, and expansion of the NIH full-length cDNA project: The Mammalian Gene Collection (MGC) [J]. Genome Research, 2004, 14(10B): 2121-2127.

[159] HARBERS M, CARNINCI P. Tag-based approaches for transcriptome research and genome annotation [J]. Nature Methods, 2005, 2: 495-502.

[160] MARIONI J C, MASON C E, MANE S M, et al. RNA-seq: An assessment of technical reproducibility and comparison with gene expression arrays [J]. Genome Research, 2008, 18(9): 1509-1517.

[161] CLOONAN N, FORREST A R R, KOLLE G, et al. Stem cell transcriptome profiling via massive-scale mRNA sequencing [J]. Nature Methods, 2008, 5: 613-619.

[162] BARBAZUK W B, EMRICH S J, CHEN H D, et al. SNP discovery via 454 transcriptome sequencing [J]. The Plant Journal, 2007, 51(5): 910-918.

[163] DOVER S, HALPERN Y S. Control of the pathway of γ-aminobutyrate breakdown in Escherichia coli K-12 [J]. Journal of Bacteriology, 1972, 110(1): 165-170.

[164] FEEHILY C, O'BYRNE C P, KARATZAS K A G. Functional γ-Aminobutyrate Shunt in Listeria monocytogenes: Role in acid tolerance and succinate biosynthesis [J]. Applied and Environmental Microbiology, 2013, 79(1): 74-80.

[165] 彭木,黄凤兰,侯楠,等.乳酸菌的研究现状及展望[J].黑龙江农业科学,2012(12): 132-136.

[166] 郭本恒.益生菌[M].北京:化学工业出版社,2004.

[167] 岑沛霖,蔡谨.工业微生物学[M].北京:化学工业出版社,2000: 150.

[168] 姚汝华.微生物工程工艺原理[M].广州:华南理工大学出版社,1996:161.

[169] 孟祥晨, 杜鹏, 李艾黎, 等. 乳酸菌与乳品发酵剂 [M]. 北京: 科学出版社, 2009.

[170] FERNANDEZ M F, BORIS S, BARBES C. Probiotic properties of human lactobacilli strains to be used in the gastrointestinal tract [J]. Journal of Applied Microbiology, 2003, 94(3): 449–455.

[171] 王今雨, 满朝新, 杨相宜, 等. 植物乳杆菌 NDC 75017 的降胆固醇作用 [J]. 食品科学, 2013, 34(3): 243–247.

[172] MANN G V. Studies of a surfactant and cholesteremia in the maasai [J]. The American Journal of Clinical Nutrition, 1974, 27(5): 464–469.

[173] 赖新峰, 王立生, 潘令嘉, 等. 双歧杆菌对裸鼠腹腔巨噬细胞激活作用的初步观察 [J]. 中国微生态学杂志, 1999, 11(6): 336–338.

[174] 尹胜利, 杜鉴, 徐晨. 乳酸菌的研究现状及其应用 [J]. 食品科技, 2012, 37(9): 25–29.

[175] TAKANO D T. Anti-hypertensive activity of fermented dairy products containing biogenic peptides [J]. Antonie Van Leeuwenhoek, 2002, 82(1): 333–340.

[176] ESSER S, REILLY W T, RILEY L B, et al. The role of sentinel lymph node mapping in staging of colon and rectal cancer [J]. Diseases of the Colon and Rectum, 2001, 44(6): 850–854;discussion 854-856.

[177] LACROIX C, YILDIRIM S. Fermentation technologies for the production of probiotics with high viability and functionality [J]. Current Opinion in Biotechnology, 2007, 18(2): 176–183.

[178] 徐丽丹, 邹积宏, 袁杰利. 乳酸菌的降血压作用研究进展 [J]. 中国微生态学杂志, 2009, 21(4): 366-368.

[179] MASLOWSKI K M, VIEIRA A T, NG A, et al. Regulation of inflammatory responses by gut microbiota and chemoattractant receptor GPR43 [J]. Nature, 2009, 461: 1282–1286.

[180] 周晓莹, 陈晓琳. 乳酸菌的益生作用及其应用研究进展 [J]. 中国微生态学杂志, 2011, 23(10): 946-949.

[181] AGUIRRE-EZKAURIATZA E J, AGUILAR-YÁÑEZ J M, RAMÍREZ-MEDRANO A, et al. Production of probiotic biomass (Lactobacillus casei) in goat milk whey: Comparison of batch, continuous and fed-batch cultures [J]. Bioresource Technology, 2010, 101(8): 2837–2844.

[182] Korbekandi H., Mortazavian A M, Iravani S. Technology and stability of probiotic in fermented

[183] LUCAS A, SODINI I, MONNET C, et al. Probiotic cell counts and acidification in fermented milks supplemented with milk protein hydrolysates [J]. International Dairy Journal, 2004, 14(1): 47-53.

[184] DE VUYST L. Technology aspects related to the application of functional starter cultures [J]. Food Technology and Biotechnology, 2000, 38(2): 105-112.

[185] KOSIN B, RAKSHIT S K. Microbial and processing criteria for production of probiotics: A review [J]. Food Technology and Biotechnology, 2006, 44(3): 371-379.

[186] MOHAMMADI R, SOHRABVANDI S, MOHAMMAD MORTAZAVIAN A. The starter culture characteristics of probiotic microorganisms in fermented milks [J]. Engineering in Life Sciences, 2012, 12(4): 399-409.

[187] GOMES A M P, MALCATA F X. Bifidobacterium spp. and Lactobacillus acidophilus: Biological, biochemical, technological and therapeutical properties relevant for use as probiotics [J]. Trends in Food Science & Technology, 1999, 10(4/5): 139-157.

[188] 王艳萍, 习傲登, 许女, 等. 嗜酸乳杆菌高密度培养及发酵剂的研究 [J]. 中国酿造, 2009, 28(5): 111-116.

[189] 卫玲玲. 泡菜用直投式发酵剂的研究 [D]. 杭州: 浙江大学, 2012.

[190] 贺璟. 鼠李糖乳杆菌直投式发酵剂的研究 [D]. 长沙: 湖南农业大学, 2012.

[191] 孙灵霞, 张秋会, 李红, 等. 直投式酸奶发酵剂在酸奶制作中应用的初步研究 [J]. 食品与发酵科技, 2011, 47(6): 63-64, 69.

[192] 刘大为. 嗜酸乳杆菌高密度培养及浓缩型发酵剂研究 [D]. 天津: 天津科技大学, 2010.

[193] 田辉. 嗜热链球菌高密度培养与直投式发酵剂开发 [D]. 哈尔滨: 东北农业大学, 2012.

[194] 黄良昌, 吕晓玲, 邢晓慧. 酸奶发酵剂的研究进展 [J]. 广州食品工业科技, 2001, 17(3): 43-46, 57.

[195] 宋金慧. 高活力益生菌发酵剂的制备及产品开发 [D]. 北京: 中国农业科学院, 2009.

[196] CARMINATI D, GIRAFFA G, QUIBERONI A, et al. Advances and trends in starter cultures for dairy fermentations[J]. Biotechnology of lactic acid bacteria: Novel applications. Iowa, USA: Wiley-Blackwell, 2010, 90(9): 177-192.

[197] SUZUKI T. A dense cell culture system for microorganisms using a stirred ceramic membrane reactor incorporating asymmetric porous ceramic filters [J]. Journal of Fermentation and Bioengineering, 1996, 82(3): 264–271.

[198] 高松柏. 酸奶的发展趋势 [J]. 中国乳品工业, 2001, 29(5): 14–17.

[199] 刘宇峰, 王金英. 直接使用型酸奶发酵剂的研制 [J]. 中国乳品工业, 1995, 23(6): 274–279.

[200] 周洋, 赵玉娟, 牛春华, 等. 植物乳杆菌 SC9 直投式发酵剂的研究 [J]. 农产品加工 (学刊), 2013(21): 11–14.

[201] 罗云波. 食品生物技术导论 [M]. 北京: 中国农业大学出版社, 2002: 237–287.

[202] SOLIMAN N A, BEREKAA M M, ABDEL-FATTAH Y R. Polyglutamic acid (PGA) production by Bacillus sp. SAB-26: Application of Plackett-Burman experimental design to evaluate culture requirements [J]. Applied Microbiology and Biotechnology, 2005, 69(3): 259–267.

[203] JIANG D H, JI H, YE Y, et al. Studies on screening of higher γ-aminobutyric acid-producing Monascus and optimization of fermentative parameters [J]. European Food Research and Technology, 2011, 232(3): 541–547.

[204] 熊涛, 黄锦卿, 宋苏华, 等. 植物乳杆菌发酵培养基的优化及其高密度培养技术 [J]. 食品科学, 2011, 32(7): 262–268.

[205] 张兰威, 刘维, 张书军. 促进混合培养的保加利亚杆菌和嗜热链球菌生长的物质研究 [J]. 中国乳品工业, 1999, 27(1): 12–15.

[206] 刘丹, 潘道东. 直投式乳酸菌发酵剂增菌培养基的优化 [J]. 食品科学, 2005, 26(9): 204–207.

[207] FITZPATRICK J J, AHRENS M, SMITH S. Effect of manganese on Lactobacillus casei fermentation to produce lactic acid from whey permeate [J]. Process Biochemistry, 2001, 36(7): 671–675.

[208] 雷欣宇, 康建平, 曾凡坤, 等. 嗜酸乳杆菌增殖培养基的响应面优化 [J]. 食品科技, 2013, 38(1): 7–12.

[209] BOMRUNGNOK W, SONOMOTO K, PINITGLANG S, et al. Single step lactic acid production from cassava starch by laactobacillus plantarum SW14 in conventional continuous and continuous with high cell density [J]. APCBEE Procedia, 2012, 2: 97–103.

第二章
植物乳杆菌的抑菌活性

2.1 植物乳杆菌抑菌活性概述

　　化学抗菌素被广泛用作食品防腐剂，以抑制不良微生物，延长食品的保质期。致病性微生物或腐败微生物可能对化学防腐剂产生耐药性。在天然生物拮抗剂中，乳酸菌（LAB）是化学防腐剂的很有前途的替代品，据报道它们可以产生抗菌化合物，如细菌素、环二肽、有机酸、脂肪酸及其衍生物、羧酸及其衍生物、核苷和 H_2O_2。此外，LAB 通常被认为是安全的，长期以来一直用于食品中。尽管人们对 LAB 生产的抗菌化合物有很大的兴趣，但这些化合物的实际应用可以作为替代品防腐剂相当低，因为它们的抗菌光谱相对狭窄，在体液中溶解度低，在生理 pH 下不稳定。因此，迄今为止，由 LAB 生产的抗菌化合物作为化学防腐剂的替代品来控制腐败微生物或病原体的应用一直受到限制。鉴于人们对 LAB 的抗菌取代基的兴趣日益增长，有必要进行进一步的研究来确定新的 LAB 中有用的化合物。有研究表明，Choi 等人从韩国传统的发酵蔬菜产品泡菜中分离出了一株具有降胆固醇活性的植物乳杆菌菌株。植物乳杆菌 EM 具有去除胆固醇作用，对革兰氏阳性和革兰氏阴性菌都有很强的抗菌活性。本研究以从传统发酵乳制品中分离出来的一株具有抑菌活性的植物乳杆菌为研究对象，研究其抑菌活性以及抑菌物质的特性、影响细菌素产量的原因，为其功能性的研究奠定基础。

2.2 抑菌活性实验材料

2.2.1 实验菌株

　　（1）具有抑菌活性的乳酸菌来源于的牧民自制发酵酸奶；

（2）藤黄微球菌 CMCC（B）28001 来源于国家乳品工程与技术中心；

（3）金黄色葡萄球菌 CMCC 26074 来源于乳品重点实验室；

（4）大肠杆菌 25922 来源于乳品重点实验室；

（5）单增李斯特菌 CMCC 8605 来源于乳品重点实验室；

（6）福氏志贺氏菌 CMCC 51572 来源于乳品重点实验室；

（7）蜡样芽孢杆菌 CMCC 63303 来源于乳品重点实验室；

（8）沙门氏菌 CMCC 47020 来源于乳品重点实验室。

2.2.2 培养基

（1）MRS 培养基见表 2-1。

表 2-1　MRS 培养基成分

成分	用量
蛋白胨	5.0g
牛肉膏	5.0g
酵母粉	5.0g
胰蛋白胨	10.0g
Tween 80	1.0mL
葡萄糖	20.0g

5 种盐溶液：$K_2HPO_4 \cdot 3H_2O$（20g + 50mL）、$MgCl_2 \cdot 6H_2O$（5.0g + 50mL）、$ZnSO_4 \cdot 7H_2O$（2.5g + 50mL）、$CaCl_2$（1.5g + 50mL）、$FeCl_2$（0.5g + 50mL）各 10mL，蒸馏水定容至 1000mL，调 pH 至 5.8，115℃ 20min 高压灭菌后，4℃ 保存。

（2）LB 培养基见表 2-2。调 pH 至 7.4，121℃ 高压灭菌 15min。

表 2-2　LB 培养基成分

成分	用量
胰蛋白胨	10.0g
酵母粉	5.0g
氯化钠	10.0g
蒸馏水	1000mL

（3）TSB-YE 培养基见表 2-3。调 pH 至 7.2，121℃高压灭菌 15min。

表 2-3 TSB-YE 培养基成分

成分	用量
胰蛋白胨	17.0g
大豆胨	3.0g
酵母粉	6.0g
葡萄糖	2.5g
氯化钠	5.0g
磷酸氢二钾	2.5g

（4）NB 培养基见表 2-4。调 pH 至 7.2±0.2，121℃高压灭菌 15min。

表 2-4 NB 培养基成分

成分	用量
蛋白胨	10.0g
氯化钠	5.0g
牛肉膏	3.0g
蒸馏水	1000mL

2.2.3 主要仪器和软件

各种规格 eppondorf 移液器；BCN1360 型生物洁净工作台：北京东联哈尔仪器制造；7000 PCR 扩增仪：美国 Applied Biosystems 公司；DYY-10C 型电泳仪：北京市六一仪器厂；UVP 凝胶成像系统：美国 UVP 公司；ZHWY200B 型全温度恒温培养摇床：上海智城分析仪器制造有限公司；DK-8D 型电热恒温水槽：上海一恒科技有限公司；微量台式离心机：美国 Beckman 公司；GL-21M 高速冷冻离心机：上海市离心机械研究所；快速混匀器：姜堰市新康医疗器械有限公司；纯水生产仪：美国 PMLL 公司；紫外分光光度计 DU800：美国 Beckman 公司；灭菌锅：上海三申医疗器械有限公司；精密电子天平（0.0001g）：瑞士梅特勒—托利多有限公

司；梅特勒—托利多 Delta320 pH 计：瑞士梅特勒—托利多有限公司；DH-101 恒温鼓风干燥箱：青岛海尔集团公司；MOTIC BA200 双目生物显微镜：北京翔天智远科技有限公司；透射电子显微镜：日立高新技术国际贸易有限公司；Chromas 1.45（DNA Bio-soft International, CA, USA）；DNAMAN 5.29（Lynnon Biosoft, USA）；SPSS Statistics（IBM, USA）；Windows Excel 2003（Microsoft, USA）。

2.2.4 主要化学试剂

引物：北京 invitrogen 公司合成；琼脂糖：Oxoid 公司；DL 2000 DNA marker：北京天为时代公司生产；250bp DNA ladder：北京天为时代公司生产；Taq 酶：Tiangene 生物试剂有限公司；dNTP：Tiangene 生物试剂有限公司；玻璃珠：BioSpec 公司；溶菌酶：Sigma 公司；Tris：Sankland-Cham 公司产品；梅里埃 API 50 CHL 微生物鉴定条：法国梅里埃公司；其他化学试剂均为分析纯。

2.3 抑菌活性实验方法

2.3.1 抑菌谱的测定

2.3.1.1 乳酸菌发酵上清液的制备

按 2% 的比例在 MRS 液体培养基中接种已经活化的乳酸菌菌液，30℃培养 24h，得到发酵液。将发酵液于 4℃、10000rmp 冷冻离心 5min。取上清液，在无菌条件下用孔径为 0.22μm 的滤膜过滤后，4℃保存备用。

2.3.1.2 指示菌菌悬液的制备

取出冻存于 -80℃的藤黄微球菌、单增李斯特氏菌、金黄色葡萄球菌、蜡样芽孢杆菌、大肠杆菌、福氏志贺氏菌和沙门氏菌菌株各一支，按 2% 的接种量将各指示菌接种于相应的 20mL 灭菌液体培养基（藤黄微球菌、单增李斯特氏菌：TSA 培养基；金黄色葡萄球菌、蜡样芽孢杆菌、沙门氏菌和福氏志贺氏菌：NB 培养基；大肠杆菌：LB 培养基）中，然后以 37℃、200rpm 的条件振荡培养 8h。

在无菌的条件下，用接种环蘸取活化后的菌种培养液，于固体培养基上进行三区划线，将接种的固体培养基置于 37℃恒温培养箱中倒置培养。

培养 18～20h 后，取出划线平板，挑取生长状态良好的单菌落，在无菌条件下接种于灭菌的 20mL 相应的液体培养基中，并置于 37℃的恒温培养摇床中，200rpm 振荡培养 8h。用平板计数法测得指示菌菌液的浓度，用适量的无菌生理盐水稀释成 10^6CFU/mL 的菌悬液，4℃保存待用。

2.3.1.3 抑菌谱的测定

乳酸菌抑菌谱的检测采用杯碟法。将与各指示菌相应的半固体、固体培养基高压灭菌，半固体培养基保存于 60～65℃烘箱中，避免凝固。等到固体培养基冷却后，在每个培养皿中倒入大约 10mL 固体培养基。凝固后再加入 10mL 半固体培养基，其中指示菌菌液的体积为 300 μL，轻轻摇匀。半固体培养基稍微凝固后立刻均匀插上牛津杯，然后分别在每个牛津杯中注入 200 μL 乳酸菌发酵上清液。4℃静置 30min，以利于发酵上清液充分扩散，之后将培养基置于各指示菌适宜培养温度的恒温培养箱中，静置培养 24h，观察是否有抑菌圈形成。形成抑菌圈后，用游标卡尺测量抑菌圈直径，读数精确到 0.01mm。具体操作步骤见图 2-1。

2.3.2 有机酸影响的排除

分别用乳酸和乙酸调节无菌水的 pH 值与待测发酵液的 pH 值相同，采用杯碟法分别测定乳酸、乙酸和发酵上清液的抑菌活性，以未接种的 MRS 培养基为空白对照，指示菌均为藤黄微球菌。

2.3.3 对各种酶的耐受性分析

将 20mg 酶加入 20mL 无菌蒸馏水中配制成浓度为 1mg/mL 的酶溶液，调节各酶溶液的 pH 值：过氧化氢酶，7.3；胰蛋白酶，5.4；胃蛋白酶，2.0；蛋白酶 K，7.5。

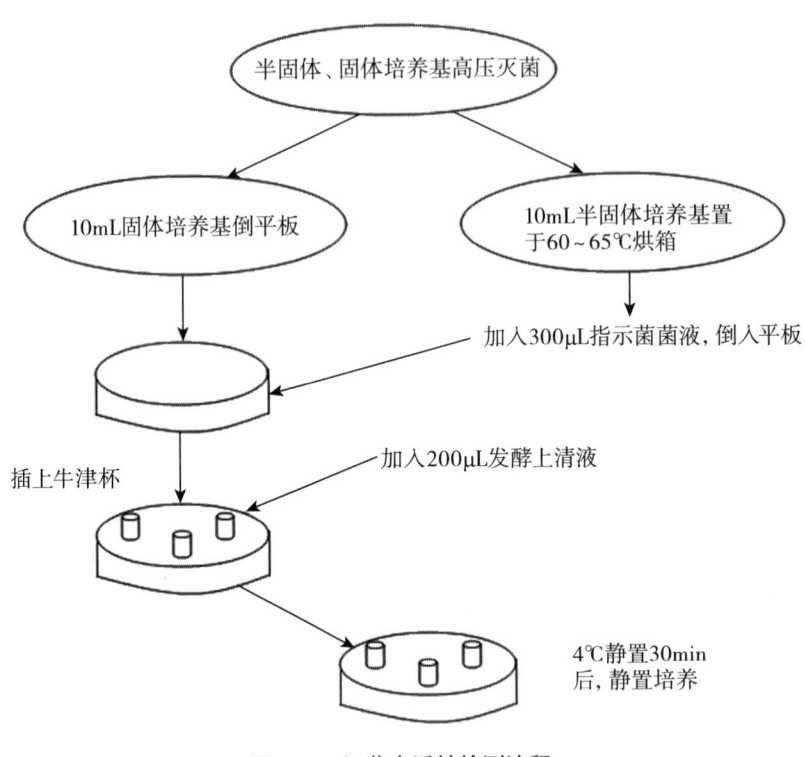

将发酵液上清液与1 mg/mL的酶溶液以1∶1的比例混合,并在30℃孵育1h。调节pH至3.8(与未经过处理的发酵上清液的pH值相同),检测抑菌活性。同时以未经酶处理的发酵上清液和MRS液体培养基为对照。

图 2-1 细菌素活性检测流程

2.3.4 对温度和pH稳定性的分析

2.3.4.1 对温度的稳定性

将乳酸菌发酵上清液分别在 -20℃、0℃、30℃、60℃、100℃下处理1h,检测抑菌活性。

2.3.4.2 对pH的稳定性

分别用1mol/L的HCl或者1mol/L的NaOH将乳酸菌发酵上清液的pH值调至

2.0、4.0、5.0、6.0、7.0、8.0、10.0、12.0，然后在30℃下孵育1h，检测抑菌活性。

2.3.5 编码细菌素基因的筛选

2.3.5.1 编码细菌素基因的PCR扩增

PCR扩增所用引物如表2-1所示。PCR扩增体系为50μL，并设立阴性对照（即反应体系中不加模板DNA），反应体系见表2-5。

表2-5 PCR扩增反应体系

项目	数量
10×Buffer	5.0μL
dNTPs（10mM）	1.0μL
正向引物（10μM）	1.0μL
反向引物（10μM）	1.0μL
Taq酶（2.5 U/μL）	0.5μL
模板DNA（20～50ng）	0.5μL
补加ddH$_2$O至	50.0μL

反应程序：94℃预变性3min；94℃变性1min，相应温度（见表2-6）退火1min，72℃延伸30s，35个循环；72℃终延伸5min；4℃保存。

PCR产物的检测：在EB含量为1%的琼脂糖凝胶上电泳检测。将每个PCR产物1μL与溴酚蓝溶液0.5μL混匀后点样，110 V电泳20min。UV下观察，检测扩增片段的长度和产量。PCR产物保存于-20℃。

2.3.5.2 乳酸菌素相关基因序列的测定

将基因组DNA的PCR扩增产物及引物送到上海生工生物工程技术服务有限公司进行双向测序。测序结果用Chromas1.45软件进行查阅。用DNAMAN5.29软件将基因的双向测序结果进行剪切、拼接，拼接结果在NCBI网站进行BLAST比对。

表 2-6 编码细菌素基因的 PCR 扩增引物及退火温度

目标基因	PCR 引物	退火温度 (℃)	序列长度 (bp)
plnA	F: GTA CAG TAC TAA TGG GAG	53	450
	R: CTT ACG CCA AT C TAT AC G		
plnB	F: TTC AGA GCA AGC CTA AAT GAC	51.5	165
	R: GCC ACT GTA ACA CCA TGA C		
plnC	F: AGC AGA TGA AAT TCG GCA G	49.5	108
	R: ATA ATC AAC GG TGC AAT CC		
plnD	F: TGA GGA CAA ACA GAC TGG AC	53	414
	R: GCA TCG GAA AAA TTG CGG ATA C		
plnEF	F: GGC ATA GTT AAA ATT CCC CCC	53.2	428
	R: CAG GTT GCC GCA AAA AAA G		
plnI	F: CTC GAC GGT GAA AT T A G G T G T A AG	52.5	450
	R: CGT TTA TCC TAT CCT CTA AGC ATT GG		
plnJ	F: TAA CGA CGG ATT GCT CTG	51	475
	R: AAT CAA GGA ATT ATC ACA TTA GTC		
plnK	F: CTG TAA GCA TTG CTA ACC AAT C	52.9	426
	R: ACT GCT GAC GCT GAA AAG		

续表

目标基因	PCR 引物	退火温度 (℃)	序列长度 (bp)
plnG	F: TGC GGT TAT CAG TAT GTC AAA G	52.8	453
	R: CCT CGA AAC AAT TTC CCC C		
plnN	F: ATT GCC GGG TTA GGT ATC G	51.9	146
	R: CCT AAA CCA TGC CAT GCA C		
植物乳杆菌素 NC8 结构基因	F: GGT CTG CGT ATA AGC ATC GC	60	207
	R: AAA TTG AAC ATA TGG GTG CTT AA AT T C C		
植物乳杆菌素 S 结构基因	F: GCC TTA CCA GCG TAA TGC CC	60	320
	R: CTG GTG ATG CAA TCG TTA GTT T		
植物乳杆菌素 W 结构基因	F: TCA CAC GAA ATA TTC CA	55	165
	R: GGC AAG CGT AAG AAA TAA ATG AG		

利用 DNAMAN5.29 软件将测得的编码乳酸菌素的核苷酸序列进行翻译，翻译后的氨基酸序列在 NCBI 网站进行 BLASTP 比对，分析其氨基酸序列的相似性。

2.3.6 培养条件对细菌素产量的影响

2.3.6.1 效价标准曲线的测定

分别使用 Nisin 标准品和待测样品做抑菌试验，根据抑菌圈直径和效价之间的比例关系进行换算。具体操作步骤如下：

（1）Nisin 标准品溶液的配制：取 0.1g Nisin 标准品溶解于 10mL 0.02mol/L 的稀盐酸中，配成浓度为 4×10^4IU/mL 的 Nisin 溶液，4℃保存备用。实验时，以 0.02mol/L 的稀盐酸为溶剂，进行梯度稀释，将其分别稀释成浓度为 2.5×10^4IU/mL、1.0×10^4IU/mL、5.0×10^3IU/mL、2.5×10^3IU/mL、1.0×10^3IU/mL、2.5×10^2IU/mL 和 50IU/mL 的标准溶液。

（2）采用杯碟法测定不同浓度的 Nisin 标准品溶液对藤黄微球菌的抑制作用。其中，藤黄微球菌的浓度为 10^6CFU/mL（指示菌选择此浓度，实验的稳定性较好）；在检测培养基中加入 1% 的 Tween 80 以促进 Nisin 在琼脂中的扩散。测量抑菌圈直径（以毫米为单位），并记录。

（3）绘制 Nisin 效价曲线，横坐标为标准效价的对数值，纵坐标为抑菌圈直径，并根据此标准曲线来确定乳酸菌发酵上清液的效价。

2.3.6.2 培养基初始 pH 的影响

用 5mol/L 的 HCl 和 5mol/L 的 NaOH 将 MRS 液体培养基的 pH 值分别调至 4.5、5.0、5.5、6.0、6.5、7.0，115℃高压灭菌 20min。将活化两代的乳酸菌按 2% 的接种量分别接种于上述不同 pH 的培养基，30℃静置培养 24h。提取发酵上清液，检测抑菌活性。

2.3.6.3 培养基成分的影响

以传统 MRS 培养基为基础，对培养基中的各种组分进行修正。

（1）碳源的影响：MRS 培养基中的主要碳源是 20g/L 葡萄糖。本实验分别用乳糖、蔗糖、果糖、麦芽糖、甘露糖代替葡萄糖配制成 5 组发酵培养基，其中各碳源的浓度均为 20g/L，115℃灭菌 20min。

（2）碳源浓度的影响：以葡萄糖为碳源的培养基的碳源浓度分别调整为 5g/L、10g/L、20g/L、30g/L、50g/L 5 个浓度，其他成分不变，配制成 5 组不同碳源浓度的培养基，115℃灭菌 20min。

（3）氮源的影响：用不同氮源代替 MRS 培养基中的氮源：单一氮源选用 20g/L 胰蛋白胨、20g/L 牛肉膏、20g/L 酵母提取物、20g/L 柠檬酸三铵；复合氮源为 12.5g/L 胰蛋白胨 + 7.5g/L 牛肉膏、12.5g/L 胰蛋白胨 +7.5g/L 酵母提取物、10g/L 牛

肉膏 +10g/L 酵母提取物、10g/L 胰蛋白胨 +5g/L 酵母提取物 +5g/L 牛肉膏，其他成分不变，115℃灭菌 20min。

（4）磷酸盐的影响：选用磷酸氢二钾、磷酸二氢钾两种磷酸盐。配制 8 组不同磷源组成的修正 MRS 培养基：2g/L 磷酸氢二钾、5g/L 磷酸氢二钾、10g/L 磷酸氢二钾、20g/L 磷酸氢二钾；2g/L 磷酸二氢钾、5g/L 磷酸二氢钾、10g/L 磷酸二氢钾、20g/L 磷酸二氢钾的发酵培养基，其他成分不变，115℃灭菌 20min。

（5）Tween 80 的影响：在基础 MRS 培养基中加入不同浓度的 Tween 80，配制 4 组含有不同浓度的吐温 80（0g/L、1g/L、2g/L、5g/L）的发酵培养基，其他成分不变，115℃灭菌 20min。

（6）甘油的影响：在基础 MRS 培养基中加入不同质量的甘油，配制 4 组含有不同浓度甘油（0g/L、1g/L、2g/L、5g/L）的发酵培养基，其他成分不变，115℃灭菌 20min。

（7）金属离子的影响：本实验选用 $MgSO_4$ 和 $MnSO_4$ 两种金属离子。在基础 MRS 培养基中加入不同浓度的金属离子：0g/L $MgSO_4$、1g/L $MgSO_4$、0g/L $MnSO_4$、1g/L $MnSO_4$，配制成 4 组不同金属离子种类和浓度的发酵培养基，其他成分不变，115℃灭菌 20min。

将活化后的乳酸菌按 2% 的接种量接种于 200mL 各修正 MRS 液体培养基中，30℃静置培养 24h。将孵育好的菌液 10000rpm、4℃离心 10min，收集上清液。用 0.22μM 的无菌滤膜过滤发酵上清液。采用杯碟法测定抑菌活性，同时以未经修正的基础 MRS 培养基为对照。

2.4 抑菌活性结果与分析

2.4.1 植物乳杆菌 SY-8834 抑菌活性的分析

2.4.1.1 植物乳杆菌 SY-8834 抑菌谱的测定

采用杯碟法，分别以藤黄微球菌、单增李斯特氏菌等 7 株菌为指示菌，用 0.85%

的无菌生理盐水调整指示菌的浓度为 10^6CFU/mL，测定植物乳杆菌 SY-8834 对不同指示菌的抑菌活性。

该乳酸菌对 7 株指示菌中的 4 株具有抑制作用，可以较好地抑制革兰氏阳性菌单增李斯特氏菌、藤黄微球菌、蜡样芽孢杆菌和革兰氏阴性菌福氏志贺氏菌，但是对大肠杆菌、沙门氏菌、金黄色葡萄球菌无抑制作用（表 2-7）。初步说明该乳酸菌的代谢产物对部分 G^+ 菌和 G^- 菌都有一定的抑制作用，而且对 G^+ 菌的抑制效果好于 G^- 菌。图 2-2 为植物乳杆菌 SY-8834 发酵上清液对单增李斯特氏菌、蜡样芽孢杆菌、藤黄微球菌和福氏志贺氏菌的抑菌效果图。

表 2-7　植物乳杆菌 SY-8834 的抑菌谱

菌种性质	菌种	抑菌圈直径（mm）	抑菌程度
G^+	单增李斯特氏菌	15.53 ± 0.25	++
G^+	藤黄微球菌	15.90 ± 0.26	++
G^+	蜡样芽孢杆菌	17.23 ± 0.25	++
G^+	金黄色葡萄球菌	0	-
G^-	福氏志贺氏菌	15.70 ± 0.1	++
G^-	大肠杆菌	0	-
G^-	沙门氏菌	0	-

注：抑菌圈直径 (mm): +++, 19～24; ++, 15～18; +, 10～14; -, 无抑制作用。

2.4.1.2　植物乳杆菌 SY-8834 发酵液有机酸影响的排除

乳酸菌发酵液对指示菌的抑制作用，可能是因为代谢产生了细菌素，也可能是由于其他发酵产物如乳酸、乙酸以及其他有机酸作用的结果。应该排除有机酸的影响。离心所得发酵液的 pH 值为 3.8 左右，采用相同 pH 的乳酸、HCl 和 MRS 培养基（pH 5.8）做对照试验，结果见图 2-3。相同 pH 的乳酸、HCl 和 MRS 培养基对指示菌几乎没有抑菌作用，而未经处理的植物乳杆菌发酵上清液出现了明显的抑菌圈。这说明发酵液中的抑菌物质不是酸类物质，故可排除有机酸的干扰。

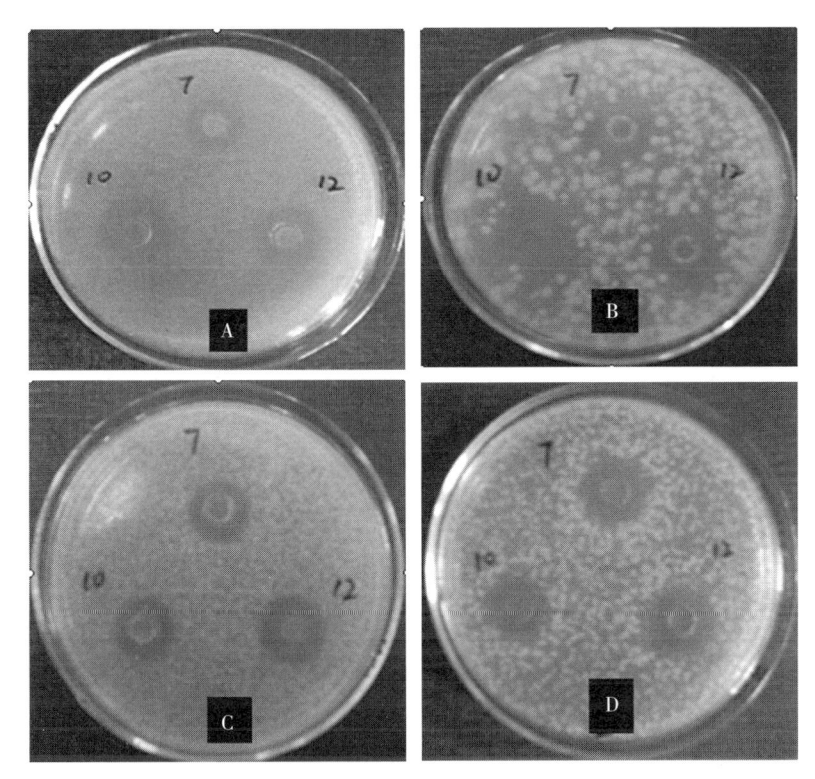

A：对单增李斯特氏菌的抑制作用；B：对蜡样芽孢杆菌的抑制作用
C：对藤黄微球菌的抑制作用；D：对福氏志贺氏菌的抑制作用
7、10、12 为平行试验

图 2-2　植物乳杆菌 SY-8834 对单增李斯特氏菌、蜡样芽孢杆菌、藤黄微球菌和福氏志贺氏菌的抑制作用

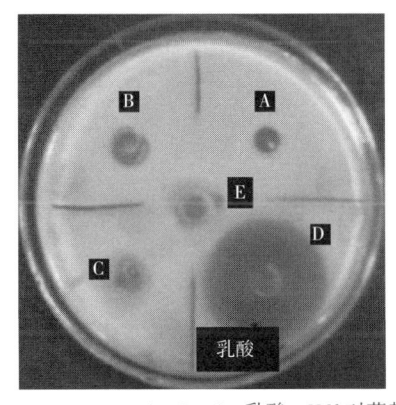

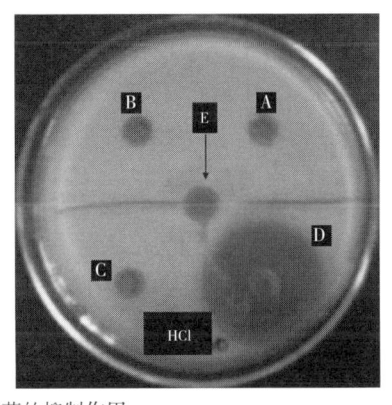

A、B、C：乳酸、HCl 对藤黄微球菌的抑制作用
D：植物乳杆菌 SY-8834 发酵上清液对藤黄微球菌的抑制作用
E：MRS 培养基对藤黄微球菌的抑制作用

图 2-3　有机酸影响的去除

2.4.1.3 植物乳杆菌 SY-8834 发酵液对酶的耐受性

乳酸菌发酵上清液的抑菌活性除了有机酸和细菌素的作用外,还有可能是过氧化氢的作用。如表 2-8 所示,经过氧化氢酶处理的植物乳杆菌发酵上清液的抑菌作用几乎没有变化,说明该抑菌物质不是过氧化氢,而是其他具有抑菌活性的物质。

表 2-8　植物乳杆菌素 SY-8834 对各种酶的耐受性

样品	抑菌圈直径 (mm)	活性下降百分率 (%)
发酵上清液	15.90 ± 0.26	—
过氧化氢酶处理的发酵液	15.80 ± 0.10	0.63
胰蛋白酶处理的发酵液	14.53 ± 0.25	8.62
胃蛋白酶处理的发酵液	15.56 ± 0.15	2.13
蛋白酶 K 处理的发酵液	10.33 ± 0.15	35.03

注:牛津杯直径 8mm。

植物乳杆菌 SY-8834 产生的抑菌物质对蛋白酶 K 敏感,经蛋白酶 K 处理后,植物乳杆菌 SY-8834 对藤黄微球菌的抑菌活性下降了 35.03%;经胰蛋白酶处理后,抑菌活性下降了 8.62%;对胃蛋白酶不敏感,活性仅下降了 2.13%,可以看出蛋白酶对其抑菌活性的影响较为明显,初步确定该抑菌物质是一种蛋白质类物质,可能为细菌素。

2.4.1.4 植物乳杆菌 SY-8834 发酵液对温度和 pH 的稳定性

(1)对温度的稳定性:植物乳杆菌 SY-8834 的发酵上清液经 60℃处理 120min,活性无明显变化;100℃处理时随着加热时间的延长,抑菌活性逐渐降低,处理 120min 时,抑菌活性仅丧失 30%,说明植物乳杆菌 SY-8834 代谢产生的抑菌物质对高温具有一定的耐受性。

(2)对 pH 的稳定性:将植物乳杆菌 SY-8834 发酵上清液的 pH 值分别调至 2.0、

4.0、5.0、6.0、7.0、8.0、10.0、12.0，然后30℃孵育1h，检测抑菌活性。如表2-9所示，植物乳杆菌SY-8834代谢产生的抑菌物质在pH 2～5范围内抑菌效果显著，抑菌作用随pH值的降低而增强；当pH值达到6时，抑菌活性完全丧失。表明该抑菌物质在酸性条件下活性较强，中性及碱性条件下活性受到抑制，所以该抑菌物质的活性pH范围较窄。

表2-9 植物乳杆菌素 SY-8834 对 pH 的稳定性

样品pH值	抑菌圈直径 (mm)	活性变化百分率 (%)
未处理的发酵上清液	10.90 ± 0.2	—
2.0	14.50 ± 0.26	+24.83
4.0	10.85 ± 0.05	−0.46
5.0	9.47 ± 0.15	−13.12
6.0	0	—
7.0	0	—
8.0	0	—
10.0	0	—
12.0	0	—

注：牛津杯直径8mm。

2.4.2 编码植物乳杆菌素基因的筛选

2.4.2.1 相关基因的扩增

以植物乳杆菌SY-8834的基因组DNA为模板，以相应引物进行PCR扩增，PCR产物用1%的琼脂糖凝胶电泳及凝胶成像系统分析，结果如图2-4所示。

从电泳图中可以看出，共扩增出8条单一条带，条带清晰，片段大小在500～100bp之间，与预期片段大小一致。

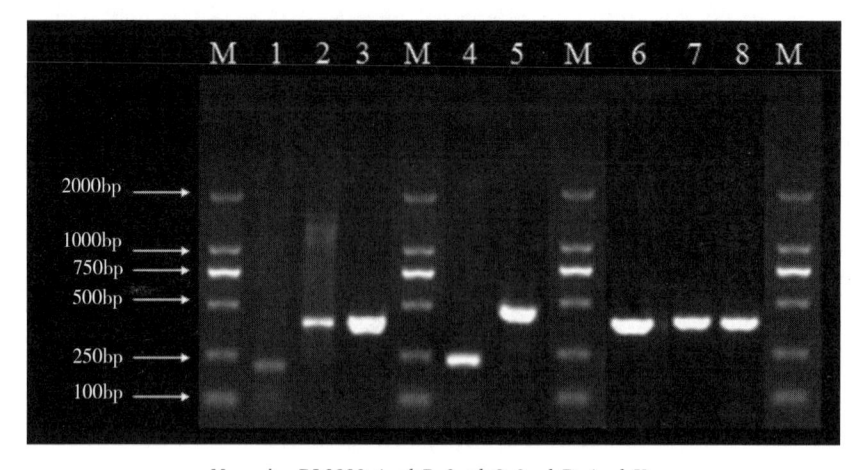

M: marker DL2000; 1: *pln*B; 2: *pln*C; 3: *pln*D; 4: *pln*K;
5: *pln*S; 6: *pln*EF; 7: *pln*G; 8: *pln*I.

图 2-4 编码细菌素相关基因 PCR 扩增产物电泳图

2.4.2.2 编码植物乳杆菌素基因的序列分析

将编码植物乳杆菌素的相关基因扩增产物和相应引物，送到上海生工生物工程技术服务有限公司进行双向测序，双向测序结果经 Chromas 软件分析，DNAMAN5.29 软件剪切、拼接，获得拼接序列。

将以上测序结果通过 NCBI 网站进行 Blast 比对，*plantarum* SY-8834 的 *pln* 基因序列与 *Lb. plantarum* JDM1、*Lb. plantarum* WCFS1 和 *Lb. plantarum* subsp. plantarum ST-Ⅲ的全基因组序列的相似性为 99%，而且序列匹配度较高，在 93% 以上；*Lb. plantarum* SY-8834 的 *pln* 基因序列与 *Lb. plantarum* subsp. plantarum strain YM-4-3 和 *Lb. plantarum* strain 8P-A3*pln* 基因座的部分序列相似性为 99%，但是序列匹配度较低，分别为 65% 和 64%。

2.4.2.3 *pln* 基因编码的氨基酸序列分析

通过 DNAMAN5.29 软件将测得的编码植物乳杆菌素的核苷酸序列进行翻译，然后登陆 NCBI 网站，将得到的氨基酸序列用 Blast P 比对，检索与其同源性较高的蛋白序列，再利用 DNAMAN5.29 软件做相似性分析，结果如图 2-5 所示。

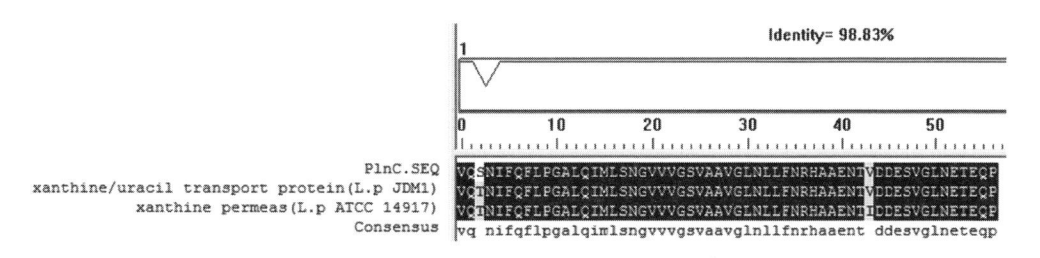

```
                                     Identity= 98.83%
                     1
                      0    10   20   30   40   50
                     |||||||||||||||||||||||||||||||
                  PlnC.SEQ  VQSNIFQFLPGALQIMLSNGVVVGSVAAVGLNLLFNRHAAENTVDDESVGLNETEQP
xanthine/uracil transport protein(L.p JDM1) VQTNIFQFLPGALQIMLSNGVVVGSVAAVGLNLLFNRHAAENTVDDESVGLNETEQP
     xanthine permeas(L.p ATCC 14917)  VQTNIFQFLPGALQIMLSNGVVVGSVAAVGLNLLFNRHAAENTVDDESVGLNETEQP
                  Consensus  vq nifqflpgalqimlsngvvvgsvaavglnllfnrhaaent ddesvglneteqp
```

(a) *pln*B 编码的氨基酸序列比对

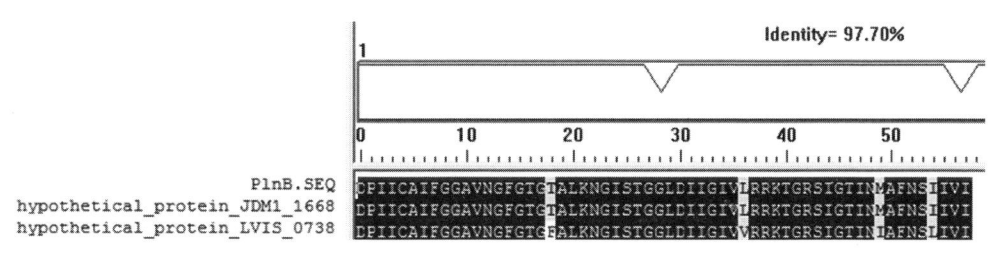

```
                                     Identity= 97.70%
                     1
                      0    10   20   30   40   50
                     |||||||||||||||||||||||||||||||
                  PlnB.SEQ  DPIICAIFGGAVNGFGTGIALKNGISTGGLDIIGIVLRRKTGRSIGTINMAFNSIIVI
     hypothetical_protein_JDM1_1668  DPIICAIFGGAVNGFGTGIALKNGISTGGLDIIGIVLRRKTGRSIGTINMAFNSIIVI
     hypothetical_protein_LVIS_0738  DPIICAIFGGAVNGFGTGFALKNGISTGGLDIIGIVLRRKTGRSIGTINIAFNSIIVI
```

(b) *pln*C 编码的氨基酸序列比对

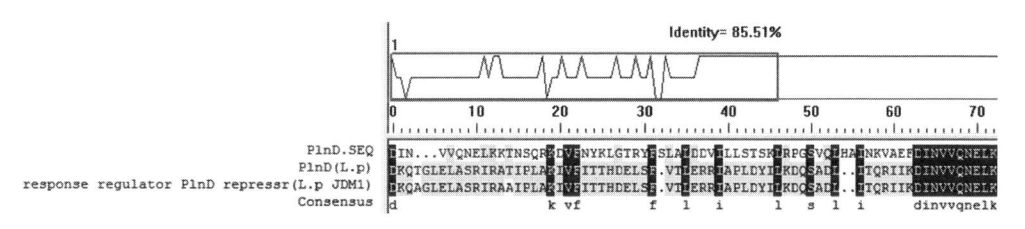

```
                                     Identity= 85.51%
                     1
                      0   10   20   30   40   50   60   70
                     ||||||||||||||||||||||||||||||||||||||||
                  PlnD.SEQ  IN...VVQNELKKTNSQFDVGNYKLGTRYFSLADDVILLSTSKFRPGSVQFHANKVAEFDINVVQNELK
                  PlnD(L.p)  KQTGLELASRIRATIPLAKIVGITTHDELSFVTFERRFAPLDYIIKDQSALF.TQRIIKDINVVQNELK
response regulator PlnD repressr(L.p JDM1)  KQAGLELASRIRAAIPLARIVGITTHDELSFVTFERRFAPLDYILKDQSALF.TQRIIKDINVVQNELK
                  Consensus    d            k vf    f  l  i   l  s  l  i   dinvvqnelk
```

(c) *pln*D 编码的氨基酸序列比对

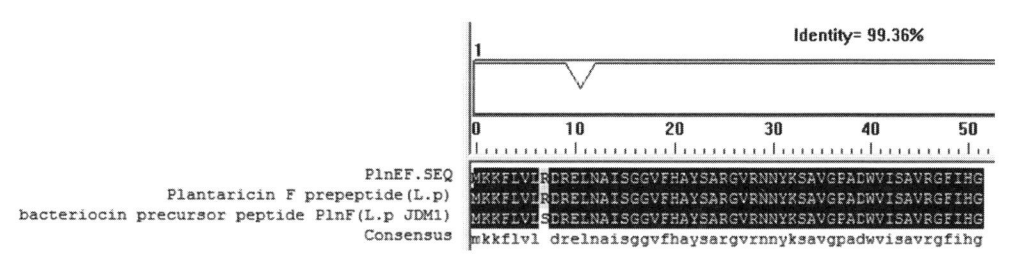

```
                                     Identity= 99.36%
                     1
                      0    10   20   30   40   50
                     |||||||||||||||||||||||||||||||
                  PlnEF.SEQ  MKKFLVLSDRELNAISGGVFHAYSARGVRNNYKSAVGPADWVISAVRGFIHG
     Plantaricin F prepeptide(L.p)  MKKFLVLSDRELNAISGGVFHAYSARGVRNNYKSAVGPADWVISAVRGFIHG
bacteriocin precursor peptide PlnF(L.p JDM1)  MKKFLVLSDRELNAISGGVFHAYSARGVRNNYKSAVGPADWVISAVRGFIHG
                  Consensus  mkkflvl drelnaisggvfhaysargvrnnyksavgpadwvisavrgfihg
```

(d) *pln*EF 编码的氨基酸序列比对

图 2-5

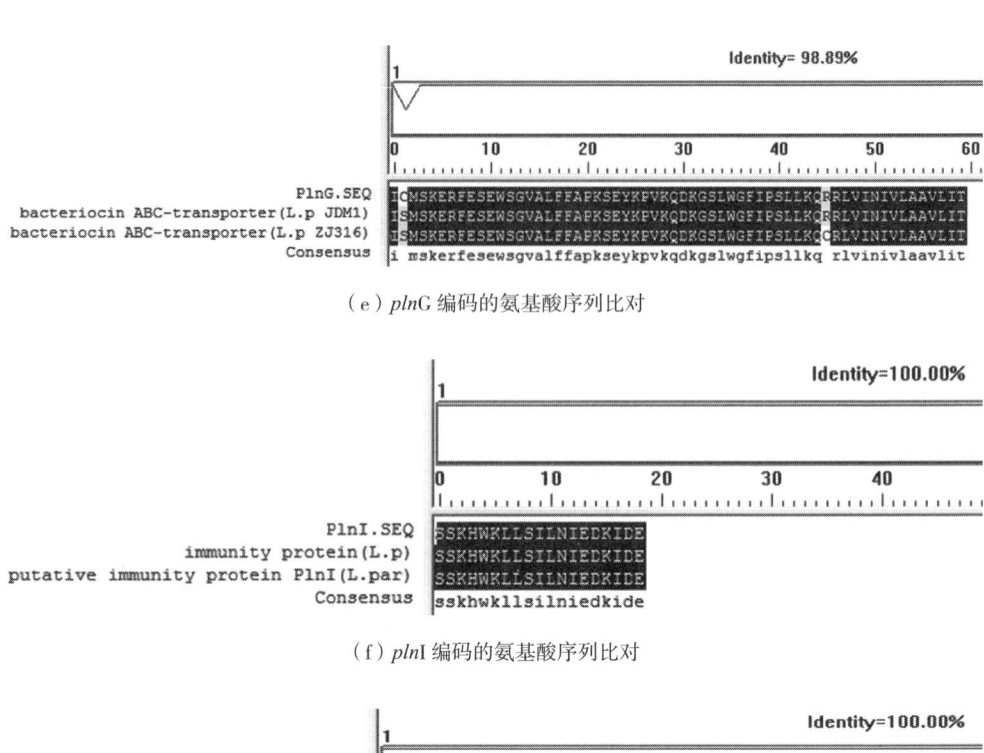

(e) *pln*G 编码的氨基酸序列比对

(f) *pln*I 编码的氨基酸序列比对

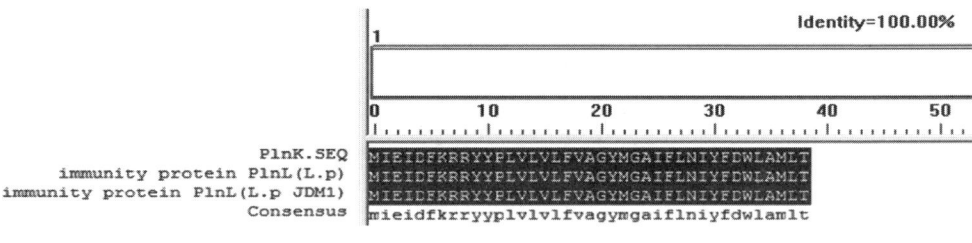

(g) *pln*K 编码的氨基酸序列比对

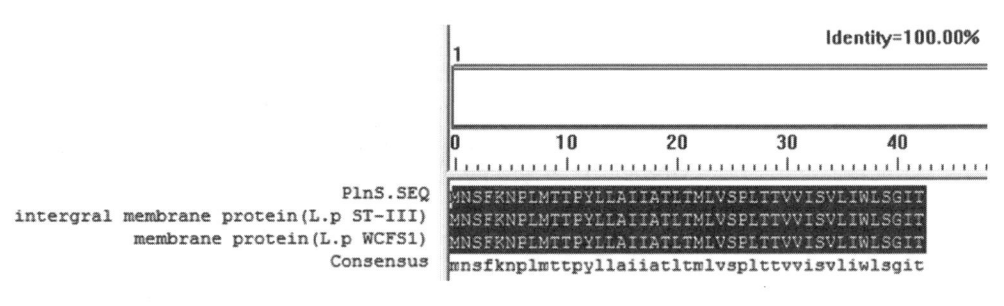

(h) *pln*S 编码的氨基酸序列比对

图 2-5 *pln* 基因编码的氨基酸序列与已知序列的相似性比对

*pln*B 基因编码 57 个氨基酸，与 *Lb. plantarum* JDM1 的 hypothetical 蛋白 JDM1_1668 和 *L. brevis* ATCC 367 的 hypothetical 蛋白 LVIS_0738 序列的相似性为

97.7%；*pln*C 基因编码 56 个氨基酸，与 *Lb. plantarum* JDM1 的黄嘌呤/尿嘧啶转运蛋白和 *Lb. plantarum* subsp. plantarum ATCC 14917 的黄嘌呤玻璃酸酶序列的相似性为 98.83%；*pln*D 编码 137 个氨基酸，与植物乳杆菌的 *Pln*D 蛋白和 *Lb. plantarum* JDM1 的 *pln*D 反应调节器序列的相似性为 85.51%；*pln*EF 编码 51 个氨基酸，与植物乳杆菌和 *Lb. plantarum* JDM1 的 plantaricin F 前体肽序列的相似性为 99.36%；*pln*G 编码 59 个氨基酸，与 *Lb. plantarum* JDM1 和 *Lb. plantarum* ZJ316 的 ABC 转座子及 *pln*G 透性酶蛋白序列的相似性为 98.89%；*pln*I 编码 18 个氨基酸，与植物乳杆菌免疫蛋白和 *L. paraplantarum* 免疫蛋白 *Pln*I 序列的相似性为 100%；*pln*K 编码 38 个氨基酸，与植物乳杆菌免疫蛋白 *Pln*L 序列的相似性为 100%；*pln*S 编码 42 个氨基酸，与 *Lb. plantarum* subsp. plantarum ST-Ⅲ 和 *Lb. plantarum* WCFS1 膜蛋白序列的相似性为 100%。

由此可见，*pln*D 基因编码的蛋白序列与已知序列的差异性较大，该氨基酸的合成可能与植物乳杆菌 SY-8834 产生的抑菌物质的特性有关。其他基因编码的蛋白序列与已知序列的相似性较高，说明这些基因所编码的氨基酸在理论上与已知的植物乳杆菌素的功能极为相似。根据 PCR 扩增结果和核苷酸、氨基酸序列比对，菌株 SY-8834 具有多种合成细菌素的基因和蛋白，结合对其合成的抑菌物质的生化特性的研究，推测该植物乳杆菌产生的抑菌物质为某种细菌素。

2.4.3 培养条件对细菌素产量的影响

2.4.3.1 效价标准曲线的测定

Nisin 标准曲线见表 2-10。以抑菌圈直径为纵坐标，细菌素 Nisin 效价的对数值为横坐标，绘制细菌素的效价标准曲线，见图 2-6。从图中能够看出：标准效价的对数与抑菌圈直径之间成线性关系，回归方程为 $y=3.868x+0.265$，y 表示抑菌圈直径（单位为 mm），x 表示效价的对数值，$R^2=0.9411$。

表 2-10　Nisin 标准曲线

编号	d 效价（IU/mL）	效价的对数（Lg/d）	抑菌圈直径（mm）
1	2.5×10^4	4.398	18.20
2	1.0×10^4	4.000	16.30
3	5.0×10^3	3.699	14.40
4	2.5×10^3	3.398	12.34
5	1.0×10^3	3.000	10.80
6	2.5×10^2	2.398	9.20
7	50	1.699	8.00

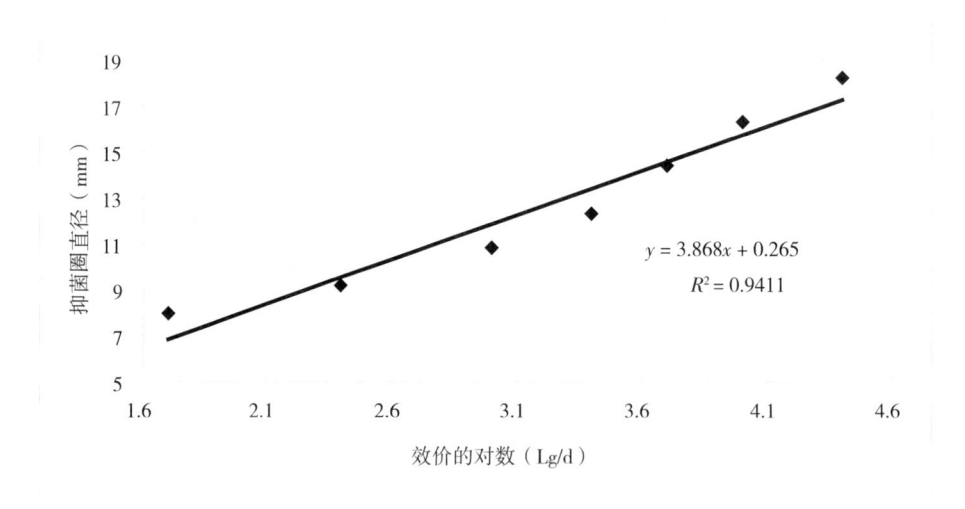

图 2-6　Nisin 标准曲线

2.4.3.2　初始 pH 值的影响

培养基的初始 pH 值对乳酸菌的生长和抑菌活性都有一定的影响。初始 pH 过低或过高都不利于菌体生长，pH 值在 5.0～6.0 的范围内，菌体生长较为良好，OD_{600} 在 4.5 以上；初始 pH 值对乳酸菌抑菌效果的影响更为显著，随着初始 pH 的升高，抑菌活性随之降低，当初始 pH 为 4.5 时，抑菌活性最强，效价为 $3.41 \times 10^4 IU/mL$。

2.4.3.3 碳源的影响

（1）碳源的种类：碳源是菌体细胞生长的必要元素之一，也是构成代谢产物的主要元素，为微生物的生命活动提供能量。不同微生物的生理结构和特征不同，它们所能利用的碳源种类也不完全相同。本实验研究浓度为 20g/L 的各种单一碳源对发酵产植物乳杆菌素 SY-8834 的影响。各种碳源均能促进植物乳杆菌 SY-8834 的生长和植物乳杆菌素 SY-8834 的合成。然而，在单一碳源中，葡萄糖最能促进细菌的生长和细菌素的合成，其次是蔗糖，而麦芽糖的效果相对较差。

（2）碳源浓度的影响：碳源的浓度会影响菌体代谢产物的合成。确定葡萄糖为最佳碳源后，以不同浓度的葡萄糖为碳源进行抑菌试验。随着碳源浓度的升高，细菌素的抑菌活性逐渐增强，当葡萄糖的浓度为 50g/L 时，细菌素效价最高，达到 3.03×10^4 IU/mL。但是碳源浓度过高会影响菌体的生长，当葡萄糖浓度由 30g/L 升至 50g/L 时，菌体的 OD 值由 4.76 降至 4.53。

2.4.3.4 氮源的影响

氮源对菌体的生长和细菌素的效价影响很大，是促进菌体生长和细菌素合成的关键因素。不同单一氮源的加入对发酵结果的影响也很大。无机氮源不能促进该菌的生长和细菌素的产生，而有机氮源对菌体的生长和细菌素的产生具有重要作用，而且不同氮源差异较大。胰蛋白胨最有利于菌体生长和细菌素的合成，是最佳的单一氮源，酵母粉其次，牛肉膏再次。柠檬酸三铵为单一氮源时，细菌生长和细菌素的合成受到抑制，不适合作为单一氮源发酵植物乳杆菌。

将各种氮源进行组合，形成复合氮源。植物乳杆菌 SY-8834 在各种复合氮源的培养基中都生长良好。其中胰蛋白胨 10g/L+ 酵母粉 5g/L+ 牛肉膏 5g/L 的组合最有利于细菌素的合成，对指示菌的抑制效果最好。

2.4.3.5 磷酸盐的影响

磷酸盐不仅为菌体的生长提供磷源，而且可以缓冲培养基的 pH 值。KH_2PO_4 对菌体生长和细菌素产量的促进作用比 K_2HPO_4 更为显著。随着磷酸盐浓度的增大，发酵上清液的 pH 随之升高，说明磷酸盐有缓冲发酵产酸的作用。相反细菌素的活性随磷酸盐浓度的增大而降低，当 KH_2PO_4 浓度为 2g/L 时，细菌素活性最高。

2.4.3.6　Tween 80 的影响

菌体细胞与培养基接触会形成表面张力，Tween 80 是一种乳化剂，可以减小这种表面张力，促进菌体内外物质的流通，有利于抑菌物质的释放和活力的增强。实验结果显示，无论培养基中是否添加 Tween 80，植物乳杆菌 SY-8834 都能生长良好，其菌体 OD 值均在 4.5 左右。但添加适量的 Tween 80，细菌素的效价却明显增高，随着培养基中 Tween 80 浓度的升高，细菌素的效价先增大后减小，当 Tween 80 的浓度为 1.0g/L 时，抑菌效果最佳。

2.4.3.7　甘油的影响

添加不同浓度的甘油对菌体的生长没有明显作用，菌体的 OD 值始终在 4.5 左右。但是，甘油的添加可以促进植物乳杆菌素的合成，甘油浓度越高促进作用越明显。当培养基中不添加甘油时，细菌素的效价为 $8.18 \times 10^3 IU/mL$，当添加甘油的浓度达到 5.0g/L 时，细菌素的效价达到 $1.40 \times 10^4 IU/mL$。

2.4.3.8　金属离子的影响

培养基中的无机盐及其浓度对细菌素的合成也有重要影响，1g/L $MgSO_4$ 抑制细菌素的合成，细菌素效价由 $1.04 \times 10^4 IU/mL$ 降至 $8.18 \times 10^3 IU/mL$；但是培养基中 Mn^{2+} 的添加能够促进细菌素的产生，1g/L $MnSO_4$ 使细菌素的效价由 $6.84 \times 10^3 IU/mL$ 上升至 $9.22 \times 10^3 IU/mL$。培养条件和培养基成分对细菌素产量的影响见表 2-11。

表 2-11 培养条件和培养基成分对细菌素产量的影响

成分	浓度 (g/L)	发酵上清液 pH	OD_{600}	细菌素效价 (IU/mL)
初始 pH	4.5	3.51	4.20	3.41×10^4
	5.0	3.60	4.55	1.67×10^4
	5.5	3.72	4.50	7.26×10^3
	6.0	3.80	4.50	5.08×10^3
	6.5	3.85	4.30	1.29×10^3
葡萄糖	5.0	4.45	2.91	2.04×10^2
	10.0	4.15	3.46	5.39×10^3
	20.0	3.83	4.50	9.22×10^3
	30.0	3.73	4.76	2.00×10^4
	50.0	3.65	4.53	3.03×10^4
果糖	20.0	3.97	4.20	1.64×10^3
乳糖	20.0	3.86	4.35	4.51×10^3
甘露糖	20.0	4.43	3.06	2.74×10^2
麦芽糖	20.0	4.51	2.93	1.92×10^2
蔗糖	20.0	3.85	4.18	5.08×10^3
胰蛋白胨	20.0	3.90	3.38	2.80×10^3
牛肉膏	20.0	3.86	3.20	1.96×10^3
酵母粉	20.0	3.91	3.43	2.64×10^3
胰蛋白胨 + 牛肉膏	12.5+7.5	3.87	4.32	3.16×10^3
胰蛋白胨 + 酵母粉	12.5+7.5	3.87	4.28	1.96×10^3
牛肉膏 + 酵母粉	10.0+10.0	3.97	3.53	2.97×10^3
胰蛋白胨 + 牛肉膏 + 酵母粉	10.0+5.0+5.0	3.83	4.50	9.22×10^3
柠檬酸铵	10.0	4.47	2.73	2.92×10^2
	20.0	4.50	2.62	2.16×10^2

续表

成分	浓度 (g/L)	发酵上清液 pH	OD_{600}	细菌素效价 (IU/mL)
甘油	0.0	3.83	4.43	8.18×10^3
	1.0	3.80	4.50	1.04×10^4
	2.0	3.78	4.50	1.17×10^4
	5.0	3.78	4.54	1.40×10^4
KH_2PO_4	2.0	3.83	4.32	1.04×10^4
	5.0	3.87	4.43	3.56×10^3
	10.0	3.92	4.45	1.08×10^3
	20.0	3.92	4.50	4.98×10^2
K_2HPO_4	2.0	3.90	4.20	7.71×10^3
	5.0	3.94	4.13	3.35×10^3
	10.0	4.12	4.24	1.08×10^3
	20.0	4.20	4.02	4.12×10^2
$MgSO_4$	0.0	3.78	4.34	1.04×10^4
	1.0	3.83	4.50	8.18×10^3
$MnSO_4$	0.0	3.84	3.82	6.84×10^3
	1.0	3.83	4.50	9.22×10^3
Tween 80	0.0	3.84	4.47	99
	1.0	3.83	4.50	9.22×10^3
	2.0	3.83	4.50	5.40×10^3
	5.0	3.84	4.50	4.51×10^3

2.5 本章小结

本研究以从传统发酵乳制品中分离出来的一株具有抑菌活性的植物乳杆菌为研究对象，得到以下结论：

（1）采用杯碟法，研究该菌株的抑菌活性。发现该菌株合成的抑菌物质可以抑制藤黄微球菌、单增李斯特氏菌、蜡样芽孢杆菌和福氏志贺氏菌等革兰氏阳性菌和阴性菌的生长；有一定的热稳定性，100℃处理120min，保留70%的活性；在酸性环境下发挥抑菌作用；对蛋白酶 K 敏感，可能是一种细菌素类物质。

（2）通过 PCR 扩增，筛选出与产细菌素相关的基因。该菌株含有 $plnB$、$plnC$、$plnD$、$plnEF$、$plnG$、$plnI$、$plnK$ 和 $plnS$ 等基因，其核苷酸序列和编码的氨基酸序列与已知序列的同源性很高。结合该抑菌物质的生化特性，推测该抑菌物质是一种细菌素。

（3）分析了培养条件和培养基成分对细菌素产量的影响，初始 pH 和培养基成分对细菌素效价和菌体生长有不同程度的影响。最佳发酵产细菌素的条件为：葡萄糖 50g/L、胰蛋白胨 10g/L + 蛋白胨 5g/L + 牛肉膏 5g/L、甘油 5g/L、Tween 80 1g/L、磷酸二氢钾 2g/L、$MnSO_4$ 1g/L，30℃培养，初始 pH 为 4.5。

参考文献

[1] CROWLEY S, MAHONY J, VAN SINDEREN D. Current perspectives on antifungal lactic acid bacteria as natural bio-preservatives [J]. Trends in Food Science & Technology, 2013, 33(2): 93-109.

[2] DAESCHEL M. Antimicrobial substances from lactic acid bacteria for use as food preservatives [J]. Food Technology, 1989, 43: 164-167.

[3] DELVES-BROUGHTON J. Nisin and its application as a food preservative [J]. International Journal of Dairy Technology, 1990, 43(3): 73-76.

[4] DIEULEVEUX V, LEMARINIER S, GUÉGUEN M. Antimicrobial spectrum and target site of D-3-phenyllactic acid [J]. International Journal of Food Microbiology, 1998, 40(3): 177-183.

[5] GUO J H, BROSNAN B, FUREY A, et al. Antifungal activity of Lactobacillus against Microsporum Canis, Microsporum gypseum and Epidermophyton floccosum [J]. Bioengineered Bugs, 2012, 3(2): 104-113.

[6] HASSAN Y I, BULLERMAN L B. Antifungal activity of Lactobacillus paracasei ssp. tolerans isolated from a sourdough bread culture [J]. International Journal of Food Microbiology, 2008, 121(1): 112-115.

[7] LEE S G, CHANG H C. Purification and characterization of mejucin, a new bacteriocin produced by

Bacillus subtilis SN7 [J]. LWT, 2018, 87: 8-15.

[8] LIANG N Y, CAI P F, WU D T, et al. High-speed counter-current chromatography (HSCCC) purification of antifungal hydroxy unsaturated fatty acids from plant-seed oil and Lactobacillus cultures [J]. Journal of Agricultural and Food Chemistry, 2017, 65(51): 11229-11236.

[9] LIPIŃSKA L, KLEWICKI R, SÓJKA M, et al. Antifungal activity of lactobacillus pentosus ŁOCK 0979 in the presence of polyols and galactosyl-polyols [J]. Probiotics and Antimicrobial Proteins, 2018, 10(2): 186-200.

[10] LYNCH K M, PAWLOWSKA A M, BROSNAN B, et al. Application of Lactobacillus amylovorus as an antifungal adjunct toextend the shelf-life of Cheddar cheese [J]. International Dairy Journal, 2014, 34(1): 167-173.

[11] NDAGANO D, LAMOUREUX T, DORTU C, et al. Antifungal activity of 2 lactic acid bacteria of the Weissella genus isolated from food [J]. Journal of Food Science, 2011, 76(6), 305-311.

[12] PATTANAYAIYING R, H-KITTIKUN A, CUTTER C N. Effect of lauric arginate, nisin Z, and a combination against several food-related bacteria [J]. International Journal of Food Microbiology, 2014, 188: 135-146.

[13] RYU E H, YANG E J, WOO E R, et al. Purification and characterization of antifungal compounds from Lactobacillus plantarum HD1 isolated from kimchi [J]. Food Microbiology, 2014, 41: 19-26.

[14] SCHNÜRER J, MAGNUSSON J. Antifungal lactic acid bacteria as biopreservatives [J]. Trends in Food Science & Technology, 2005, 16(1/2/3): 70-78.

[15] SJÖGREN J, MAGNUSSON J, BROBERG A, et al. Antifungal 3-hydroxy fatty acids from Lactobacillus plantarum MiLAB 14 [J]. Applied and Environmental Microbiology, 2003, 69(12): 7554-7557.

[16] STILES M E. Biopreservation by lactic acid bacteria [J]. Antonie Van Leeuwenhoek, 1996, 70(2/3/4): 331-345.

[17] SVANSTRÖM Å, BOVERI S, BOSTRÖM E, et al. The lactic acid bacteria metabolite phenyllactic acid inhibits both radial growth and sporulation of filamentous fungi [J]. BMC Research Notes, 2013, 6(1): 464.

[18] YANG E J, CHANG H C. Purification of a new antifungal compound produced by Lactobacillus plantarum AF1 isolated from kimchi [J]. International Journal of Food Microbiology, 2010, 139(1/2): 56-63.

第三章
植物乳杆菌的降胆固醇作用

3.1 降胆固醇作用概述

心血管疾病（CVDs）是全球导致死亡的主要原因。冠心病（CHD）是最常见的 CVD 类型，占世界总死亡人数的 16%。流行病学研究表明，血清总胆固醇水平升高和冠心病风险有关，许多流行病学、临床和遗传学研究提供了一致的证据，明确了低密度脂蛋白与心脏事件风险的关系。

终身坚持低胆固醇/低胆固醇饱和脂肪、高膳食纤维饮食、戒烟和过量饮酒，以及采取积极的生活方式，改变饮食和行为是预防冠心病的一系列策略。这些战略可能非常有效，但不容易可持续。一些成熟的药理学方法可以为有效管理胆固醇提供额外的帮助，如他汀类药物、贝特盐、选择性胆固醇吸收抑制剂和胆汁酸隔离剂。然而由于其副作用，目前该方法具有局限性。因此，人们越来越重视非药物治疗，以补充目前改善血液胆固醇水平和心血管健康的策略。

人类肠道拥有一个高度代谢多样化的微生物群，细菌组可影响脂质的代谢，包括胆固醇吸附到细胞表面，同化到细胞膜，胆固醇酯酶活性，减少 3-羟基-3-甲基戊二酰辅酶 A（HMG-CoA）还原酶表达和分解胆汁酸通过胆盐水解酶（BSH）的活性。一些肠道细菌群携带 BSH 活性，包括乳酸杆菌、双歧杆菌、肠球菌、梭状芽孢杆菌和拟杆菌。许多人类干预研究强调植物乳杆菌菌株是改善高胆固醇血症的益生菌。植物乳杆菌 ECGC 13110402 是一种益生菌菌株，因其体外较高的胆盐水解酶和体内胆固醇降低活性。本研究通过科学的实验方法，以从内蒙古传统发酵乳制品中分离出的 1 株乳酸菌为研究对象，通过形态学、生理生化特征和分子生物学方法对其进行鉴定，测定其抑菌活性，对该细菌素的生物学特性、影响其产量的发酵条件和编码细菌素的基因进行研究，以期开发具有新型生物防腐功能的细菌素产生菌，并为乳酸菌产细菌素的商业化应用奠定基础。

3.2 降胆固醇作用实验材料

3.2.1 试验菌株和动物

植物乳杆菌 SY-8834：为牧民自制发酵酸奶；嗜酸乳杆菌 NCFM：丹麦丹尼斯克公司（Danisco）惠赠；昆明系小白鼠：购自黑龙江省医科大学试验动物中心。

3.2.2 培养基

（1）MRS 培养基：蛋白胨 5.0g、牛肉膏 5.0g、酵母粉 5.0g、胰蛋白胨 10.0g、Tween 80 1.0mL、葡萄糖 20.0g。

5 种盐溶液：$K_2HPO_4 \cdot 3H_2O$（20g+50mL）、$MgCl_2 \cdot 6H_2O$（5.0g+50mL）、$ZnSO_4 \cdot 7H_2O$（2.5g+50mL）、$CaCl_2$（1.5g+50mL）、$FeCl_2$（0.5g+50mL）各 10mL，蒸馏水定容至 1000mL，调 pH 至 5.8，然后高压灭菌，4℃保存。

（2）MRS-CHOL-THIO 培养基：向 MRS 液体培养基中加入 0.25% 的巯基乙酸钠、100μg/mL 胆固醇以及 0.35g/100mL 的胆盐，加热溶解后 121℃灭菌 20 分钟备用。

3.2.3 主要仪器和设备（表 3-1）

表 3-1　主要仪器和设备

仪器和设备	来源
各种规格移液器	Eppondorf 公司
HF90 型 CO_2 培养箱	上海力申科学仪器有限公司
BCN1360 型生物洁净工作台	北京东联哈尔仪器制造
7000 PCR 扩增仪	美国 Applied Biosystems 公司
Tc-25/H 型基因扩增仪	美国 PCR Kin Elmer Gene Amp

续表

仪器和设备	来源
7500 Real-time PCR 仪	美国 Applied Biosystems 公司
DYY-10C 型电泳仪	北京市六一仪器厂
UVP 凝胶成像系统	美国 UVP 公司
低温冷冻离心机	上海离心机械研究所
微量台式离心机	美国 Beckman 公司
快速混匀器	姜堰市新康医疗机械有限责任公司
纯水生产仪	美国 PULL 公司
紫外分光光度计 DU800	美国 Beckman 公司
灭菌锅	上海三申医疗器械有限公司
精密电子天平（0.0001g）	瑞士梅特勒—托利多有限公司
梅特勒—托利多 Delta320 pH 计	瑞士梅特勒—托利多有限公司
YDS-10 型液氮罐	成都金凤液氮器械有限责任公司
DH-101 恒温鼓风干燥箱	青岛海尔集团公司
GL-21M 高速冷冻离心机	上海市离心机械研究所
电热恒温水浴锅	天津泰斯特仪器有限公司
冷冻干燥仪	日本 HITACHI 公司
FM100 制冰机	英国 GRANT 公司
BCD-518WSA 冰箱	海尔公司
TC-25/H 基因扩增仪	杭州博日科技有限公司
C18A 电磁炉	东莞市乐邦电子有限公司
DHP-9272 型电热恒温培养箱	上海一恒科技有限公司
SCANNER 5560B 型扫描仪	BenQ 公司
0.22μm 滤膜	Millipore

3.2.4 主要化学试剂（表 3-2）

表 3-2 主要化学试剂

试剂	来源
引物	北京 Invitrogen 公司合成
Trizol Reagent	Invitrogen 公司
ExScriptTM RT PCR 试剂盒	TaKaRa 公司
PrimeScriptTM RT reagent Kit	TaKaRa 公司
SYBR Premic ExTaqTM Ⅱ	TaKaRa 公司
粪便基因组 DNA 快速提取试剂盒	BioTeKe 公司
细菌基因组 DNA 快速提取试剂盒	BioTeKe 公司
琼脂糖	Oxoid 公司
胆固醇（分析纯）	Sigma 公司
十二烷基磺酸钠（SDS）	Sigma 公司
甘氨酸	Sigma 公司
牛磺胆酸钠	Sigma 公司
胆酸钠	北京索莱宝生物科技有限公司
PBS 磷酸盐缓冲液	北京索莱宝生物科技有限公司
焦碳酸二乙酯（DEPC）	北京索莱宝生物科技有限公司
DL 2000 DNA marker	北京天为时代公司生产
dNTP	Tiangene 生物试剂有限公司
Taq 酶	Tiangene 生物试剂有限公司
巯基乙酸钠	国药集团化学试剂有限公司
邻苯二甲醛	国药集团化学试剂有限公司
冰醋酸	国药集团化学试剂有限公司
正己烷	国药集团化学试剂有限公司
浓硫酸	国药集团化学试剂有限公司
邻苯二甲醛	国药集团化学试剂有限公司
胰蛋白酶	国药集团化学试剂有限公司
胃蛋白酶	国药集团化学试剂有限公司

续表

试剂	来源
蛋黄粉	北京索莱宝生物科技有限公司
Tween 20	国产分析纯试剂
葡萄糖	国产分析纯试剂
氢氧化钠	国产分析纯试剂
蛋白胨	国产分析纯试剂
牛肉膏	国产分析纯试剂
氯化钠	国产分析纯试剂
氯仿	国产分析纯试剂
异丙醇	国产分析纯试剂
无水乙醇	国产分析纯试剂
三氯乙酸	国产分析纯试剂
无水乙醇	国产分析纯试剂
盐酸	国产分析纯试剂
碳酸氢钠	国产分析纯试剂
氢氧化钾	国产分析纯试剂
脱脂奶粉	市售
猪油	市售
基础小鼠饲料	黑龙江省医科大学试验动物中心

3.2.5 常用储备液的配制

（1）TAE 缓冲液（50×）：Tris 242g，醋酸 57.1mL，$Na_2EDTA \cdot 2H_2O$ 37.2g。去离子水 1000mL，使用时稀释 50 倍。

（2）裂解液：醋酸钠 2.7g，EDTA 0.34g，SDS 5g。去离子水 1000mL，混匀后调 pH 至 5.5，然后过滤除菌 4℃保存。

（3）DEPC 水配制：1mL DEPC 加入 1000mL 蒸馏水中混匀，配制后 121℃高压灭菌 30min，室温储存。

（4）0.1mol/L HCl：取 36% 的盐酸 0.862mL 加去离子水后定容到 100mL，用 0.22μm 滤膜过滤。

（5）0.5mg/mL 邻苯二甲醛溶液的配制：准确称取 0.05g 邻苯二甲醛用 100mL 冰醋酸使之溶解，置于避光处保存。

（6）L- 磷酸盐缓冲液（PBS）的配制（10×）：KCl 2g，NaCl 80g，KH_2PO_4 2g，$Na_2HPO_4 \cdot 12H_2O$ 29g。去离子水 1000mL，使用时稀释 10 倍。

（7）高胆固醇小鼠饲料组成：2%（w/w）胆固醇，4%（w/w）猪油，0.5%（w/w）胆酸钠，10%（w/w）蛋黄粉，83.5%（w/w）基础饲料。

3.3 降胆固醇作用实验方法

3.3.1 供试菌液的培养

3.3.1.1 植物乳杆菌 SY-8834 的培养

植物乳杆菌 SY-8834 是从传统发酵乳制品中分离得到的。按 2% 的接种量接种于新的 MRS 培养基中，置于 37℃恒温培养箱中培养，连续两次传代，平板划线，并挑取单菌落进行培养。

3.3.1.2 菌悬液的制备

将活化后的菌液 4000r/min 离心 15min，用已灭菌的生理盐水洗涤菌体沉淀 3 遍。利用平板计数法，调至 10^9 CFU/mL 作为备用菌悬液。

3.3.2 胆盐水解酶活性（BSH）的判定

在 MRS 琼脂培养基中加入 0.3%（w/v）牛黄胆酸钠和 0.2%（w/v）$CaCl_2$，将植物乳杆菌 SY-8834 传代 3 次至最佳活性，利用三区划线法，在 MRS 固体培养基中进行菌落划线，对植物乳杆菌 SY-8834 有无 BSH 活性进行定性分析，放置于 37℃培养箱中培养 24h，观察菌落表面及菌落周围是否产生白色沉淀圈，以鉴定菌株是否具有 BSH 活性。以实验室研究发现的已知具有产 BSH 活性的嗜酸乳杆菌 NCFM 做对照，方法一致，置于 37℃培养箱中培养 24h。

3.3.3 环境耐受性试验

3.3.3.1 耐酸性试验

菌株以 2% 的接种量接种至 MRS 液体培养基，37℃活化培养两代，生理盐水洗涤 3 次，离心收集菌体，制备菌悬液。将菌悬液按 2% 重悬于 pH 3.0 和 pH 2.0 的液体 MRS 培养基（4.0mol/L HCL 调整），置于 37℃培养箱中分别培养 0h、1h、2h、3h 后取样。取菌液用灭菌生理盐水进行 10 倍稀释，取适量稀释液涂布 MRS 琼脂培养基平板，37℃培养 24h，采用平板计数法进行菌落计数，每个梯度设 3 个平行，以 MRS 培养基中培养的菌体做对照，计算存活率。

$$存活率 /\% = N_t/N_o \times 100$$

式中：N_t 为低 pH MRS 培养不同时间后的活菌数；N_o 为 pH 5.8 MRS 中培养不同时间后的活菌数。

3.3.3.2 耐胆盐试验

菌株 37℃活化培养两代后，以生理盐水洗涤 3 次，离心（5000r/min，10min）收集菌体，制备菌悬液。将菌悬液以 2% 接种量接至含 0.3% 胆酸盐的 MRS 液体培养基中 37℃培养 12h。取菌液用灭菌生理盐水进行 10 倍稀释，取适当稀释液涂布 MRS 琼脂培养基平板，37℃培养 24h，进行菌落计数，每个梯度设 3 个平行，以 MRS 培养基中培养的菌体做对照，计算存活率。

$$存活率 /\% = N_t/N_o \times 100$$

式中：N_t 为含 0.3g/100mL 牛胆酸钠的 MRS 培养基中活菌数；N_o 为 MRS 培养基中的活菌数。

3.3.3.3 耐盐试验

菌株以 2% 的接种量接种至 MRS 液体培养基，37℃活化培养两代，生理盐水洗涤 3 次，离心收集菌体，制备菌悬液。将菌悬液按 2% 分别接种至 NaCl 质量浓度为 0~7g/100mL 的 MRS 液体培养基中，置于 37℃培养箱中分别培养 24h 后取样。取菌液用灭菌生理盐水进行 10 倍稀释，取适当稀释液涂布 MRS 琼脂培养基平板，37℃培养 24h，进行菌落计数，每个梯度设 3 个平行，以 MRS 培养基中培养的菌体做对照。计算存活率。

$$存活率/\% = N_t/N_o \times 100$$

式中：N_t 为不同 NaCl 浓度的 MRS 培养中活菌数；N_o 为 MRS 培养基中的活菌数。

3.3.3.4 人工胃液和人工肠液耐受性试验

菌株以 2% 的接种量接种至 MRS 液体培养基，37℃活化培养两代，生理盐水洗涤 3 次，离心收集菌体，制成菌悬液备用。将制备好的菌悬液按 2% 接种量接种至经过滤除菌处理的 pH3.0 的人工胃液中，37℃培养 0h、1h、2h、3h 后取样，进行活菌计数。然后，分别无菌吸取处理 0h、1h、2h、3h 后的含菌的人工胃液，以 2% 接种量接种至过滤除菌处理的 pH8.0 的人工肠液中，继续置 37℃培养，分别在 0h、3h、5h、7h、8h 后测定其活菌数。

人工胃液：胃蛋白酶 0.35%、NaCl 0.3%，用 1mol/L HCl 调整 pH 值至 3.0，以 0.22μm 滤膜过滤除菌备用。

人工肠液：将下述 a 溶液和 b 溶液以 2∶1 进行混合即得人工肠液。

a 胰液：$NaHCO_3$ 1.1%、NaCl 0.3%、胰蛋白酶 0.1%，调整 pH 值为 8.0 后，过滤除菌备用。

b 胆液：胆盐 1.2%，调整 pH 值为 8.0 后，过滤除菌备用

$$存活率/\% = N_t/N_o \times 100$$

式中：N_t 为菌体在人工消化液培养不同时间后的活菌数；N_o 为菌体在 MRS 培养基中培养不同时间后的活菌数。

3.3.4 体外降胆固醇能力的测定

3.3.4.1 绘制胆固醇标准曲线

取质量浓度为 10～60μg/mL 的胆固醇溶液 1mL，加入 2mL 质量浓度为 0.5mg/mL 的邻苯二甲醛溶液及 1mL 浓硫酸，振荡混匀后，室温下显色 10min，在波长 550nm 处测吸光度。以胆固醇的质量浓度为横坐标，吸光度为纵坐标绘制标准曲线，进行函数拟合得到曲线回归方程，用于计算胆固醇的质量浓度。

3.3.4.2 胆固醇质量浓度的测定

植物乳杆菌 SY-8834 菌液（2% 的接种量）接入 MRS-CHOL-THIO 培养基，培养 24h 后 5000r/min 离心 10min，取上清液 1mL 于干净试管中，依次加入 4mL 体积分数为 95% 的乙醇和 3mL 质量分数为 33% 的 KOH 溶液，漩涡振荡混匀处理，混匀后置于 60℃ 水浴中皂化 15min，迅速冷却，向其加入 7mL 正己烷，漩涡振荡进行萃取，加入 4mL 水，涡旋振荡混匀，在室温下静置 20min 使各相分层。准确吸取正己烷层 3mL 于洁净试管，置于 60℃ 水浴中，利用氮气使溶剂挥干，加入 5mL 显色剂邻苯二甲醛，漩涡振荡后 15min 静置，加入 3mL 浓硫酸使之立即混匀，室温静置 10min 后，90min 内在波长 550nm 处测其吸光度。根据标准曲线得出的胆固醇与吸光度关系的回归方程计算胆固醇的质量浓度，同时测定菌体洗涤液和菌体破碎液中胆固醇的含量，计算胆固醇的脱除率。

菌体洗涤液：倾出上清液，加入 5.0mL 质量分数为 0.85% 的生理盐水悬浮，12000r/min 离心 10min，取上清液即为菌体洗涤液。

细胞破碎液：倾出菌体洗涤液，再加入 5.0mL 质量分数为 0.85% 的生理盐水悬浮，置于冰浴中并在超声波破碎仪中破碎（80% 输出，10s/次，间隔 5s）30min，破碎后 4℃，5000r/min 离心 10min，上清液即为菌体破碎液。

$$胆固醇脱除率 /\% = (1 - C_1/C_0) \times 100$$

式中：C_1 为菌种接至 MRS-CHOL-THIO 培养后培养上清液（或菌体洗涤液、细胞破碎液）中胆固醇的质量浓度；C_0 为初始培养基总胆固醇的质量浓度。

3.3.5 植物乳杆菌降胆固醇作用的体内试验

3.3.5.1 含植物乳杆菌灌胃脱脂乳的制备

将植物乳杆菌 SY-8834 在 MRS 培养基上培养至对数期,通过平板计数调节菌数浓度为 10^9 CFU/mL。选取优质脱脂乳,制备 10% 脱脂乳溶液,通过离心收集培养至 10^9 CFU/mL 的菌体,将其悬浮于 10% 脱脂乳中,制备含植物乳杆菌 SY-8834 浓度为 10^9 CFU/mL 的脱脂乳菌悬液,备用以灌胃。

3.3.5.2 试验动物的分组

试验动物采用昆明属小鼠(清洁级,雌雄各半,鼠龄 8 周左右,体重 20 ± 2 g,随机分为 4 组,每时间点各组分别 7 只。分别为正常组饲喂基础饲料;高胆固醇组饲喂高胆固醇饲料;脱脂乳组饲喂高胆固醇饲料以及灌胃已灭菌的 10% 脱脂乳;植物乳杆菌 SY-8834 组饲喂高胆固醇饲料以及灌胃含有植物乳杆菌 SY-8834(10^9 CFU/mL)的 10% 脱脂乳菌悬液。每组按 0 天、1 天、3 天、5 天、7 天、14 天、28 天时间段随机分开,每日灌胃一次,共灌胃 28 天。试验分组及饲喂方式见表 3-3。

表 3-3 试验分组及饲喂方式

组别	剂量 [mL/(kg·d)]	菌含量 (CFU/mL)	动物数量 (只)	饲喂方式
正常组	0	0	7	基础饲料,自由采食
高胆固醇组	0	0	7	高胆固醇饲料,自由采食
脱脂乳组	1	0	7	高胆固醇饲料,灌服 10% 灭菌脱脂乳,自由采食
植物乳杆菌 SY-8834 组	1	1×10^9	7	高胆固醇饲料,灌服含植物乳杆菌 SY-8834 的脱脂乳,自由采食

3.3.5.3 动物标本的采集和处理

不同组的小鼠,空腹过夜后,分别在 0 天、1 天、3 天、5 天、7 天、14 天、

28天称重，进行摘取眼球取血。眼球取血完毕后对小鼠进行处死，固定四肢，从胸腹解剖，分离肌肉和组织，暴露肝脏和小肠。取出肝脏并进行称重，拍照获取肝脏图片。获取小肠，用冷PBS缓冲液洗涤干净后，液氮速冻，-80℃保存。血液在4℃下，4000r/min离心10min，分离血清，放置于-20℃保存。

3.3.5.4 血清学检测及动脉硬化指数计算

摘取眼球取血后，4℃下，4000r/min离心10min，分离出血清。用FULLY全自动生化分析仪，检测血清总胆固醇（TC）、甘油三酯（TG）、高密度脂蛋白胆固醇（HDL-C）。动脉硬化指数（AI）计算公式：（TC-HDL-C）/HDL-C。

3.3.5.5 肝重比分析

小鼠解剖后获取肝脏，称重，分别计算不同组小鼠的肝重比。以正常小鼠的肝重做对比，随着高胆固醇饲料的饲喂，脂类就会在肝脏中积累，肝脏颜色发生变化，并且引起肝重比值的增大。肝重比值的变化一定程度上可以反映脂类在肝脏中的积累情况，计算公式：肝脏重/体重。

3.3.5.6 小鼠体内RNA水平表达

1. 小鼠肠组织RNA的提取

颈椎离断处死小鼠，打开腹腔，分别提取小鼠灌胃后第0天、1天、3天、5天、7天、14天、28天的回肠和空肠，置于预冷的生理盐水溶液中，将肠内容物冲洗干净，置于液氮中保存。

参用标准的Trizol RNA提取方法抽提小鼠肠组织RNA：

（1）液氮研磨，组织直接放入研钵中，加入少量液氮，迅速研磨，待组织变软，再加少量液氮，再研磨，如此3次，每50～100mg组织加入1mL Trizol。

（2）电动匀浆器充分匀浆2～3min。

（3）加入200μL氯仿，剧烈震荡20s，室温孵育3～4min，在4℃下以14000r/min高速冷冻条件下离心12min，使得混合物出现三层分层：下层为苯酚—

氯仿，中间层，上层的无色水样层。从水相中获取 RNA。

（4）取干净 Ep 管将水相层转至其中，每 1mL Trizol 加入 0.4mL 异丙醇混合，沉淀 RNA。混合后在室温条件下孵育 12min，并在 4℃下 14000r/min 进行 8min 高速冷冻离心。

（5）弃上层悬液。将 RNA 沉淀用 75% 的乙醇洗涤一次，每 1mL Trizol 至少加 1mL 的 75% 乙醇。旋涡振荡将样品混合，并在 4℃下以 8000r/min 高速冷冻条件下离心 10min。

（6）空气干燥后的 RNA 加入 20μL DEPC 水重悬后，在 55～60℃下孵育 12min 使 RNA 充分溶解。

取 5μL RNA 样品进行 1% 琼脂糖凝胶电泳，在紫外灯下观察 28S RNA、18S RNA 和 5S RNA，对所提取 RNA 的完整性进行检测。如果 28S RNA 和 18S RNA 条带清晰无降解，则说明提取的效果理想，可以继续进入下一步的 Real-time RT PCR 分析。

2. RNA 完整性的检测

取 5μL RNA 样品进行 1% 琼脂糖凝胶电泳，在紫外灯下观察 28S RNA、18S RNA 和 5S RNA，对所提取 RNA 的完整性进行检测。

3. 反转录体

将待检测的 RNA 样品进行反转录成 cDNA，利用 PrimeScript^{TM} RT reagent Kit（Perfect Real-time）试剂盒（TaKaRa 公司）中的反转录部分进行 RT 反应，具体反转录体系中试剂的名称及用量如下：

5×PrimeScript^{TM}Buffer(for Real-time)	2μL
PrimeScript^{TM} RT Enzyme Mix Ⅰ	0.5μL
Oligo dT Primer (50μM)	0.5μL
Random 6mers (100μM)	0.5μL
Total RNA	5μL
RNase Free dH$_2$O	1.5μL
Total	10μL

反转录过程为：反转录反应为 37℃，15min；反转录酶的失活反应为 85℃，5s。

4. Real-time RT PCR 检测基因表达变化

对提取出的小鼠肠组织总 RNA 样品进行反转录，获得 cDNA 后进行 Real-time RT PCR 反应，针对 5 个筛选到的胆固醇代谢相关基因以及 1 个内参基因 GAPDH，在 NCBI 上查找基因信息，利用 Primer 5.0 软件设计各基因特异性的跨内含子引物，见表 3-4。

表 3-4　待测基因 Real-time PCR 引物的基因名、碱基序列和扩增产物的大小

基因	序列（5'→3'）	扩增产物大小（bp）
mouse NPC1L1	F, CCCTCAACCCGCATAACACG R, TAGTCCGTCCCTTGGTAGCCG	271
LXRα	F, GAAGCGGCAAGAAGAGGAACA R, ACAGGCGGTCTGAGAAGGAGT	164
LXRβ	F, AGAGGATGAGCCTGAGCGC R, GTAGTGGAAGCCCGAAGCG	103
HMGCR	F, CCAAGAGAGAAAAGTTGAGGTTA R, ATTCTTCATTAGGTCGTGGCGG	164
ABCA1	F, GTGAACGAGTTTCGGTATGC R, TGACATTGTTCGTATCCG	193
GAPDH	F, GCCTGGAGAAACCTGCC R, ATACCAGGAAATGAGCTTGACA	200

利用 SYBR Premic ExTaq™ Ⅱ（Perfect Real-time）试剂盒进行检测，反应体系为 20μL，具体试剂名称及用量如下：

SYBR premix Ex Taq Ⅱ (2×)	10μL
PCR Forward Primer (10μM)	0.8μL
PCR Reverse Primer (10μM)	0.8μL
ROX Ⅱ (50×)	0.4μL
DNA 模板	2.0μL
dH$_2$O	6μL
Total	20μL

使用 ABI/7500 系统进行各基因的扩增反应，反应程序如下：95℃，30s 预变性；95℃，5s；60℃，34s。40 个循环。每种基因的扩增反应均进行扩增产物的溶

解曲线分析，以确定扩增产物的特异性和纯度。各基因表达比较均采用 GAPDH 作为内参基因，所有待测样品均设 3 个重复，并用去离子水代替模板作为阴性对照。分析各基因的 Ct 值，计算出标化后的 $-\Delta\Delta Ct$ 值，利用 $2^{-\Delta\Delta Ct}$ 法对目的基因的表达量进行评估。

3.3.5.7 Real-time PCR 方法检测肠道及粪便中菌体的数量

1. 标准曲线的制作

植物乳杆菌 SY-8834 培养至对数生长期，从一个培养管中吸出一部分稀释涂板，置 37℃ 恒温培养箱中厌氧培养，确定菌体准确的浓度；取平板计数获得的精确浓度培养液，按照细菌基因组 DNA 提取试剂盒（离心柱型）的说明书提取菌体 DNA，具体步骤如下：

（1）取 1～2mL 培养菌液，10000rpm 离心 30s，弃上清，收集菌体，尽可能地吸净上清。

（2）加入 200μL 缓冲液 RB 重悬洗涤细胞，12000rpm 离心 30s，弃上清，震荡或吹打使细胞重悬于 200μL RB 缓冲液中。

（3）对于革兰氏阳性菌：加入 50～100μL 溶菌酶（10mg/mL 10mM Tris-HCl, pH8.0）颠倒混匀，37℃ 温育 33～60min，12000rpm 离心 3min，弃上清，振荡或吹打处理，取 200μL 缓冲液 RB 重悬细胞。

（4）如果 RNA 残留过多，需要去除 RNA，可以加入 20μL RNase A（25mg/mL）溶液，振荡混匀，室温放置 6～10min。

（5）取 200μL 结合液 CB 加入其中，立即剧烈颠倒混匀后加入 22μL 蛋白酶 K（20mg/mL）溶液使之充分混匀，放于 70℃ 静止 10min。

（6）待冷却后取 100μL 异丙醇加入其中，剧烈颠倒混匀液体，此时或有絮状沉淀产生。

（7）取一个吸附柱 AC，放入至收集管中，将所得的溶液以及絮状沉淀加入其中，12000rpm 离心 25s，弃废液。

（8）向其加入 IR 抑制物的去除液 500μL，11000rpm 离心 1.5min，弃废液。

（9）再加入 WB 漂洗液 700μL，11000rpm 离心 1.5min，弃掉废液。

（10）加入 WB 漂洗液 500μL，11000rpm 离心 1.5min，弃掉废液。

（11）把吸附柱 AC 放回到空收集管中，13000rpm 离心 3min，尽量去除漂洗液，以免漂洗液中残留乙醇抑制下游反应。

（12）取出吸附柱 AC，放入一个干净的离心管中，在吸附膜的中间部位加 100μL 洗脱缓冲液 EB（洗脱缓冲液事先在 65～70℃水浴中预热），室温放置 4～5min，12000rpm 离心 1min，将得到的溶液重新加入离心吸附柱中，室温放置 2min，14000rpm 离心 2min。

（13）DNA 可以存放在 2～8℃环境中，如果要长时间存放，可以放置在 -20℃。

将提取的菌体 DNA 10 倍梯度稀释后，按照 Real-time PCR 的反应体系及反应程序操作。选取植物乳杆菌 SY-8834 IGS 保守基因序列，利用 Primer 5.0 软件设计其特异性的上下游引物，见表 3-5。

表 3-5　植物乳杆菌 SY-8834 引物碱基序列和扩增产物的大小

菌株	碱基序列（5'→3'）	产物大小（bp）
植物乳杆菌 SY-8834	GGTTCGATCCCGCTATTCTCCAT GGCTCCTAGTGCCAAGGCATTCA	228

2. 肠道中菌体 DNA 的提取与检测

颈椎离断处死小鼠，打开腹腔，分别提取小鼠灌胃第 0 天、1 天、3 天、5 天、7 天的空肠、回肠、盲肠和结肠，置于预冷的生理盐水溶液中，轻轻冲洗干净肠内容物后，置于液氮中保存。

取出保存的小鼠肠道各部分组织，展开平整放置于盖玻片上，利用载玻片刮取肠黏膜上面黏附的菌体，获得菌体放入一干净的 Ep 管中。按照提取细菌基因组 DNA 的方法提取菌体 DNA，提取完毕后，取 5μL DNA 样品进行 1% 琼脂糖凝胶电泳检测，如果条带清晰无杂带，则说明提取的效果理想，可以继续进入下一步的 Real-time PCR 分析。利用植物乳杆菌 SY-8834 的引物，进行 Real-time PCR 反应。

3. 粪便中菌体 DNA 的提取与检测

小鼠培养笼中的垫料每天换一次，第 0 天、1 天、3 天、5 天、7 天采集小鼠早晨新鲜的粪便，放入一干净灭菌的 Ep 管中，称重，立即放入液氮中保存。小鼠粪便中菌体DNA的提取步骤严格按照粪便基因组DNA快速提取试剂盒（离心柱型）的说明书进行，方法如下：

（1）准确称量0.3～0.5g新鲜样品到干净的Ep管中，加入1.5mL的抽提液，加入5μL的溶液A，振荡1～2min，充分混合，置于37℃水浴10min（每隔2～3min剧烈振荡使之混匀）。

（2）加入100μL溶液B，振荡1～2min，充分混匀后65℃水浴10min（每隔2～3min剧烈振荡混匀）。

（3）12000r/min离心10min，另取新的1.5mL离心管，将上清置入其中。

（4）加入1/3体积的蛋白沉淀液，颠倒使之混匀充分。

（5）冰浴10min后12000r/min离心达10min，取上清。

（6）纯化：加入500μL的溶液C于纯化柱中，静置2min，12000r/min离心过滤，此步目的在于增加柱子腐殖酸及过滤杂质的能力。

（7）将步骤5所得上清液加入已处理的纯化柱内，低速离心过滤，收集下滤液（下滤液含有DNA）至新的1.5mL离心管中。

（8）估算滤液体积，加入0.5倍体积的异丙醇，充分混匀，12000rpm离心10min，小心弃掉上层悬液，小心将离心管倒置约2min晾干，最后加入30μL洗脱缓冲液EB，溶解沉淀即可（注：若沉淀洗涤不完全，可用70%乙醇洗涤沉淀两次，最后用洗脱缓冲液EB使之溶解）。

取5μL DNA样品进行1%琼脂糖凝胶电泳，如果条带清晰无杂带，则说明提取的效果理想，可以继续进入下一步的Real-time PCR分析。利用植物乳杆菌SY-8834的引物，进行Real-time PCR反应。

3.4 降胆固醇作用结果与分析

3.4.1 有无胆盐水解酶活性（BSH）的判定

胆酸盐水解酶是乳酸菌自身产生的组成型水解酶，具有能降解胆固醇的作用。Young T A等报道了 *L.acidophilus* SNUL020 和 *L.acidophilus* SNUL01 能在含有牛磺胆盐的培养基中生长，并且在菌落周围产生明显的白色沉淀圈。本试验利用 Ca^+ 沉淀法检测植物图杆菌 SY-8834 是否具有胆盐水解酶的活性，原因在于，胆盐水解酶可降解胆固醇为胆酸，胆酸与 Ca^+ 结合生成 $CaCO_3$ 沉淀，从而在培养基中会产生白色沉淀圈，可定性分析菌种是否具有胆盐水解酶活性。

本试验结果表明，与已知具有胆盐水解酶活性的嗜酸乳杆菌 NCFM 对照发现，植物乳杆菌 SY-8834 菌落周围没有白色沉淀圈产生（图 3-1），即没有明显的产胆盐水解酶特征，初步确定无明显的产胆盐水解酶活性。

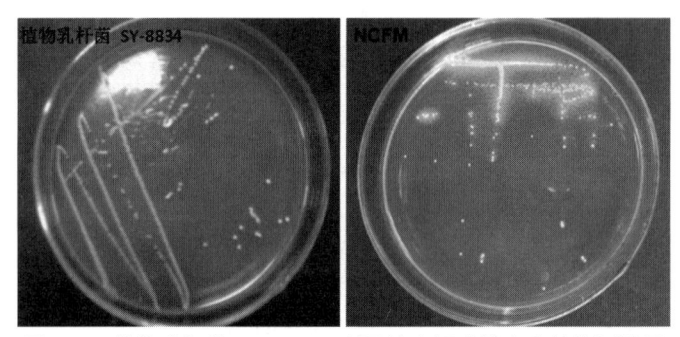

图 3-1　植物乳杆菌 SY-8834 产胆盐水解酶能力定性检测结果

3.4.2　环境耐受性试验结果

3.4.2.1　耐酸性试验结果

通常活菌定植肠道的前提条件是其能够耐受胃中的酸性环境，胃液 pH 因饮食结构不同而有较大波动，如空腹时胃液的 pH 为 0.9～1.8，进食过程中 pH 在 1.8～5.0，通常维持在 3.0 左右。食物在胃中的消化时间相对较短，一般为 1～3h。因此试验选择 2 个不同 pH（2.0、3.0），培养时间为 1h、2h 和 3h，结果见图 3-2。

由图 3-2 可知，植物乳杆菌 SY-8834 耐受 pH 2.0 条件较差，处理 1h 后，活菌数明显下降，在 pH 3.0 条件下处理 1～3h，存活率分别为 53.66%、28.46% 和 10.57%，对 pH3.0 具有较强的耐受能力，可见，该菌株具备耐受胃中酸性环境的能力。

3.4.2.2　耐胆盐试验结果

菌株本身的特性以及胆盐浓度可决定菌株对胆盐的耐受能力，人体小肠存在一定浓度的胆盐,质量分数维持在0.3%(w/v)。本试验选用0.3%(w/v)胆酸盐浓度下考察菌株的胆盐耐受情况。试验结果表明,在胆盐质量分数0.3%的条件下,存活率能达到84.31%,这表明该菌株对胆盐表现出较强的耐受性。

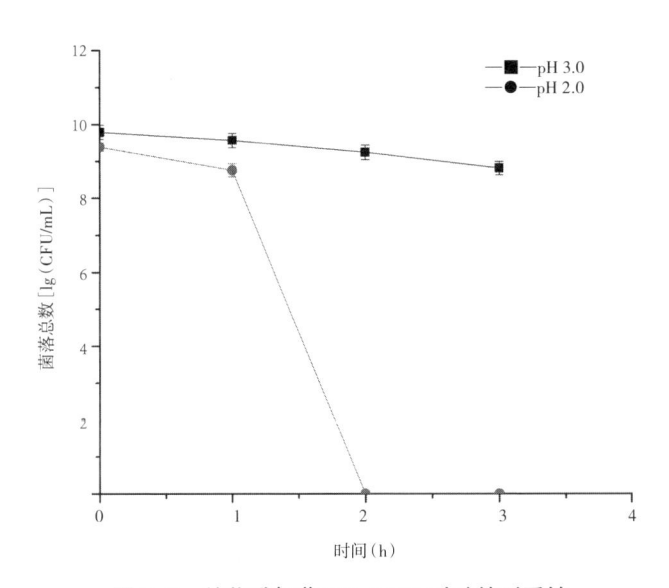

图3-2 植物乳杆菌SY-8834对酸的耐受性

3.4.2.3 耐盐试验结果

人体细胞的外环境为人的体液,随着饮食变化,体液中的Na^+和Cl^-等浓度会随之升高,从而改变人体渗透压。微生物对渗透压有一定的适应能力,若渗透压改变较大,则对微生物的生长不利,甚至死亡。人体胃肠道中NaCl质量浓度在(1~4g)/100mL的范围波动。本试验将植物乳杆菌SY-8834按2%接种量分别接入NaCl浓度为(0~7g)/100mL的MRS液体培养基中,恒温培养24h后采用MRS固体培养基进行活菌计数,结果见图3-3。

由图3-3可知,培养24h后,植物乳杆菌SY-8834活菌数随NaCl的浓度增加而降低,在常规体内盐浓度(4g/100mL)下,存活率为21.75%,随着盐浓度的增高,活菌数虽有下降,但在7g/100mL的高盐浓度下,存活率为12.13%,菌数仍然可以达到108CFU/mL以上,说明植物乳杆菌SY-8834可有效耐受生物体高盐环境。由此说明,植物乳杆菌SY-8834耐高渗环境能力较强,可在人体内良好生存。

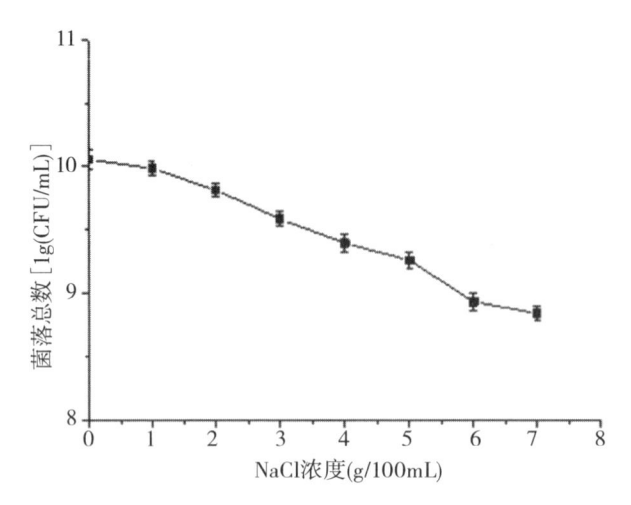

图 3-3　植物乳杆菌 SY-8834 对 NaCl 的耐受性

3.4.2.4　人工胃液和人工肠液耐受性试验结果

1. 人工胃液耐受性试验结果

益生菌发挥益生功能的基本条件是以活菌状态通过胃肠道。从口腔到肠道过程中，益生菌首先必须以活菌状态通过胃才有可能进入肠道。食物在胃中的停留时间一般为 1～2h，人体胃液的 pH 值随饮食结构的不同而发生变化，通常维持在 pH 3.0 左右。胃蛋白酶原会在胃液的酸性环境下被激活，从而杀死随食物进入胃内的细菌。因此，益生菌若在人体内发挥益生作用，就必须具有一定的耐酸和耐胃蛋白酶的能力。本试验采用植物乳杆菌 SY-8834 在 pH 3.0 条件下，与人工胃液作用不同时间后，检测其活菌数变化，结果见图 3-4。

由图 3-4 可知，植物乳杆菌 SY-8834 在 pH3.0 的人工胃液中作用 1～3h，存活率分别可达到 34.23%、26.43%、18.92%，在人工胃液中存活率较高，说明其能耐受胃液酸性及胃蛋白酶环境，可以通过胃进入肠道并保持活性。

2. 人工肠液耐受性试验结果

食物经过胃液消化后进入肠道，肠道微生物数量大且种类繁多，肠道菌群的生长受肠液中水分、消化酶、胆汁酸等成分所影响，所以生存在小肠中的益生菌必须具有一定的耐肠液能力并保持一定数量的活菌数才能发挥其益生作用。小肠是 pH 大约为 7.6 的碱性环境，食物在小肠中的停留时间一般为 3～8h。本试验选取植物乳杆菌 SY-8834 经过 pH 8.0 的人工肠液作用不同时间后，检测其菌数变化以判定其对肠液的耐受能力，结果见图 3-5。

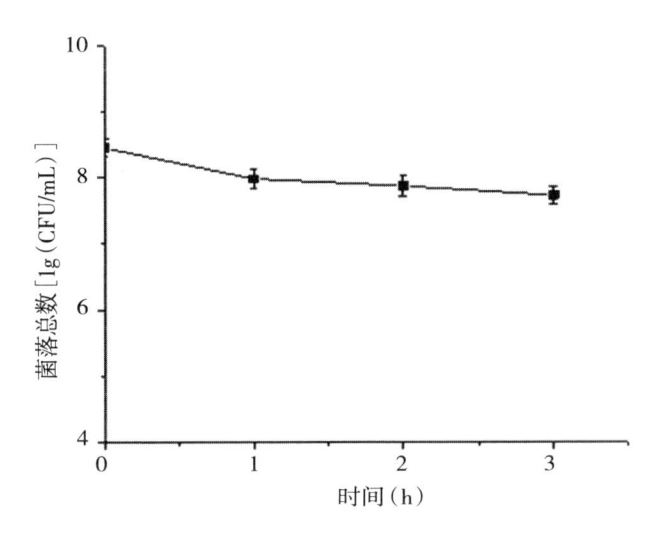

图 3-4 植物乳杆菌 SY-8834 对人工胃液的耐受性

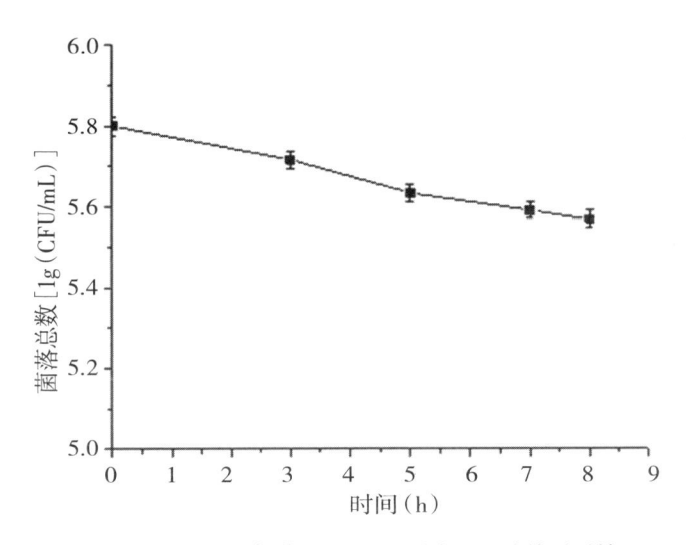

图 3-5 植物乳杆菌 SY-8834 对人工肠液的耐受性

由图 3-5 可知，植物乳杆菌 SY-8834 经人工胃液处理后，在人工肠液中分别作用 3h、5h、7h、8h 后，存活率分别可达到 82.54%、68.25%、63.49%、58.73%，这表明，在模拟小肠中食物消化吸收的时间内，植物乳杆菌 SY-8834 可在肠液中保持一定活性，对肠液的耐受性能较好。

3.4.3 体外降胆固醇试验结果

3.4.3.1 标准曲线

以胆固醇质量浓度（μg/mL）为横坐标，吸光度（OD_{550nm}）为纵坐标绘制曲线（图 3-6）。回归方程为 $y=0.0089x-0.0043$（$R^2=0.9984$），式中：y 为吸光度（OD_{550nm}）；x 为胆固醇的质量浓度/（μg/mL）。

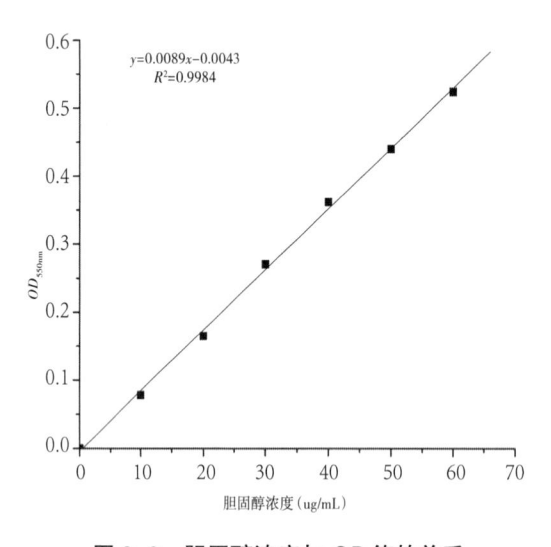

图 3-6 胆固醇浓度与 OD 值的关系

3.4.3.2 不同分布中胆固醇的降解情况

乳酸菌降胆固醇的作用机理一直是讨论的热点。有关乳酸菌降胆固醇机制主要有以下几种：同化作用、共沉淀作用、胆盐水解酶作用。但是随着进一步的研究，乳酸菌降低胆固醇的现象又有了新的解释，如 Nguyen T 等提出了 5 种降胆固醇作用机理，并认为是同时起作用。本试验采用邻苯二甲醛法测定菌体发酵上清液、菌体洗涤液以及细胞破碎液 3 种不同介质中植物乳杆菌 SY-8834 对胆固醇的降解情况。

1—发酵上清液
2—菌体洗涤液
3—细胞破碎液

图 3-7 不同分布中胆固醇降解情况

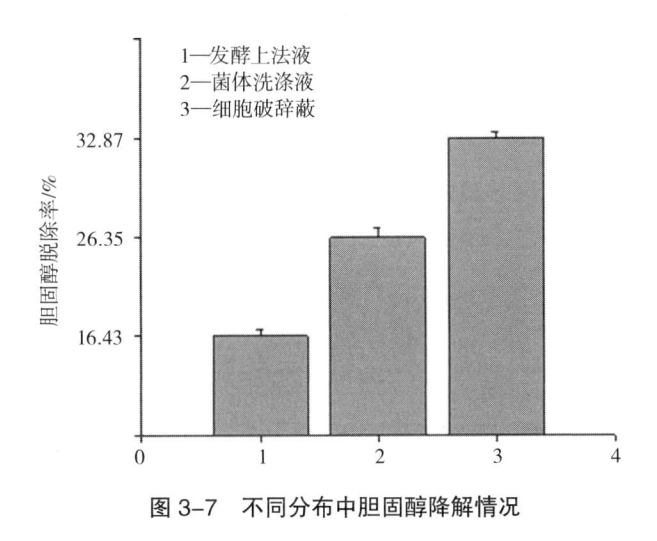

由图 3-7 可知，植物乳杆菌 SY-8834 在不同介质中的胆固醇降解率分别是发酵上清液为 16.43%，菌体洗涤液中为 26.35%，细胞破碎液中为 32.87%，由此胆固醇降解率可间接说明乳酸菌可以同化胆固醇到自身细胞内。

3.4.4 植物乳杆菌降胆固醇作用的小鼠试验结果

3.4.4.1 不同组小鼠的血脂及动脉硬化指数检测结果

收集离心获取小鼠血清，利用 FULLY 全自动生化分析仪检测样品中总胆固醇（TC）、甘油三酯（TG）、高密度脂蛋白胆固醇（HDL-C）的水平。研究发现，与基础饲料组对照比较可以看出，高胆固醇组以及高胆固醇+脱脂乳组小鼠血清胆固醇浓度分别由 4.38mmol/L 上升到 8.38mmol/L，4.35mmol/L 上升到 8.09mmol/L，而高胆固醇+植物乳杆菌 SY-8834 组小鼠血清胆固醇浓度变化为 3.93mmol/L 上升到 7.29mmol/L，虽有增加但相较于其他两个高胆固醇对照组组，小鼠胆固醇水平增长缓慢，经过 28 天的试验周期，胆固醇降解率可达 20.39%。不同组小鼠中胆固醇浓度（mmol/L）变化情况见表 3-6。

表 3-6 不同组小鼠中胆固醇浓度（mmol/L）变化情况

时间（天）	基础组	高胆固醇组	高胆固醇+脱脂乳组	高胆固醇+植物乳杆菌SY-8834 组
1	$2.12 \pm 0.43^{a,A}$	$4.38 \pm 0.68^{a,A}$	$4.35 \pm 0.43^{a,A}$	$3.93 \pm 0.16^{a,A}$
3	$3.94 \pm 0.56^{a,A}$	$5.49 \pm 0.56^{a,A}$	$4.86 \pm 0.57^{a,A}$	$4.69 \pm 0.19^{a,A}$
5	$3.14 \pm 0.52^{a,A}$	$5.61 \pm 0.54^{a,A}$	$6.29 \pm 0.62^{a,A}$	$4.99 \pm 0.37^{a,A}$
7	$3.25 \pm 0.33^{a,A}$	$6.05 \pm 0.55^{b,A}$	$6.35 \pm 0.71^{b,A}$	$5.42 \pm 0.63^{b,A}$
14	$3.33 \pm 0.21^{a,A}$	$7.29 \pm 0.62^{b,B}$	$7.41 \pm 0.69^{b,B}$	$6.44 \pm 0.57^{c,A}$
28	$2.93 \pm 0.17^{a,A}$	$8.38 \pm 0.27^{b,C}$	$8.09 \pm 0.45^{b,C}$	$7.29 \pm 0.33^{c,B}$

注：表中数值表示：均值 ± 标准差（$n=7$）；a, b, c 同一时间内不同组内的差异性（$P < 0.05$）；A, B, C, D 对同一组不同的试验周期间的差异性（$P < 0.05$）。

同时，从血清甘油三酯的变化可以看出，基础饲料组血清甘油三酯水平基本在试验的 28 天中维持稳定，以其为对照，高胆固醇组以及高胆固醇+脱脂乳组血清甘油三酯浓度分别 0.642mmol/L 上升到 1.096mmol/L，0.625mmol/L 上升到 1.078mmol/L，而高胆固醇+植物乳杆菌 SY-8834 组小鼠血清甘油三酯浓度为 0.602mmol/L 上升到 0.832mmol/L，对照高胆固醇组和脱脂乳组，其上升缓慢，经过 28 天的试验周期，血清甘油三酯降解率可达 24.09%，可维持血清甘油三酯稳定。小鼠血清甘油三酯浓度（mmol/L）变化情况见表 3-7。

表 3-7 小鼠血清甘油三酯浓度（mmol/L）变化情况

时间（天）	基础组	高胆固醇组	高胆固醇+脱脂乳组	高胆固醇+植物乳杆菌SY-8834 组
1	$0.620 \pm 0.048^{a,A}$	$0.642 \pm 0.081^{a,A}$	$0.625 \pm 0.046^{a,A}$	$0.602 \pm 0.033^{a,A}$
3	$0.692 \pm 0.028^{a,A}$	$0.652 \pm 0.056^{a,A}$	$0.670 \pm 0.089^{a,A}$	$0.625 \pm 0.019^{a,A}$
5	$0.620 \pm 0.052^{a,A}$	$0.670 \pm 0.071^{a,A}$	$0.626 \pm 0.023^{a,A}$	$0.648 \pm 0.014^{a,A}$
7	$0.746 \pm 0.045^{a,A}$	$0.812 \pm 0.018^{a,B}$	$0.856 \pm 0.074^{a,B}$	$0.756 \pm 0.060^{a,B}$
14	$0.626 \pm 0.038^{a,A}$	$0.968 \pm 0.064^{c,C}$	$0.988 \pm 0.064^{c,C}$	$0.830 \pm 0.029^{b,B}$
28	$0.638 \pm 0.025^{a,A}$	$1.096 \pm 0.095^{c,D}$	$1.078 \pm 0.081^{c,D}$	$0.832 \pm 0.084^{b,B}$

注：表中数值表示：均值 ± 标准差（$n=7$）；a, b, c 同一时间内不同组内的差异性（$P < 0.05$）；A, B, C, D 对同一组不同的试验周期间的差异性（$P < 0.05$）。

此外，由于高密度脂蛋白（HDL-C）可运输胆固醇，促进胆固醇的代谢，我们检测了试验小鼠高密度脂蛋白的变化情况。由试验数据可知，在实验室的第1天、第3天、第5天中，四组小鼠体内的HDL-C变化并不显著，从试验的第7天开始，高胆固小鼠较基础组小鼠HDL-C有所增加，在经过14天的灌胃后，植物乳杆菌SY-8834组小鼠较正常小鼠HDL-C有所增加，促进胆固醇代谢。经过28天的试验周期后，比较发现，灌胃植物乳杆菌SY-8834组可有效增加小鼠体内HDL-C水平，运载组织周围胆固醇，促进胆固醇转化为胆汁酸排出体外，维持体内胆固醇水平。高密度脂蛋白胆固醇浓度（mmol/L）变化情况见表3-8。

表3-8 高密度脂蛋白胆固醇浓度（mmol/L）变化情况

时间（天）	基础组	高胆固醇组	高胆固醇+脱脂乳组	高胆固醇+植物乳杆菌 SY-8834组
1	$0.67 \pm 0.05^{a,A}$	$0.81 \pm 0.06^{a,A}$	$0.85 \pm 0.07^{a,A}$	$0.98 \pm 0.11^{a,A}$
3	$0.65 \pm 0.03^{a,A}$	$0.85 \pm 0.04^{a,A}$	$0.86 \pm 0.07^{a,A}$	$1.12 \pm 0.04^{a,A}$
5	$0.61 \pm 0.04^{a,A}$	$0.88 \pm 0.07^{a,A}$	$0.87 \pm 0.06^{a,A}$	$1.18 \pm 0.06^{a,A}$
7	$0.67 \pm 0.06^{a,A}$	$0.86 \pm 0.07^{b,B}$	$0.90 \pm 0.03^{b,B}$	$1.23 \pm 0.09^{c,B}$
14	$0.64 \pm 0.05^{a,A}$	$0.91 \pm 0.06^{b,B}$	$0.91 \pm 0.08^{b,B}$	$1.38 \pm 0.12^{c,C}$
28	$0.66 \pm 0.04^{a,A}$	$0.91 \pm 0.05^{b,B}$	$0.92 \pm 0.06^{b,B}$	$1.41 \pm 0.18^{c,D}$

注：表中数值表示：均值 ± 标准差（n=7）；a, b, c 同一时间内不同组内的差异性（$P < 0.05$）；A, B, C, D 对同一组不同的试验周期间的差异性（$P < 0.05$）。

动脉粥样硬化指数是国际医学界制定的一个衡量动脉硬化程度的重要指标，数值越小，动脉硬化的程度越轻，引发心脑血管病的危险性就越低。从结果可以看出，喂食高胆固醇组小鼠动脉硬化指数呈持续上升趋势，而灌胃植物乳杆SY-8834组，动脉硬化指数在试验的28天内基本维持不变，略有升高但持稳定趋势。动脉硬化是心脑血管疾病的一个高危因素，其含量由高密度脂蛋白以及胆固醇的含量决定，从上述试验可以看出，灌胃含植物乳杆菌SY-8834组小鼠的血清胆固醇浓度低于高胆固醇对照组小鼠的血清胆固醇浓度，同时HDL-C指标上升，使得AI指标下降，有效的抑制了动脉硬化疾病发生的危险。动脉硬化指数（AI）变化情况见表3-9。

表3-9 动脉硬化指数（AI）变化情况

时间（天）	基础组	高胆固醇组	高胆固醇+脱脂乳组	高胆固醇+植物乳杆菌SY-8834组
1	$4.11 \pm 0.13^{a,A}$	$4.41 \pm 0.35^{a,A}$	$4.12 \pm 0.37^{a,A}$	$3.01 \pm 0.29^{b,A}$
3	$5.06 \pm 0.45^{a,A}$	$5.46 \pm 0.51^{a,A}$	$4.65 \pm 0.66^{a,A}$	$3.18 \pm 0.48^{b,A}$
5	$4.14 \pm 0.53^{a,A}$	$5.38 \pm 0.22^{c,A}$	$6.23 \pm 0.35^{c,B}$	$3.23 \pm 0.47^{b,A}$
7	$3.85 \pm 0.38^{a,A}$	$6.03 \pm 0.62^{c,B}$	$7.06 \pm 0.77^{c,B}$	$4.41 \pm 0.44^{b,B}$
14	$4.20 \pm 0.56^{a,A}$	$7.23 \pm 0.33^{c,C}$	$8.14 \pm 0.49^{c,C}$	$4.67 \pm 0.27^{b,B}$
28	$3.94 \pm 0.39^{a,A}$	$8.21 \pm 0.71^{c,D}$	$7.79 \pm 0.53^{c,D}$	$4.17 \pm 0.35^{b,B}$

注：表中数值表示：均值 ± 标准差（$n=7$）；a, b, c 同一时间内不同组内的差异性（$P < 0.05$）；A, B, C, D 对同一组不同的试验周期间的差异性（$P < 0.05$）。

3.4.4.2 不同组小鼠的肝重比变化

每组小鼠，在第0天、第1天、第3天、第5天、第7天、第14天、第28天分别称重，并取其肝脏称重，计算肝重比值，结果见表3-10。当小鼠被饲喂高胆固醇饲料后，其肝重比显著升高。高胆固醇小鼠灌服植物乳杆菌SY-8834后，其肝重比显著降低。与基础组相比，试验的第1天、第3天、第5天四组试验小鼠的肝重比均无显著变化，从试验第7天开始至试验第28天，高胆固醇组小鼠较基础组小鼠肝重比显著上升。对试验小鼠灌胃含有植物乳杆菌SY-8834的脱脂乳后，试验的第5天起，与高胆固醇组试验小鼠对照，植物乳杆菌SY-8834组小鼠肝重比有明显下降，试验第7天时植物乳杆菌SY-8834组小鼠肝重比降低了6.17%（从5.51降低到5.17），第14天时植物乳杆菌SY-8834组小鼠肝重比降低了13.50%（从6.52降低到5.64），至试验第28天，植物乳杆菌SY-8834组小鼠肝重比降低了20.06%（从7.23降低到5.78）。可见，小鼠采食高胆固醇饲料使小鼠肝重比显著上升，而灌服含植物乳杆菌SY-8834的脱脂乳的小鼠肝重比变化缓慢，基本维持稳定。

表 3-10　不同组小鼠肝重比变化情况

时间（天）	基础组	高胆固醇组	高胆固醇 + 脱脂乳组	高胆固醇 + 植物乳杆菌
1	$4.69 \pm 0.42^{a,A}$	$4.63 \pm 0.71^{a,A}$	$4.68 \pm 0.51^{a,A}$	$4.52 \pm 0.85^{a,A}$
3	$4.59 \pm 0.73^{a,A}$	$4.51 \pm 0.26^{a,A}$	$4.61 \pm 0.14^{a,A}$	$4.56 \pm 0.71^{a,A}$
5	$4.68 \pm 0.43^{a,A}$	$5.48 \pm 0.41^{c,B}$	$5.53 \pm 0.42^{c,B}$	$5.09 \pm 0.56^{b,B}$
7	$4.73 \pm 0.85^{a,A}$	$5.51 \pm 0.73^{c,B}$	$5.67 \pm 0.57^{c,B}$	$5.17 \pm 0.63^{b,B}$
14	$4.75 \pm 0.28^{a,A}$	$6.52 \pm 0.67^{c,C}$	$6.47 \pm 0.36^{c,C}$	$5.64 \pm 0.48^{b,C}$
28	$4.72 \pm 0.95^{a,A}$	$7.23 \pm 0.11^{c,D}$	$7.37 \pm 0.21^{c,D}$	$5.78 \pm 0.74^{b,C}$

注：表中数值表示：均值 ± 标准差（$n=7$）；a, b, c 表格中，在不同组肝重比数据平均值间，标为不同字母的相互差异显著（$P < 0.05$）；A, B, C, D 表格中，在不同试验周期肝重比数据平均值，标为不同字母的相互差异显著（$P < 0.05$）。

3.4.4.3　小鼠肝脏脂类积累情况

饲喂 28 天之后，处死小鼠取其肝脏，观察颜色变化并照相。观察可知，基础组小鼠肝脏颜色呈鲜红色；高胆固醇组和脱脂乳组小鼠饲喂高胆固醇饲料后，其肝脏颜色发生病变，并且肿大；对高胆固醇小鼠灌胃含植物乳杆菌 SY-8834 的脱脂乳后，经过 28 天的试验其肝脏颜色部分恢复，肿大现象减轻。

3.4.4.4　小鼠肠组织的总 RNA 的提取和质量检测

参用标准的 Trizol RNA 提取法提取肠组织中总的 RNA，抽提后经 1% 琼脂糖凝胶电泳，可见 28S RNA、18S RNA 和 5S RNA 电泳条带且清晰，说明完整性好，而且 28S RNA 条带无明显降解（见图 3-8）。说明总 RNA 质量完好，结果合格，可以进行下一步的体内验证试验。

3.4.4.5　Real-time RT PCR 检测小鼠肠道目的基因表达变化结果

本试验利用 Real-time RT PCR 方法对小鼠体内胆固醇代谢相关基因的差异表达进行验证，选取 5 个胆固醇代谢重要基因作为目的基因，并以 GAPDH 作为内参基因，设计跨内含子引物，利用 SYBR Premic ExTaq™ Ⅱ 的 Real-time RT PCR 对各目的基因的 mRNA 表达水平进行验证。结果显示，各个目的基因 mRNA 表达的扩增曲线，均呈现出典型的"S"型，每组平行扩增曲线重合度良好，见图 3-9。溶解曲线出峰一致，杂峰极少，与理论分析的出峰温度基本一致，说明扩增效果较好，准确可信。

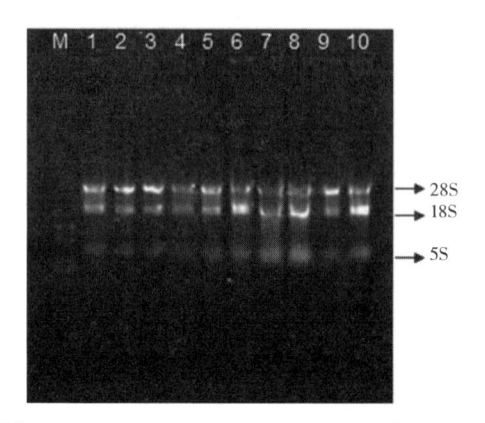

M: marke；1：没有菌作用组的肠组织 RNA；2～10：植物乳杆菌 SY-8834 作用后的肠组织 RNA

图 3-8　总 RNA 琼脂糖凝胶电泳图

植物乳杆菌 SY-8834 作用后的调控基因 mRNA 表达水平变化可通过分析肠组织中各个基因扩增曲线的 Ct 值，同时以 GAPDH 扩增曲线的 Ct 值消除本底模板差异得到量化。利用 Real-time RT PCR 检查肠组织中胆固醇代谢相关基因的相对定量结果，从结果可以看出，5 个基因的 Real-time RT PCR 分析结果得出的基因表达变化情况。

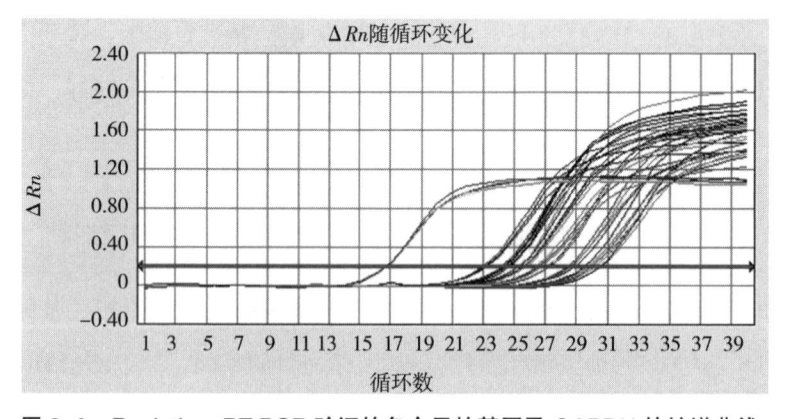

图 3-9　Real-time RT PCR 验证的各个目的基因及 GAPDH 的扩增曲线

LXRs 通路是调节机体内胆固醇和脂类平衡的重要途径，包括 LXRα 和 LXRβ 基因。LXRs 激活剂可以通过调控参与脂代谢的关键酶或重要的转运蛋白，发挥脂类吸收和代谢调控作用。本研究结果发现，由图 3-10 可见，小鼠体内 LXRs 基因被上调表达，说明体内的高胆固醇环境在植物乳杆菌 SY-8834 的作用下，调控机体代谢反应，使得 LXRs 基因被激活，LXRs 被激活后，可起到进一步调控胆固醇代谢关键酶和转运蛋白的作用，维持小鼠体内胆固醇平衡。此研究结果与 Joseph 等的研究结果相符，他们发现 LXRs 激活剂 GW3965 可以诱导小鼠体内 ABCA1 和 G1 上调，降低了模型鼠动脉硬化的程度。同样，LXRs 激活剂可以通过上调细胞中 ABCA1 和 G1 基因，加速细胞中胆固醇的流出。其他的相关报道也显示，LXRs 可以通过调控胆固醇吸收、流出等代谢过程中相关的重要基因，来实现其对胆固醇水平和血脂的调控作用。

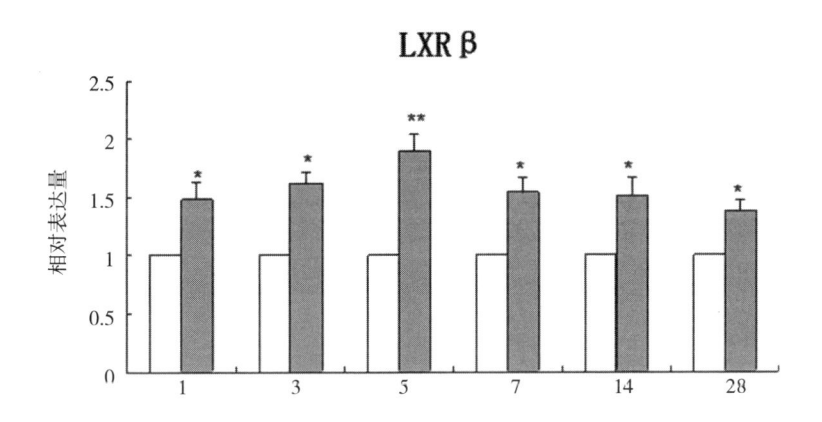

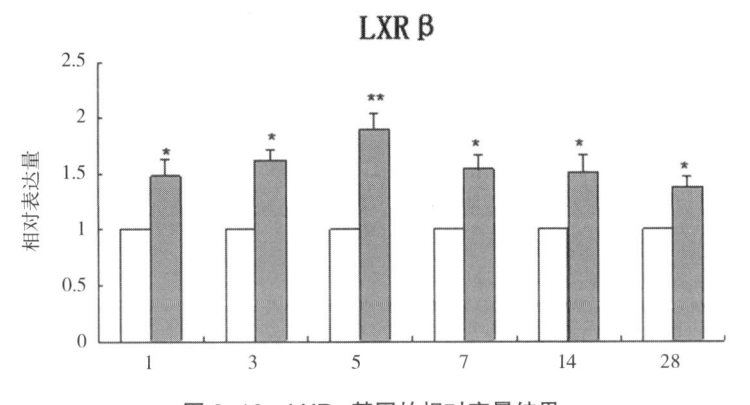

图 3-10　LXRs 基因的相对定量结果

ATP 结合盒转运蛋白 A1（ABCA1）可运输细胞内胆固醇流出进入肝脏，帮助加速胆固醇代谢。同时有学者证明，一定程度上它还可以把胆固醇运回肠腔，从而减少肠道胆固醇的吸收，因此在胆固醇运输中有着重要的调控作用。本研究中，由图 3-11 可知，由于 LXRs 基因表达上调，而 ABCA1 作为胆固醇代谢中的关键转运蛋白，可受 LXRs 所调控而引起上调变化，抑制胆固醇的吸收，从而使得小鼠机体胆固醇水平降低。

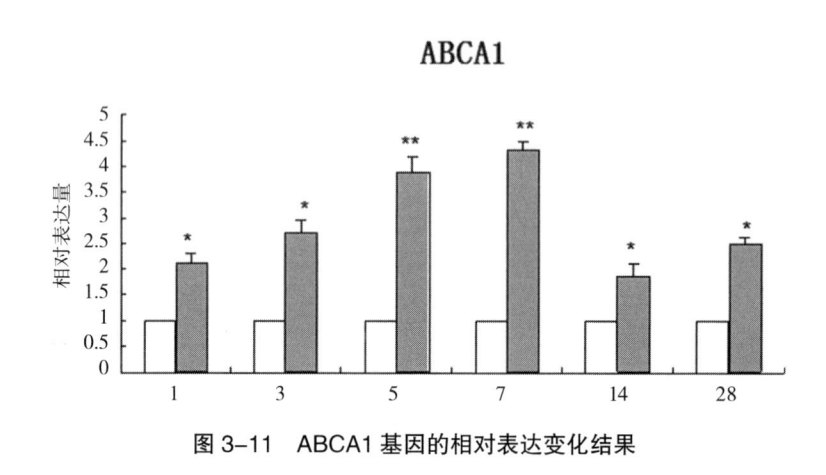

图 3-11　ABCA1 基因的相对表达变化结果

NPC1L1 是细胞胆固醇外源吸收过程中的重要调控者，起着胆固醇从细胞外转运到细胞内的作用，在肠道上皮细胞上表达丰富，控制着肠道中食源性胆固醇的吸收。研究发现乳杆菌能在体外显著下调 NPC1L1，从而抑制了细胞对胆固醇的吸收。本研究结果表明（见图 3-12），NPC1L1 基因被下调，说明植物乳杆菌 SY-8834 调控机体抑制外源性胆固醇的吸收，使得外源性胆固醇难以进入细胞内部，从而使得小鼠血清中胆固醇浓度降低。

β- 羟甲基戊二酰辅酶 A 还原酶（HMGCR）是胆固醇合成中的限速酶，其竞争性活性抑制剂被应用于降胆固醇的他汀类药物。本研究发现（见图 3-13），小鼠体内 HMGCR 基因被显著上调，由于小鼠经过高胆固醇建模，体内属于高胆固醇环境，导致体内胆固醇浓度过高，在这种高胆固醇环境中，HMGCR 基因作为胆固醇合成中的限速酶，上调后抑制胆固醇的自身合成，从而有助于维持胆固醇水平。

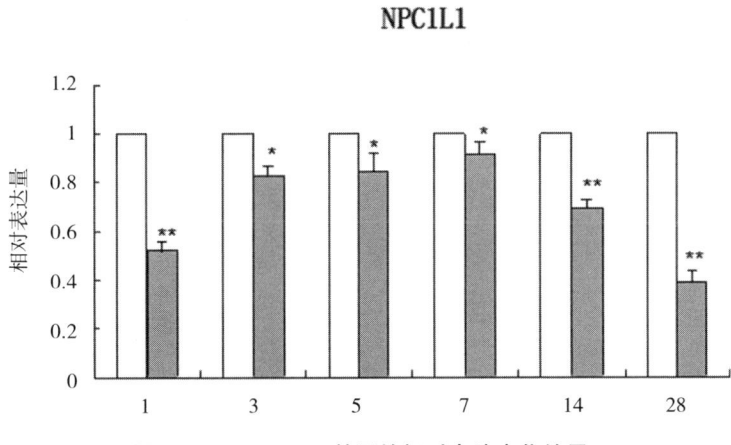

NPC1L1

图 3-12　NPC1L1 基因的相对表达变化结果

HMGCR

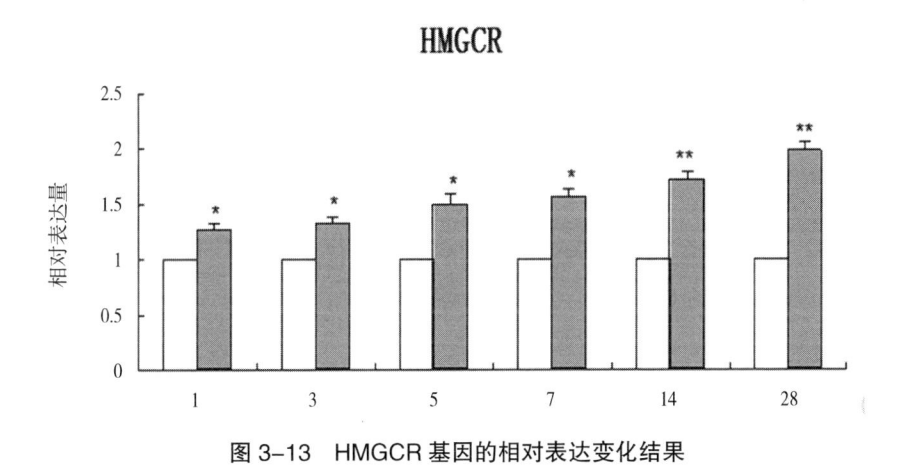

图 3-13　HMGCR 基因的相对表达变化结果

3.4.5　菌体在肠道及粪便中的数量

3.4.5.1　菌体 DNA 的提取

利用细菌 DNA 提取试剂盒提取肠组织中黏附的菌体 DNA 和粪便中菌体的 DNA，经 1% 琼脂糖凝胶电泳，可见 DNA 电泳条带且清晰，全部为单一条带，纯化效果良好（见图 3-14），可以进行下一步的试验。

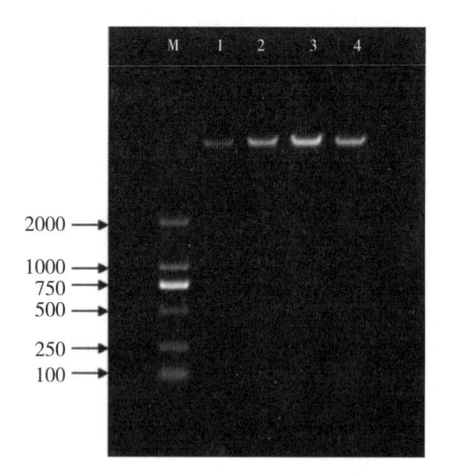

M：Marker；1：粪便中菌体的 DNA；2～4：肠道中菌体的 DNA

图 3-14　DNA 琼脂糖凝胶电泳图

3.4.5.2　利用 Real-time PCR 制作标准曲线

为了检测小鼠肠道及粪便中植物乳杆菌 SY-8834 的数量，我们需要建立菌体浓度与 Ct 值之间的标准曲线。由图 3-15 可以看出，线性方程：$y=-2.9264x+34.99$，R^2 为 0.9942，说明菌体浓度与 Ct 值之间线性关系较好，可以进行下一步试验。

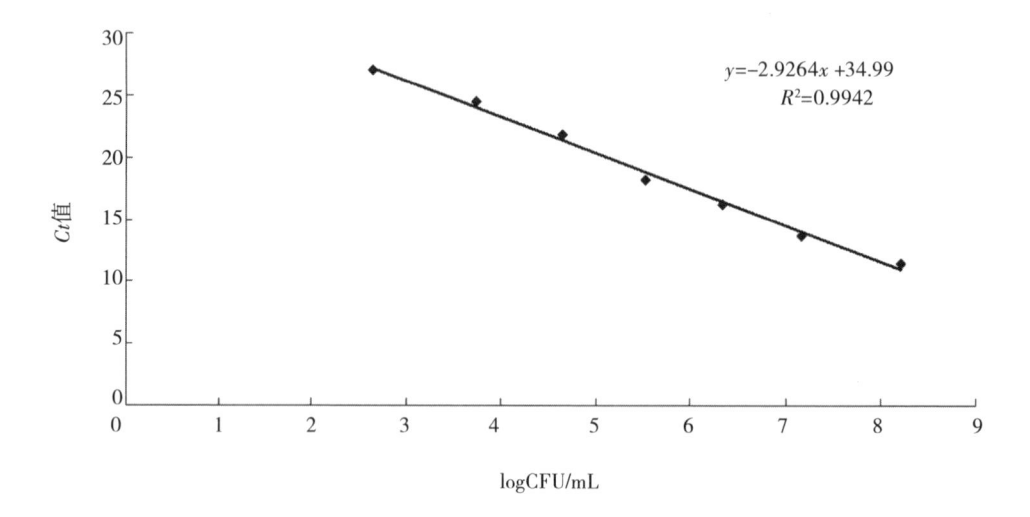

图 3-15　植物乳杆菌 SY-8834 的浓度与 Ct 值的标准曲线

3.4.5.3 肠道和粪便中菌体的数量

利用图3-16中制作的标准曲线和Real-time PCR方法得出的Ct值，我们可以得到肠道及粪便菌体数量变化情况，如图3-16所示。

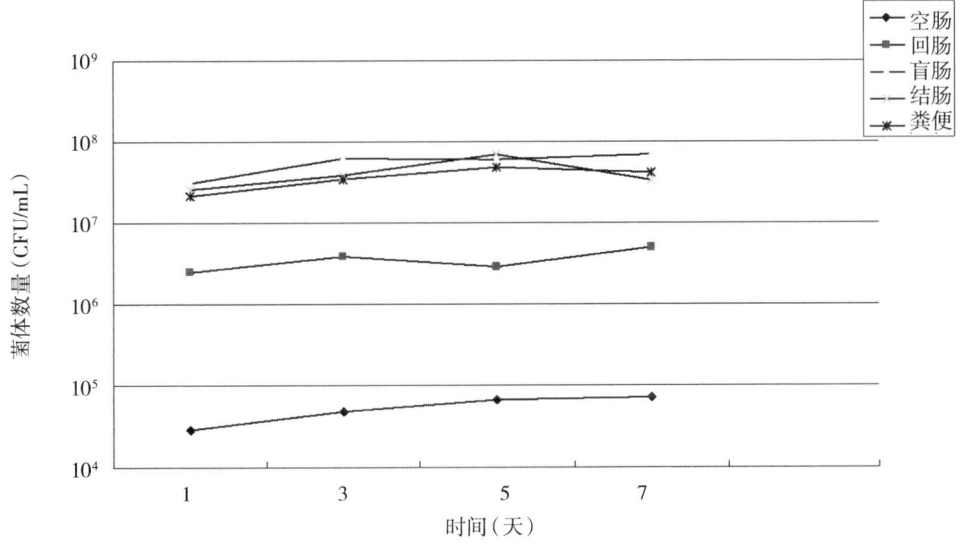

图3-16 肠道及粪便中菌体的数量

由菌数变化图3-16可知，在灌胃7天的过程中并没有引起肠道和粪便中植物乳杆菌SY-8834在数量级上的增加或减少，说明本试验给小鼠灌服的菌体浓度适当，不会引起小鼠肠道中菌体数量的紊乱。在灌胃植物乳杆菌SY-8834的第1天，小鼠肠道和粪便中的菌体数量均呈增长趋势，说明植物乳杆菌SY-8834在灌胃之初定植效果较好。随着灌胃天数的增加，肠道和粪便中菌体的数量有所波动，但无明显差异，说明小鼠肠道和粪便中的菌体数量达到了一个平衡，并不会随着灌胃时间的增加而呈现线性或对数的增长。

3.5 本章小结

本试验在评价了分离自内蒙古传统发酵乳的植物乳杆菌SY-8834体外耐受能力及体内外降胆固醇能力的基础上，通过小鼠体内试验，利用Real-time RT PCR

首先采用体外试验，确定植物乳杆菌 SY-8834 的环境耐受情况，利用邻苯二甲醛法测定其对培养基中胆固醇的降解能力。同时，通过小鼠体内试验，对高胆固醇小鼠灌胃植物乳杆菌 SY-8834 饲喂 1 天、3 天、5 天、7 天、14 天、28 天，研究试验周期内菌体对小鼠血清胆固醇水平和血脂的调控，并利用 Real-time RT PCR 方法检测高胆固醇小鼠灌胃植物乳杆菌 SY-8834 后，小鼠肠道胆固醇代谢相关基因表达变化情况以及在肠道的定植能力。通过上述的研究得出以下的结论：

（1）植物乳杆菌 SY-8834 能耐受 pH 3.0 的酸性环境，pH 2.0 是其生长临界点；能耐受 0.3%（w/v）胆盐环境、高盐环境以及消化道环境，具有一定的生长环境耐受能力。

（2）利用邻苯二甲醛法检测植物乳杆菌 SY-8834 对培养基中胆固醇的降解作用发现，菌体发酵液、菌体洗涤液、细胞破碎液中胆固醇浓度均有所降低，说明植物乳杆菌 SY-8834 具有体外降胆固醇能力。

（3）利用植物乳杆菌 SY-8834 可以有效降低小鼠血清胆固醇水平，同时，减少胆固醇在小鼠肝脏中积累，减轻病变程度。

（4）利用 Real-time RT PCR 方法对小鼠体内胆固醇代谢基因表达进行检测，发现 LXRs、ABCA1、HMGCR 基因显著上调，NPC1L1 基因显著下调，植物乳杆菌 SY-8834 可促进胆固醇排出体外，同时抑制胆固醇吸收，通过对胆固醇代谢相关基因的调控来维持体内胆固醇水平。

（5）利用 Real-time PCR 的方法定量分析了小鼠灌胃 7 天内肠组织和粪便中菌体的数量，初步摸索出菌体在小鼠体内的黏附定植规律，即第 1 天各肠组织以及粪便中菌体的定植数量与对照组相比有所增加，在灌胃期呈现平衡状态。

参考文献

[1] LAUKOVÁ A, MAREKOVÁ M, JAVORSKÝ P. Detection and antimicrobial spectrum of a bacteriocin-like substance produced by Enterococcus faecium CCM4231 [J]. Letters in Applied Microbiology, 1993, 16(5): 257-260.

[2] RODGERS S. Preserving non-fermented refrigerated foods with microbial cultures—a review [J].

Trends in Food Science & Technology, 2001, 12(8): 276–284.

[3] 乌云达来. 广谱抗菌活性 Lactobacillus acidophilus NX2-6 的分离筛选及其抗菌物质的研究 [D]. 南京：南京农业大学，2009.

[4] 张艾青，刘书亮. 天然食品防腐剂 Nisin 及其在乳品工业中的应用 [J]. 中国乳业，2006(11): 57–60.

[5] MALDONADO A, JIMÉNEZ-DÍAZ R, RUIZ-BARBA J L. Induction of plantaricin production in Lactobacillus plantarum NC8 after coculture with specific gram-positive bacteria is mediated by an autoinduction mechanism [J]. Journal of Bacteriology, 2004, 186(5): 1556–1564.

[6] 刘丽，郝彦玲，张红星. 1 株产细菌素植物乳杆菌的筛选及所产细菌素的理化性质分析 [J]. 中国食品学报，2011，11(6):47–52.

[7] TRAVERSA D, IORIO R, OTRANTO D, et al. Species-specific identification of equine cyathostomes resistant to fenbendazole and susceptible to oxibendazole and moxidectin by macroarray probing [J]. Experimental Parasitology, 2009, 121(1): 92–95.

[8] 焦世耀，张兰威，李春. 管碟法测定 nisin 效价的改进 [J]. 食品科学，2005, 26(7): 175–176.

[9] DIEP D B, HÅVARSTEIN L S, NES I F. Characterization of the locus responsible for the bacteriocin production in Lactobacillus plantarum C11 [J]. Journal of Bacteriology, 1996, 178(15): 4472–4483.

[10] REMIGER A, EHRMANN M A, VOGEL R F. Identification of bacteriocin-encoding genes in lactobacilli by polymerase chain reaction (PCR) [J]. Systematic and Applied Microbiology, 1996, 19(1): 28–34.

[11] ANDERSSEN E L, DIEP D B, NES I F, et al. Antagonistic activity of Lactobacillus plantarum C11: Two new two-peptide bacteriocins, plantaricins EF and JK, and the induction factor plantaricin A [J]. Applied and Environmental Microbiology, 1998, 64(6): 2269–2272.

第四章
植物乳杆菌产 $\gamma-$ 氨基丁酸的研究

4.1 植物乳杆菌产 $\gamma-$ 氨基丁酸概述

21世纪初,许多研究通过优化乳酸菌发酵的条件、采用固定化或连续发酵的方式以期获得较高GABA的产量,然而,深入了解乳酸菌合成GABA机理,探究乳酸菌中GABA的代谢途径才能够从根本上控制乳酸菌发酵产生GABA的过程。分子生物学技术手段的快速发展,为探究乳酸菌GABA的代谢途径提供了强有力的技术支持,目前主要的技术手段有基因芯片和高通量测序等。

4.2 植物乳杆菌产 $\gamma-$ 氨基丁酸实验材料

4.2.1 实验菌株

植物乳杆菌SY-8834分离自内蒙古通辽地区的牧民自制发酵酸奶。

4.2.2 主要生化试剂

本实验使用主要生化试剂如表4-1所示。

表4-1 本实验主要试剂

试剂名称	来源
引物	上海Invitrogen公司
细菌/细胞总RNA提取试剂盒	北京天根生化科技有限公司
细菌/细胞总DNA提取试剂盒	北京天根生化科技有限公司
ExScript^{TM} RT PCR 试剂盒	大连宝生物工程有限公司

续表

试剂名称	来源
SYBR Premix Ex Taq™ II	大连宝生物工程有限公司
焦碳酸二乙酯（DEPC）	北京索莱宝生物科技有限公司
核酸酶（DNase I）	大连宝生物工程有限公司
核酸酶抑制剂	大连宝生物工程有限公司
琼脂糖	上海 Invitrogen 公司
DL 2000 DNA marker	北京天根生物技术有限公司
溶菌酶	Sigma 生物试剂有限公司
Tris-Cl	Sankland-Cham 公司
γ-氨基丁酸标准品	Sigma 生物试剂有限公司
磷酸吡哆醛	Sigma 生物试剂有限公司
Na_2EDTA	Sigma 生物试剂有限公司
色谱级甲醇	天津光复精细化工研究所
β-巯基乙醇	Sigma 生物试剂有限公司
氨基酸	Biosharp 公司
硼酸	天津红岩化学试剂厂
四氢呋喃	天津富宇精细化工有限公司
无水乙醇	天津富宇精细化工有限公司
三氯甲烷	天津富宇精细化工有限公司

4.2.3 常用贮备液和培养基的配制

（1）TAE 缓冲液（50×）：Tris-Cl 242g，醋酸 57.1mL，Na_2EDTA·$2H_2O$ 37.2g，去离子水 1000mL，室温保存，使用时稀释 50 倍。

（2）TE 缓冲液：1M Tris-HCl 缓冲液（pH=7.4）100mL，500mM EDTA（pH=8.0）20mL。加入适量去离子水，均匀混合后定容至 1000mL，121℃灭菌 15min，室温保存。

（3）DEPC 水配制：1mL DEPC 加入 1000mL 蒸馏水中混匀，配制后 121℃高压灭菌 30min，室温避光保存。

（4）0.5mol/L 硼酸钾溶液：硼酸 3.1g，氢氧化钾 2.6g。蒸馏水溶解定容至 100mL，硝酸调节 pH 值至 9.4，4℃避光放置，现用现配。

（5）γ-氨基丁酸标准溶液：准确称取 0.5156g γ-氨基丁酸固体粉末加入适量蒸馏水溶解后定容至 100mL，配制成浓度为 50mmol/L 的标准浓储液。用蒸馏水将浓储液分别稀释成 25mmol/L、12.5mmol/L、7.5mmol/L、5mmol/L、1mmol/L、0.25mmol/L，用 0.2μm 滤膜过滤后 -20℃保存。

（6）邻苯二甲醛衍生试剂：准确称取 0.05g 邻苯二甲醛溶解于 1mL 甲醇，加 50μL β-巯基乙醇，用 0.5mol/L 硼酸钾溶液定容至 10mL，4℃避光放置，现用现配。

（7）液相色谱流动相：50mmol/L 乙酸钠 500mL，甲醇 495mL，四氢呋喃 5mL。0.2μm 滤膜过滤，使用前 30min 经超声波脱气处理。

（8）MRS 培养基：蛋白胨 5.0g，牛肉膏 5.0g，酵母粉 5.0g，胰蛋白胨 10.0g，Tween 80 1.0mL，葡萄糖 20.0g。5 种盐溶液 10mL：$K_2HPO_4 \cdot 3H_2O$（20g + 50mL）、$MgCl_2 \cdot 6H_2O$（5.0g + 50mL）、$ZnSO_4 \cdot 7H_2O$（2.5g + 50mL）、$CaCl_2$（1.5g + 50mL）、$FeCl_2$（0.5g + 50mL）。蒸馏水定容至 1000mL，调 pH 至 5.8，121℃灭菌 15min，4℃保存。

（9）化学限定培养基：葡萄糖 20.0g，乙酸钠 4.0g，柠檬酸二钠 1.0g，磷酸氢二钾 2.0g，磷酸二氢钾 0.5g，硫酸镁 0.5g，硫酸锰 0.05g，硫酸铵 0.05g，亚硫酸铁 0.02g，氯化钙 0.2g，Tween 80 1.0mL。

氨基酸：天冬氨酸、丝氨酸、苏氨酸、甘氨酸、精氨酸、丙氨酸、脯氨酸、缬氨酸、甲硫氨酸、亮氨酸、异亮氨酸、色氨酸、苯丙氨酸、赖氨酸、组氨酸、酪氨酸、半胱氨酸、谷氨酰胺、天冬酰胺，以上氨基酸除天冬氨酸为 0.3g，半胱氨酸为 0.4g，其余含量均为 0.2g

维生素：维生素 B_{10}（对氨基苯甲酸）0.5mg，叶酸 0.5mg，烟酸（尼克酸）2.0mg，维生素 B_5（泛酸钙）2.0mg，生物素 1.0mg，核黄素 2.0mg

4.2.4 仪器设备和相关软件

本实验使用的主要仪器和相关软件如表 4-2 所示。

表 4-2　仪器和软件

仪器和软件	来源
各种规格移液器	德国 Eppondorf 公司
BCN1360 型生物洁净工作台	北京东联哈尔仪器制造
7500 Real-time PCR 仪	美国 Applied Biosystems 公司
7000 PCR 扩增仪	美国 Applied Biosystems 公司
DYY-10C 型电泳仪	北京市六一仪器厂
UVP 凝胶成像系统	美国 UVP 公司
Waters 2695 GPC 高效液相仪	美国 Waters 公司
Hypersil ODS2 C18 色谱柱	大连依利特分析仪器有限公司
微量冷冻台式离心机	美国 Sigma 公司
GL-21M 高速冷冻离心机	上海市离心机械研究所
LX- 迷你离心机	海门市其林贝尔仪器厂
XW-80A 型涡旋混匀器	上海医科大学仪器制造
紫外分光光度计 DU800	美国 Beckman 公司
灭菌锅	上海三申医疗器械有限公司
精密电子天平（0.0001g）	瑞士梅特勒—托利多有限公司
Delta320 pH 计	瑞士梅特勒—托利多有限公司
DH-101 恒温鼓风干燥箱	青岛海尔集团公司
Primer Premier 5.0	Premier Bio-soft International, CA, USA
SPSS Statistics	IBM, USA
Windows Excel 2007	Microsoft, USA

4.3　植物乳杆菌产 γ- 氨基丁酸实验方法

4.3.1　菌株产 γ- 氨基丁酸条件的优化及筛选

4.3.1.1　菌株活化

（1）从 -80℃菌种库中取经过鉴定的冻存菌株，按 2% 接种到 5mL 新鲜 MRS

培养基中，30℃静置培养 12h。

（2）用接菌环蘸取培养菌液一环于 MRS 固体平板上进行分区，30℃静置培养 36～48h 后挑取单菌落。

（3）单菌落接种至 5mL 新鲜 MRS 培养基中，30℃静置培养 12h。

（4）菌液按 2% 接种到 50mL 新鲜 MRS 培养基中，30℃静置扩大培养 12h。

4.3.1.2　单因素优化

1. 发酵初始 pH 的优化

具体操作如下：

（1）配制 pH 分别为 4.0、4.2、4.5、5.0、5.8、6.0、6.8 的 MRS 培养基，分装于 200mL 三角瓶中，高温高压灭菌，4℃备用。每个 pH 条件设置 3 个平行。

（2）将菌株进行活化后，按照 3% 接种至 200mL 含有 100mM L-MSG 和 20μM 的 PLP，37℃静置厌氧发酵 24h。

（3）发酵液 4℃，12000r/min 离心 10min，取上清，放于 4℃环境中备用，待高效液相色谱检测其中 γ- 氨基丁酸含量。

2. 底物 L- 谷氨酸钠添加量的优化

具体操作如下：

（1）将菌株进行活化后，按照 3% 接种至 200mL MRS 中，同时添加 0mM、25mM、50mM、75mM、100mM、125mM、150mM、20mM 的 L-MSG 和 20μM 的 PLP，37℃静置厌氧发酵 24h。

（2）发酵液 4℃，12000r/min 离心 10min，取上清，放于 4℃环境中备用，待高效液相色谱检测其中 γ- 氨基丁酸含量。

3. 辅酶磷酸吡哆醛添加量的优化

具体操作如下：

（1）将菌株进行活化后，按照 3% 接种至 200mL MRS 中，同时添加 0μM、10μM、20μM、60μM、100μM、140μM、200μM 的 PLP 和 100mM 的 L-MSG，37℃静置厌氧发酵 24h。

（2）发酵液 4℃，12000r/min 离心 10min，取上清，放于 4℃环境中备用，待高效液相色谱检测其中 γ- 氨基丁酸含量。

4. 发酵温度的优化

（1）将菌株进行活化后，按照 3% 接种至 200mL MRS 中，同时添加 100mM 的 L-MSG 和 20μM 的 PLP，分别在 25℃、30℃、35℃、37℃、40℃、42℃ 静置厌氧发酵 24h。

（2）发酵液 4℃，12000rpm 离心 10min，取上清，放于 4℃ 环境中备用，待高效液相色谱检测其中 γ- 氨基丁酸含量。

5. 钙离子添加量的优化

（1）将菌株进行活化后，按照 3% 接种至 200mL MRS 中，同时添加 100mM 的 L-MSG 和 20μM 的 PLP。培养基中再分别添加 0mM、5mM、10mM、15mM、20mM、30mM 的氯化钙，37℃ 静置厌氧发酵 24h。

（2）发酵液 4℃，12000rpm 离心 10min，取上清，放于 4℃ 环境中备用，待高效液相色谱检测其中 γ- 氨基丁酸含量。

4.3.1.3 γ- 氨基丁酸含量的测定

发酵上清液中的 γ- 氨基丁酸采用高效液相色谱法进行测定。γ- 氨基丁酸与衍生剂邻苯二甲醛（OPA）能够反应生成具有较强紫外活性化合物，该衍生物可以溶于流动相溶液中，C18 反向高效液相色谱柱能够对其实现有效分离，同时采用紫外检测器检测，根据保留时间对其定性分析，利用峰面积和标准曲线法对其间接定量分析。

1. 发酵液的前处理

菌株在不同条件发酵 24h 后，4℃ 下 12000rpm 冷冻离心 30min；离心后，取 1mL 上清液至无菌 EP 管中；0.22μm 滤膜过滤，-20℃ 备用。

2. 待测样品衍生

使用无菌注射器吸取处理好的发酵上清液样品 80 μL，加入衍生溶液 800μL，充分混合均匀后，使用 0.22μm 滤膜进行过滤，在室温反应 1min 后，备用检测。

3. 色谱条件

液相色谱仪：Waters 2695 GPC；色谱柱：Hypersil ODS2 C18（4.6mm×250mm，5μm）；流动相：醋酸钠缓冲液（0.05 M）：甲醇：四氢呋喃 =50：49：1；流速：

1mL/min；紫外检测波长：338nm；洗脱时间：12min；柱温：30℃。

4. 标准曲线的绘制

将 γ-氨基丁酸标准品配制成 25mM、12.5mM、7.5mM、5mM、1mM、0.25mM 的梯度浓度，按照上述的衍生方法与色谱条件进行测定，然后以标准品浓度为横坐标，以出峰面积为纵坐标绘制标准曲线。

5. 精密度实验

随即选取经处理后的菌株发酵上清液进行精密度实验，按照上述方法进行柱前衍生并进行高效液相色谱测定，比较同一样品同一天内连续 3 次测定结果的差别和连续三天测定结果的差别。

6. 回收率实验

（1）精确称取 γ-氨基丁酸标准品加入到 MRS 培养基中，使其终浓度为 15mM。

（2）30℃静止放置 12h，使用 4℃，12000rpm 冷冻离心 30min。

（3）离心后小心取得 1mL 发酵液至无菌 EP 管中。

（4）0.22μm 滤膜进行过滤。

（5）按照上述方法进行柱前衍生并进行 HPLC 测定，通过比较标准品的回收情况，确定其回收率。

4.3.1.4　正交设计筛选影响因素

为确定影响菌株产 γ-氨基丁酸的主次因素，并从其中筛选出最重要的因素，根据单因素优化的结果，进行五因素三水平的正交设计实验。正交设计方案见表 4-3。

表 4-3　正交设计因素及水平确定

	因素	A. 发酵初始 pH	B. L-MSG 浓度（mM）	C. PLP 浓度（μM）	D. 发酵温度（℃）	E. 钙离子添加量（mM）
水平	1	5.0	100	60	30	0
	2	5.5	125	100	37	10
	3	6.0	150	140	43	20

4.3.2 转录组测序确定 γ-氨基丁酸代谢途径

4.3.2.1 L-谷氨酸钠诱导发酵

1. 对比发酵

冻存菌株经 MRS 固体培养基平板三区划线得到单菌落，挑取单菌落至 4mL MRS 液体培养基 30℃纯培养 12h，连续扩大培养两代后得到的种子用于发酵。发酵培养基采用化学限定培养基，发酵体系为 2 L，发酵初始 pH 值为 5.5，发酵温度为 37℃，发酵时间 72h。诱导组中额外添加 100mM L-MSG，对照组除不添加 L-MSG 外，其他发酵条件均同于诱导组。

2. pH 监测

自发酵起始，每隔 2h 分别检测诱导组和对照组发酵液的 pH 值，每个时间点平行测三次，结果取平均值，绘制 pH 值变化曲线。

3. 生物量监测

自发酵起始，每隔 2h 分别无菌取诱导组和对照组适量发酵液，检测其 OD 600 值，每个时间点平行测三次，结果取平均值，绘制生物量变化曲线。

4.3.2.2 转录组测序时间点的确定

自发酵起始，分别于 8h、12h、24h、36h、48h、60h、72h 七个时间点无菌取诱导组和对照组适量发酵液，检测上述时间点发酵液中 γ-氨基丁酸含量。

4.3.2.3 菌体总 RNA 提取

菌体中 RNA 的提取采用离心吸附柱法，具体操作步骤如下：

（1）取经适当时间发酵的菌体 1mL（活菌数约为 3.0×10^8），4℃ 12000r/min 离心 2min 收集菌体，生理盐水洗涤菌体两次，仔细吸取上清。

（2）每 1mL 菌泥中加入 100μL 含 3mg/mL 溶菌酶的 TE 缓冲液，充分混合，37℃高速震荡 15min，以裂解菌体。

（3）经初步裂解的菌液继续加入 350μL 裂解液（其中含有 β-巯基乙醇），

涡旋震荡 1min 后，常温 12000rpm 离心 1min，取上清至另一离心管中。

（4）上清液中加入 250μL 无水乙醇，反复吹吸混匀，将混合液转移至吸附柱中，常温 12000rpm 离心 1min，弃掉废液。

（5）向吸附柱加入 350μL 去蛋白液，常温 12000rpm 离心 1min，弃掉废液。

（6）向吸附柱中央逐滴加入 DNase Ⅰ 工作液，室温静置 15min。

（7）向吸附柱加入 350μL 去蛋白液，常温 12000rpm 离心 1min，弃掉废液。

（8）向吸附柱加入 500μL 漂洗液，室温放置 2min，常温 12000rpm 离心 1min，弃掉废液。

（9）重复步骤 8。

（10）常温 12000rpm 离心 2min，弃掉废液，室温放置数分钟，以彻底晾干吸附材料中残余的漂洗液。

（11）将吸附柱转移至另一离心管中，向中央部位悬空逐滴加入 40 μL 无 RNase 的双蒸水，室温放置 2min，常温 12000rpm 离心 2min，得到的 RNA 于 –80℃ 保存。

4.3.2.4　RNA 完整性和纯度的初步检测

取 5 μL RNA 样品进行 1% 琼脂糖凝胶电泳，在紫外灯下观察 23S RNA、16S RNA 和 5S RNA，对所提取 RNA 的完整性进行检测。

狭缝比色皿用 0.1% DEPC 水清后，用 DEPC 水作为空白调零。用 DEPC 水将 5 μL RNA 样品稀释 20 倍后，检测 230nm、260nm 和 280nm 处的紫外分光光度值，每组重复检测 3 次，取平均值，通过得出 OD230/OD260 和 OD260/OD280 的比值，判断核酸提取的纯度。利用公式：RNA =（OD260）× N（样品稀释倍数）× 40/1000，计算出 RNA 浓度（μg/μL）。

4.3.2.5　转录组测序

1.RNA 样品质量检测

（1）琼脂糖凝胶电泳分析 RNA 降解程度及是否有污染。

（2）NanoDrop 检测 RNA 纯度（OD230/OD260 和 OD260/OD280）。

（3）Qubit2.0 精确定量 RNA 浓度。

（4）安捷伦 2100 精确检测 RNA 的完整性。

2. cDNA 文库构建

（1）RNA 样品检测合格后，去除总 RNA 中的 rRNA，富集 mRNA。

（2）加入 fragmentation buffer 将 mRNA 打断成短片段，以短片段 mRNA 为模板，采用随机引物 random hexamers 合成 cDNA 第一条链。

（3）加入缓冲液、dNTPs 和 DNA polymerase Ⅰ 合成第二条链 cDNA 链，随后利用 AMPure XP 磁珠对双链 cDNA 进行纯化。

（4）纯化的双链 cDNA 进行末端修复，添加腺苷酸尾结构，并连接测序接头，然后再用 AMPure XP 磁珠片段大小进行筛选。

（5）消化第二条 cDNA 链，并进行 15 个循环的 PCR 富集，得到最终 cDNA 文库，构建原理如图 4-1 所示。

3. 文库质量检测及上机测序

文库构建完成后，先使用 Qubit2.0 进行初步定量，稀释文库浓度至 1ng/uL，随后使用安捷伦 2100 对文库中插入片段进行检测，达到预期标准后，使用 q-PCR 方法对文库的有效浓度进行准确定量（文库有效浓度应大于 2nM），以保证文库质量。

库检合格后，将不同文库按照有效浓度及目标下机数据量的需求，分割测序区域后，进行 HiScq 测序。

4. 参考基因组的选择

在生物学信息分析中需要将测序得到的信息与已知物种的参考序列或参考基因组进行比对，由于植物乳杆菌 SY-8834 在 NCBI 数据库中没有全基因测序的相关信息，因此需要选择与植物乳杆菌 SY-8834 遗传信息相似的物种作为参考比对物种。

根据相关文献报道，选择 4 个乳酸菌的持家基因 GADPH、hsp60、ropA 和 pheS 按 4.3.2.3 中的反应体系和扩增程序进行 PCR 扩增，扩增产物测序后进行 NCBI-BLAST 比对。各基因引物如表 4-4 所示。

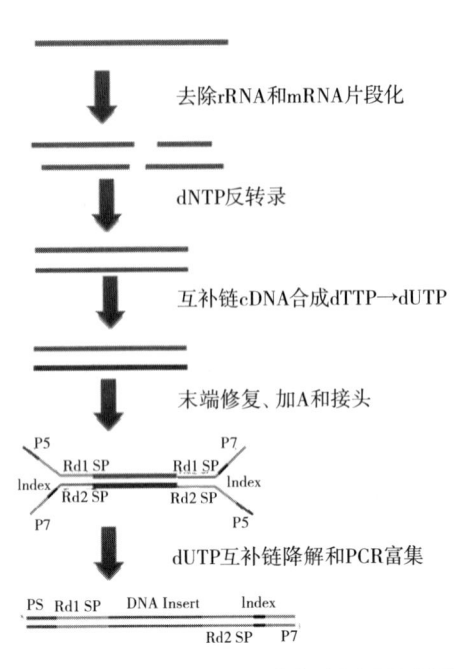

图 4-1 cDNA 文库构建原理示意图

表 4-4 乳酸菌持家基因引物信息

基因	碱基序列（5'→3'）	温度（℃）	大小（bp）
GADPH	CAATCATCAGCATCCCAAAT	55.5	20
	TGACGATCACGCCAAACG	58.9	18
hsp60	GAATTCGAIIIIGCIGGIGA（TC）GGIACIACIC	—	35
	CGCGGGATCC（TC）（TG）I（TC）（TG）ITCICC（AG）AAICCIGGIGC（TC）TT	—	54
ropA	ATGATYGARTTTGAAAAACC	—	20
	ACHGTRTTRATDCCDGCRCG	—	20
pheS	CAYCCNGCHCGYGAYATGC	—	19
	GGRTGRACCATVCCNGCHCC	—	19

5. 生物学信息分析

获得原始测序序列后，在相关物种的参考基因组下进行生物信息分析，具体分析流程如图 4-2 所示。

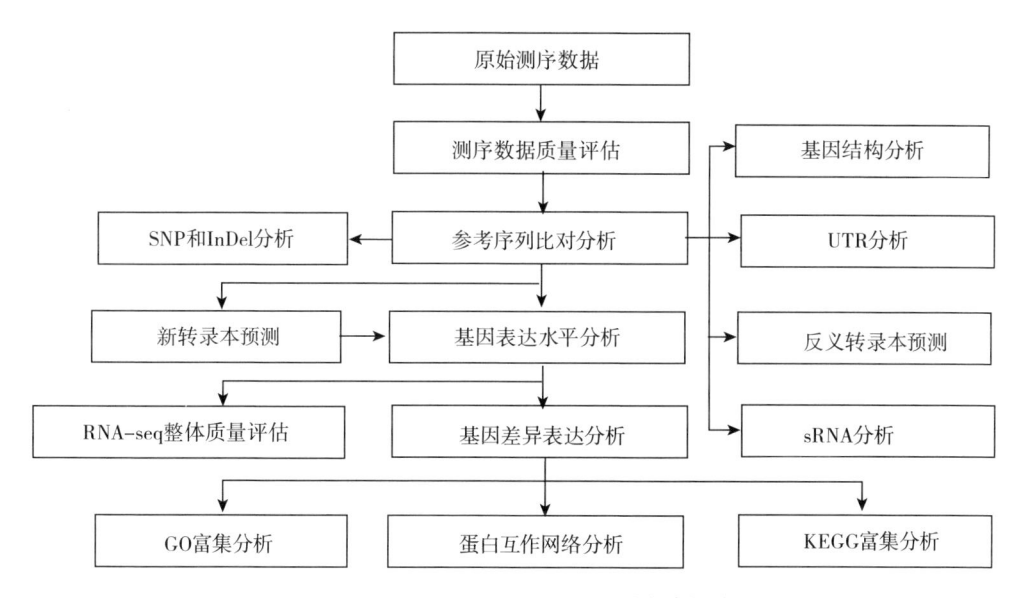

图 4-2 转录组测序生物学信息分析内容及流程

4.3.3 γ-氨基丁酸相关代谢通路中关键基因的定量分析

4.3.3.1 cDNA 的合成

将转录组测序保留的 RNA 样品按 PrimerScript™ RT 试剂盒说明书并加以改进，将其反转录成 cDNA，在冰盒上配置如下反转录反应体系：

5 × PrimerScript™ Buffer	4.0 μL
PrimerScript™ RT Enzyme Mix I	1.0 μL
Random 6mers	1.0 μL
Oligo dT Primer	1.0 μL
RNA 样品	3.0 μL
RNase Free dH$_2$O	加至 20.0 μL

RT-PCR 反应条件：37℃，15min；85℃，5s。

4.3.3.2 实时荧光定量 PCR

对经反转录得到 cDNA 进行实时荧光定量 PCR 反应（SBYR Green 荧光染料法），针对转录组测序筛选得到的经 L-MSG 诱导后表达量存在明显差异的基因进行定量分析，利用 Primer 5.0 软件设计各基因特异性上下游引物，具体序列见表 4-5。

依据试剂盒说明书在冰上配制实时荧光定量 PCR 反应体系，具体如下：

SYBG Premix Ex Taq Ⅱ（2x）	10.0 μL
PCR Forward Primer（10μmol/L）	0.80 μL
PCR Reverse Primer（10μmol/L）	0.80 μL
ROX Reference Dye Ⅱ	0.40 μL
DNA 模板	2.0 μL
ddH_2O	加至 20.0 μL

使用 ABI/7500 系统对目的基因进行 PCR 扩增，反应条件如下：95℃，10s 预变性；95℃，5s；60℃，34s，40 个循环。每次基因扩增均进行扩增产物的溶解曲线分析，以确定扩增产物的特异性和纯度。基因表达量的相对定量均采用 GAPDH 作为内参基因，所有待测样品均设 3 个重复，并用去离子水代替 DNA 模板作为阴性对照。分析各基因的 Ct 值，计算出变化后的 $-\Delta\Delta Ct$ 值，利用 $2^{-\Delta\Delta Ct}$ 法对目的基因的表达量进行评估。

表 4-5 差异基因引物信息

基因	碱基序列（5′→3′）	温度（℃）	大小（bp）
gabT	GATTCATTACACGCCAGCAT	54.2	20
	AACCATTGAGACCAAGAATA	54.5	20
PTS	ATCTATGAAATCGCTGTCT	46.4	19
	AATCCACCAATGTCGCAT	46.5	18
fruK	CTCGGCTTTATCGGTGGG	58.7	18
	CTTCTGTAACGCTGGGCG	59.3	18

续表

基因	碱基序列（5′→3′）	温度（℃）	大小（bp）
fruA	CTTCTGTAACGCTGGGCG	49.9	18
	GCTTTATCGGTGGGTTTA	50.2	18
pdhD	AAGAAGCATAAGGTGGAAGT	50.9	20
	CAAGGGTAAACGACCATT	51.0	18
pdhC	CACAACCGACTGGAACCC	56.0	18
	TCACTCACGCAACTACCG	54.0	18
pdhB	CGATTAGAACTCGGGTCA	50.9	18
	AACAACTGAATGCCTGGAA	50.0	19
pdhA	GGAGTGGCTTTAGGGATT	51.2	18
	ACTTTGCGACTGTATGGC	52.7	18
poxl	TCCCGCTTACTTAGGTTC	50.0	18
	TCCCGCTTACTTAGGTTC	49.7	19
pflB	ACACGCATCACCTCTATC	47.1	18
	CTACCCTACGTGAACTTG	50.3	18
pflA	AAGCCAAGGCGATGAATA	53.8	18
	AAGCAGTGCAGGACCAAG	53.8	18
accD	TCAAGCACCCACTCAACG	55.1	18
	ATTGTGATTATGGGTTTCG	55.6	18
FabF	CCCCTCGGTAATAGTGTTG	52.8	19
	TGTTCTCAGGGTTTGCTCA	51.3	19
gadB	ATAAGGTCGTTACTCACTACAA	49.2	22
	TGGGAAATACTAAATGCG	49.5	19
GADPH	CAATCATCAGCATCCCAAAT	55.5	20
	TGACGATCACGCCAAACG	58.9	18

4.4 植物乳杆菌产 γ- 氨基丁酸结果与分析

4.4.1 γ- 氨基丁酸产量优化及最佳发酵条件

4.4.1.1 高效液相色谱法检测不同发酵条件下发酵液中的 γ- 氨基丁酸

1. 标准曲线的绘制

按 4.3.1.3 的衍生方法和色谱条件进行测定，每个标准品浓度检测三次，结果取平均值。γ- 氨基丁酸标准品色谱峰图如图 4-3 所示，图中显示 γ- 氨基丁酸在上述色谱条件下出峰的保留时间为 5.76min 左右。以 γ- 氨基丁酸标准品浓度为横坐标，以各自浓度峰面积为纵坐标绘制标准曲线，如图 4-4 所示。

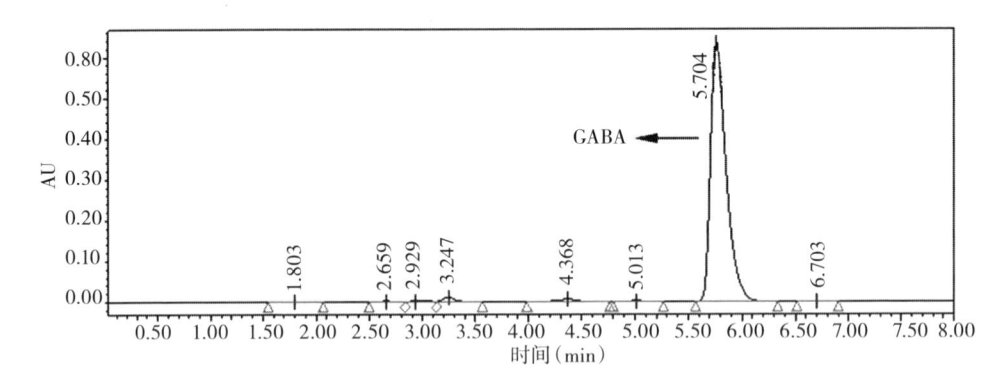

图 4-3 γ- 氨基丁酸高效液相色谱图

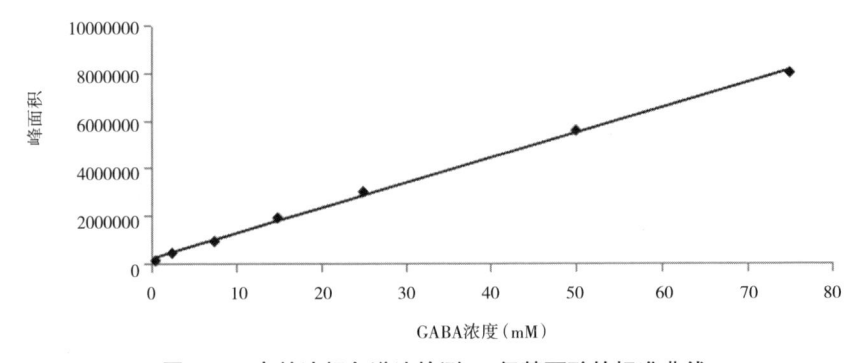

图 4-4 高效液相色谱法检测 γ- 氨基丁酸的标准曲线

当标准品浓度为 0.25～75mM 范围内时，标准曲线的线性回归方程 $y=106056x+178095$，其中 y 为峰面积，x 为标准品浓度（mM），相关系数 $R^2 = 0.9994$，说明标准品浓度与对应出峰面积呈现良好的线性关系，可用于发酵液中 γ- 氨基丁酸的定量计算。

2. 精密度和回收率

为考察上述检测方法的重现性和可行性，分别进行了紧密度和回收率实验。精密度实验对一天内同一样品连续三次进样后，测得的 RSD 为 0.72%；连续三次同一样品进样测得的 RSD 为 2.3%，以上数据说明该检测方法的重现性较好。

同时测定 MRS 液体培养基的加标回收率，即将已知浓度的 γ- 氨基丁酸标准品添加到空白的 MRS 液体培养基中，经过相同的发酵处理，并按照同样的衍生方法和色谱条件连续三次进样测定，根据提取回收率计算公式得到该检测方法 γ- 氨基丁酸的回收率为 85.19%。

3. 发酵液中 γ- 氨基丁酸含量的检测

按条件发酵的发酵液经前处理后，采用邻苯二甲醛柱前衍生法对其中 γ- 氨基丁酸含量，发酵液色谱峰图如图 4-5 所示。图中显示，目标物质的保留时间为 5.91min，与 γ- 氨基丁酸标准品在相同色谱条件下的保留时间接近，且临近保留时间没有色谱峰，因此将保留时间为 5.91min 的色谱峰定性为 γ- 氨基丁酸的色谱峰。同时，5.91min 色谱峰峰形对称且尖锐，与其他色谱峰的保留时间相隔较远，说明衍生方法及色谱条件能够实现对发酵样品中 γ- 氨基丁酸的有效分离和定量检测。

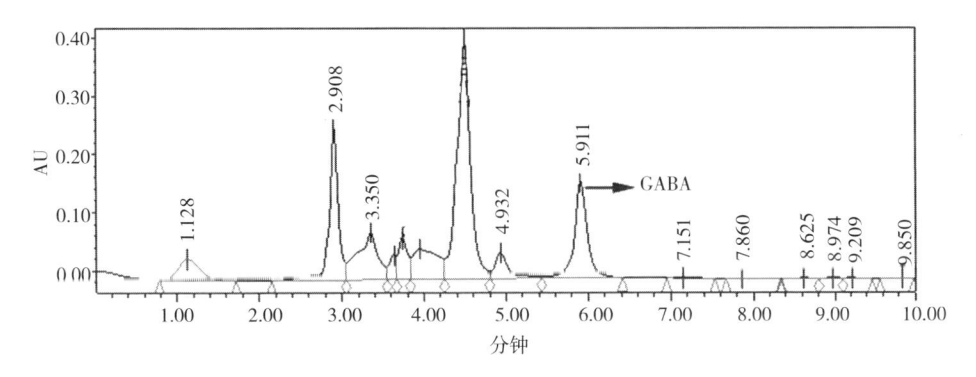

图 4-5 γ- 氨基丁酸高效液相色谱图

4.4.1.2 单因素优化

1. 发酵初始 pH 值的优化

活化后的菌株接种于 pH 值分别为 4.0、4.2、4.5、5.0、5.8、6.0、6.8 的 MRS 培养基中，37℃发酵 24h。发酵液离心取上清液，高效液相色谱法检测其中 γ-氨基丁酸含量，结果如图 4-6 所示。

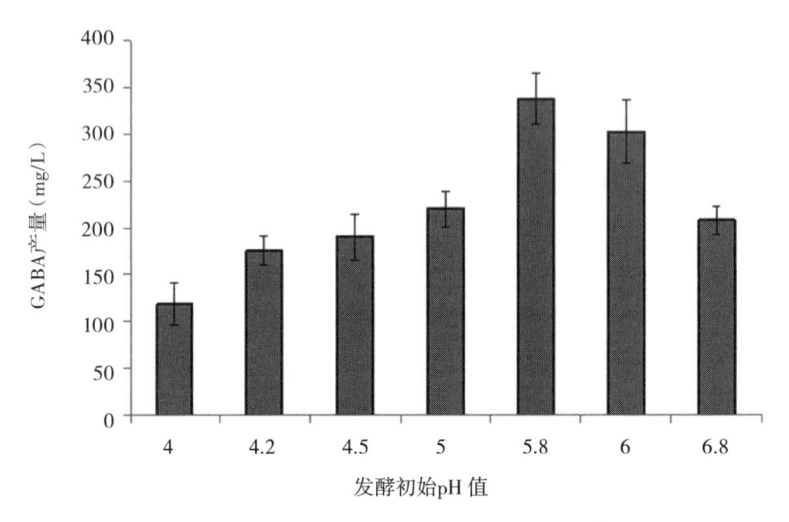

图 4-6 不同发酵初始 pH 值发酵后 GABA 含量

结果显示，发酵初始 pH 值对菌株产 GABA 的量有明显影响。随 pH 值逐渐升高，菌株合成 GABA 的量呈现先升高后下降的趋势，当 pH 值为 5.8 时，GABA 的产量最高为 337.66mg/L，因此，选择 pH 5.8 为后续单因素优化实验的发酵初始 pH 值。

2. 底物 L-谷氨酸钠添加量的优化

活化后的菌株接种在 MRS 培养基中，其中 L-MSG 的浓度分别为 0mM、25mM、50mM、75mM、100mM、125mM、150mM、200mM，37℃发酵 24h。发酵液离心取上清液，高效液相色谱法检测其中 γ-氨基丁酸含量，结果如图 4-7 所示。

结果显示，培养基中底物 L-MSG 的添加量能够显著影响菌株积累 GABA 的量。随底物添加量逐渐增加，发酵液中 GABA 的含量呈现先升高后下降的趋势，当培养基中底物为 125mM 时，GABA 的积累量达到最大值为 381.86mg/L，为没有添加底物发酵液中 GABA 含量的 5.43 倍。因此，选择 125mM 为后续单因素优化实验的底物添加浓度。

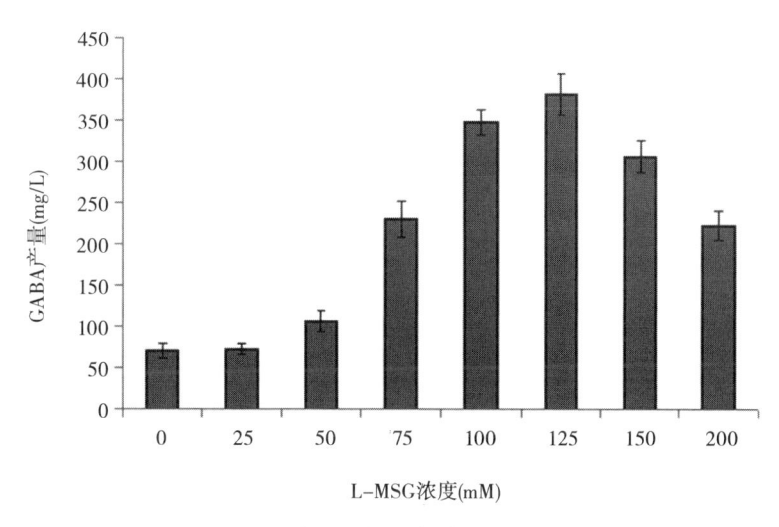

图 4-7　同底物添加量发酵后 GABA 含量

3. 辅酶磷酸吡哆醛添加量的优化

活化后的菌株接种在含有 125mM L-MSG 的 MRS 培养基中，同时分别添加 0μM、10μM、20μM、60μM、100μM、140μM、200μM，37℃发酵 24h。发酵液离心取上清液，高效液相色谱法检测其中 γ-氨基丁酸含量，结果如图 4-8 所示。

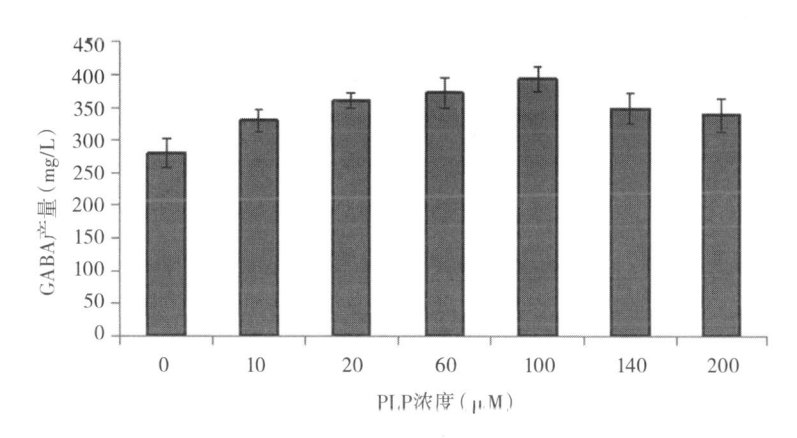

图 4-8　不同辅酶添加量发酵后 GABA 含量

结果显示，辅酶PLP对GABA的积累量有影响，但不如发酵初始pH值和底物浓度对其积累量的影响明显。随辅酶添加量逐渐增大，GABA积累量缓慢升高后又逐渐下降，在辅酶浓度为100μM时达到最大积累量，因此选择该浓度为后续单因素优化实验的辅酶添加浓度。

4. 发酵温度的优化

活化后的菌株接种在含有125mM L-MSG和100μM PLP的MRS培养基中，分别在25℃、30℃、35℃、37℃、40℃、42℃发酵24h。发酵液离心取上清液，高效液相色谱法检测其中γ-氨基丁酸含量，结果如图4-9所示。

结果显示，不同发酵温度对菌株产GABA的量有明显影响。温度较低时，GABA的积累量较低，随着温度逐渐升高，GABA的产量也明显升高，当温度为37℃时，最高产量为393.38mg/L，温度继续升高后，GABA的产量有所减少，当发酵温度为42℃时，其积累量仅为228.85mg/L。

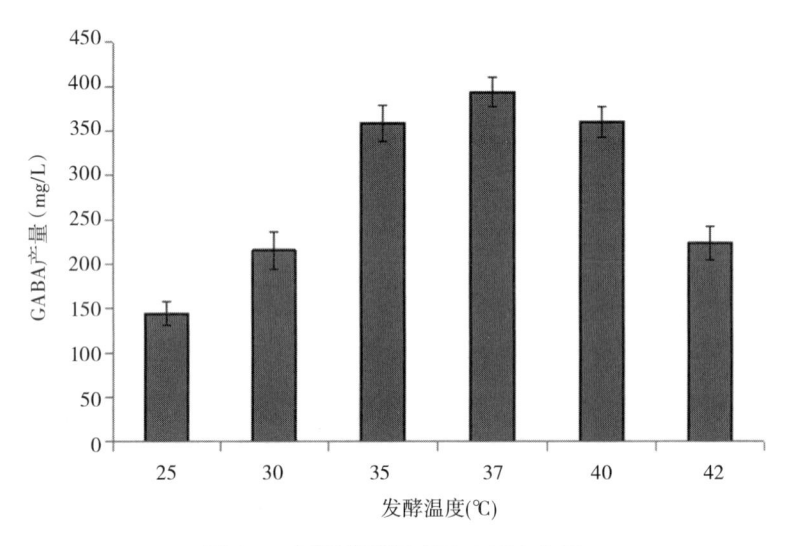

图4-9 不同发酵温度下GABA含量

5. 钙离子添加量的优化

活化后的菌株接种在含有125mM L-MSG和100μM PLP的MRS培养基中，同时添加0mM、5mM、10mM、15mM、20mM、30mM的氯化钙，37℃发酵24h。发酵液离心取上清液，高效液相色谱法检测其中γ-氨基丁酸含量，结果如图4-10所示。

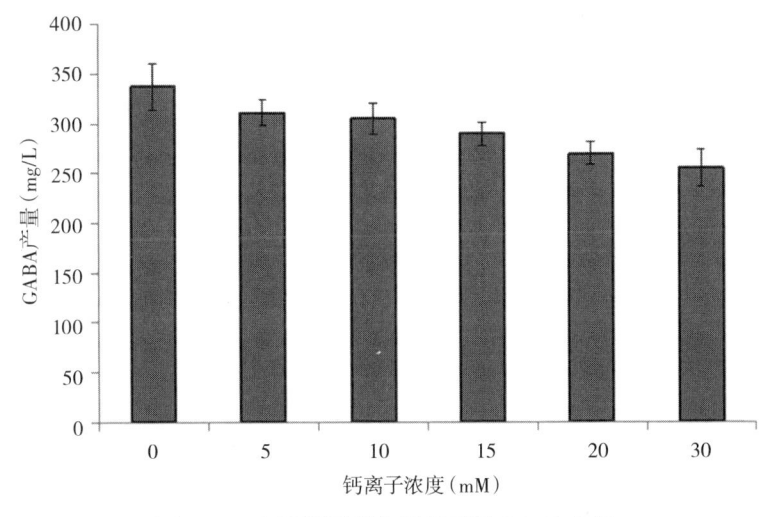

图 4-10 不同辅酶添加量发酵后 GABA 含量

结果显示，培养基中添加氯化钙会抑制菌株合成 GABA，而且随着添加量的增大，这种抑制作用逐渐增强。然而，钙离子对菌株积累 γ-氨基丁酸的抑制作用不像发酵初始 pH 值和发酵温度对其影响那么显著，由此推测，钙离子可能是对 γ-氨基丁酸积累的一个非显著性因素。

4.4.1.3 酶因素的筛选

为确定发酵初始 pH 值、底物添加量、辅酶添加量、发酵温度和钙离子添加量对植物乳杆菌 SY-8834 产 GABA 影响的主次顺序，根据单因素实验结果设计五因素三水平的正交实验。按软件设计的方案进行发酵，发酵体系为 1L，并检测各自发酵液中的 γ-氨基丁酸含量，每个发酵条件进行 3 次平行试验，检测结果取平均值，见表 4-6。

对 18 个发酵条件平行 3 次，对检测 GABA 的结果进行方差分析和极差分析，见表 4-7 和表 4-8。

根据表 4-7 中显著性一列数据可知，5 个单因素对植物乳杆菌发酵过程中积累 γ-氨基丁酸的影响程度是不同的，其中，发酵初始 pH 值是最显著的影响因素，发酵温度位于其后；底物与辅酶也能够影响菌株积累 γ-氨基丁酸的量，但影响程度不如 pH 值和发酵温度那么显著，其中底物的影响程度略高于辅酶的影响程度；钙

离子对 γ- 氨基丁酸的产量几乎没有显著影响。

表 4-6　不同发酵条件下发酵液中 γ- 氨基丁酸含量

序号	pH 值	L-MSG（mM）	PLP（μM）	温度（℃）	钙离子（mM）	空列	GABA（mg/L）
1	5.5	100	140	43	20	2	370.6590
2	5.0	125	100	30	20	1	301.2805
3	5.0	100	140	30	10	1	288.1086
4	6.0	100	60	30	0	3	334.7452
5	5.5	125	100	43	10	3	410.0002
6	5.5	125	140	30	0	3	329.7037
7	6.0	125	60	43	20	1	486.4831
8	6.0	150	100	30	10	2	402.1684
9	6.0	150	140	43	0	1	576.3827
10	5.0	100	100	43	0	2	318.4310
11	6.0	100	100	37	20	3	444.2677
12	5.5	150	100	37	0	1	404.5727
13	5.5	150	60	30	20	2	324.8448
14	6.0	100	140	37	10	2	572.2895
15	5.0	150	140	37	20	3	384.7529
16	5.0	125	60	37	0	2	356.2954
17	5.5	100	60	37	10	1	408.0206
18	5.0	150	60	43	10	3	328.3054

表 4-7　正交设计实验结果的方差分析

源	III 型平方和	自由度	均方	F 值	显著性
校正模型	112323.475[a]	10	11242.347	9.246	0.004
截距	2754448.225	1	2754448.225	2265.358	0.000
pH 值	61148.105	2	30574.053	25.145	0.001
L-MSG	8462.744	2	4231.372	3.480	0.089
PLP	7785.292	2	3892.646	3.201	0.103

续表

源	III型平方和	自由度	均方	F值	显著性
温度	34067.740	2	17033.870	14.009	0.004
钙离子	959.593	2	479.797	0.395	0.688
误差	8511.300	7	1215.900		
总计	2875383.000	18			
校正的总计	120934.775	12			

注：a $R^2 = 0.988$，调整 $R^2 = 0.978$。

表 4-8　正交设计实验结果的极差分析

分析项目	pH值	L-MSG	PLP	温度	钙离子	空列
K1j	2315.499	2164.232	2238.695	2490.261	2320.131	2464.848
K2j	1977.174	2466.052	22280.721	1980.851	2408.893	2344.688
K3j	2861.337	2421.027	2521.896	2570.199	2312.288	2231.775
k1j	771.833	721.411	746.232	830.087	773.3769	821.616
k2j	659.058	818.684	760.240	660.284	802.964	781.563
k3j	983.779	807.009	840.632	856.733	770.763	743.925
Rj	279.721	97.273	94.401	196.449	32.202	77.691

由表 4-8 中 Rj 一行数据可知，5 个单因素对植物乳杆菌积累 γ-氨基丁酸积累量的影响顺序为 pH 值＞温度＞底物＞辅酶＞钙离子。极差分析的结果与方差分析的结果一致，考虑到发酵体系的 pH 值和发酵温度除对菌株产 γ-氨基丁酸有显著影响外，还对菌株的生长及代谢等其他生理指标有明显影响，因此选择底物 L-MSG 作为研究植物乳杆菌 γ-氨基丁酸相关代谢途径的诱导单一因素。

4.4.2　L-谷氨酸钠诱导发酵

4.4.2.1　诱导发酵培养基的确定

根据单因素和正交设计实验确定了 L-MSG 作为 γ-氨基丁酸发酵的唯一诱导条件，为了排除 MRS 培养基中本身可能含有 L-谷氨酸或其盐类成分对 γ-氨基丁酸积累的诱导干扰，选择化学成分已知的化学限制培养基（CDM）作为单一因素诱导发酵的培养基。两种化学限定培养基分别选择葡萄糖作为碳源，除谷氨酸外的 7 种氨基酸和 19 种氨基酸为两种氮源，同时添加多种维生素和无机盐类作为必要的营养成分。活化后的种子按相同的比例接种到两种化学限定培养基和 MRS 培养基中，监测 72h 内三种培养基中的活菌数量，结果见表 4-9。

表 4-9　72h 发酵三种培养基中活菌数量的比较

时间（h）	MRS 活菌数（CFU/mL）	CDM-19 活菌数（CFU/mL）	CDM-7 活菌数（CFU/mL）
12	4.50×10^8	3.50×10^8	2.07×10^8
24	1.02×10^8	6.60×10^7	3.25×10^7
36	7.65×10^7	3.70×10^7	3.12×10^6
48	9.05×10^6	8.75×10^6	1.06×10^6
60	3.40×10^6	3.09×10^6	7.21×10^5
72	2.65×10^6	2.05×10^6	5.35×10^5

由表 4-9 中数据可知，两种化学限定培养基中菌体的生长情况不如其在 MRS 培养基中良好，尤其以 7 种氨基酸作为氮源的 CDM-7 培养基中菌体的生长情况更加不理想，当发酵进行 36h 后，活菌数下降了两个数量级，随后活菌数量下降更为明显。与之相比，以 19 中氨基酸作为氮源的 CDM-19 培养基能够满足菌体的生长要求，虽然在各监测时间点的活菌数量略低于其在 MRS 培养基中的活菌数，但基本保持在同一数量级上，在 72h 发酵技术后，活菌数量仍能够达到 10^6 CFU/mL。由此选择 CDM-19 作为 L-MSG 诱导 γ-氨基丁酸发酵的化学限定培养基。

4.4.2.2　诱导发酵 pH 值与生物量的比较

按 4.3.1.2 中方法进行 L-MSG 的诱导对比发酵，其中培养基中添加有 L-MSG 为实验组，无 L-MSG 添加的为对照组。在发酵过程中，分别监测实验组和对照组的 pH 值和生物量，结果如图 4-11 所示。

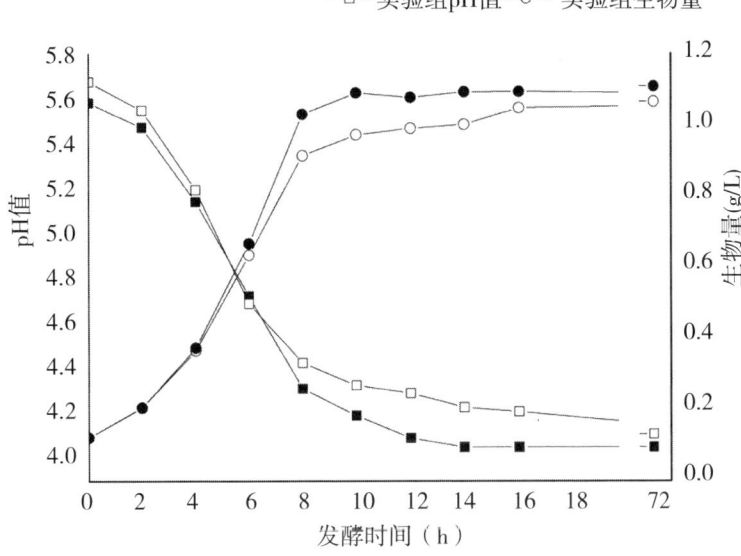

图 4-11 诱导对比发酵 pH 值和生物量的比较

由图 4-11 可知，实验组和对照组在整个发酵过程中的 pH 值和生物量的变化趋势基本保持一致，较高浓度底物 L-MSG 并没有影响发酵体系中 pH 值的变化和菌体的生长，二者几乎在相同的发酵时间进入生长对数期，而且在这个时期最大产酸速率也基本相同，这说明底物单一因素的诱导发酵在菌体生长和产酸方面均得到了良好的控制，可以对发酵样本进一步进行转录水平的代谢研究。

4.4.2.3 转录组测序时间的确定

为确定最佳转录组测序时间点，按 4.3.1.3 方法对诱导发酵过程中不同时间点实验组和对照组发酵液中 γ-氨基丁酸的含量进行检测，结果见图 4-12。

由图 4-12 可知，在化学限定培养基中，底物 L-MSG 对菌株产 γ-氨基丁酸的量有明显影响，而且在不同的发酵阶段影响的程度也有明显的差异。发酵初始阶段，实验组和对照组发酵液中 γ-氨基丁酸含量差异并不那么明显，8h 时实验组是对照组的 3.51 倍，12h 时为 5.58 倍；当发酵进程过半，这种产量上的差异逐渐明显，当 36h 时，二者的差异最为明显，实验组是对照组的 7.77 倍；随着发酵继续进行，对照组发酵液中 γ-氨基丁酸的含量缓慢增加，而实验组 γ-氨基丁酸的产量有所降低，导致二者差异逐渐趋于平缓。到发酵结束时，实验组 γ-氨基丁酸的含量仅为对照组的 2.98 倍。另外，结果还显示 36h 时，实验组发酵液中 γ-氨基丁酸的产量是最高的。因此，综合上述两点依据，选择发酵时间 36h 为最佳转录组测序的时间。

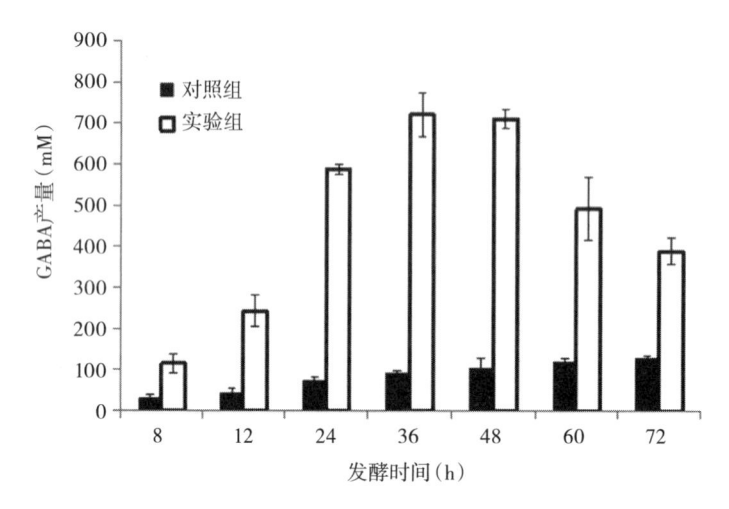

图 4-12 不同时间点实验组与对照组发酵液中 γ-氨基丁酸产量

4.4.3 高通量转录组测序

4.4.3.1 菌体总 RNA 提取的质量鉴定

菌株经过诱导发酵后，在 36h 时分别取实验组和对照组发酵液提取菌体 RNA。RNA 完整性用 1% 琼脂糖凝胶电泳检测其完整性，电泳结果见图 4-13。

由图可知，经短时间点用后凝胶呈现三条清晰明亮的条带，自上而下分别为 23S、16S 和 5S 亚基条带，且无基因组 DNA 条带，说明提取得到的 RNA 纯度较高，无基因组污染，且未发生降解。

4.4.3.2 RNA 完整性检测

cDNA 文库建立前，利用安捷伦 2100 提取得到的 RNA 的完整性进行检测，具体结果见图 4-14。

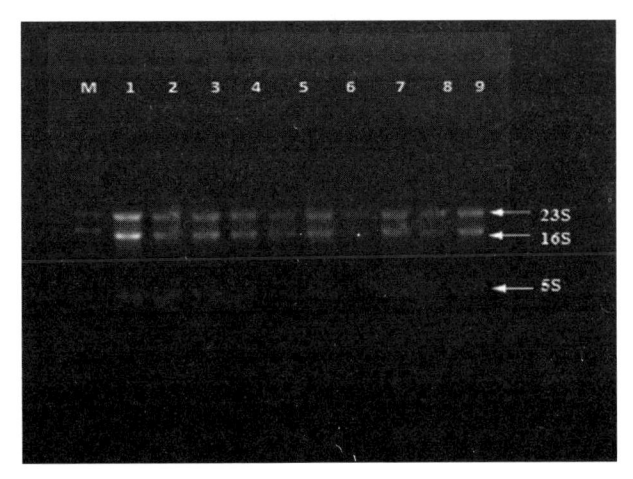

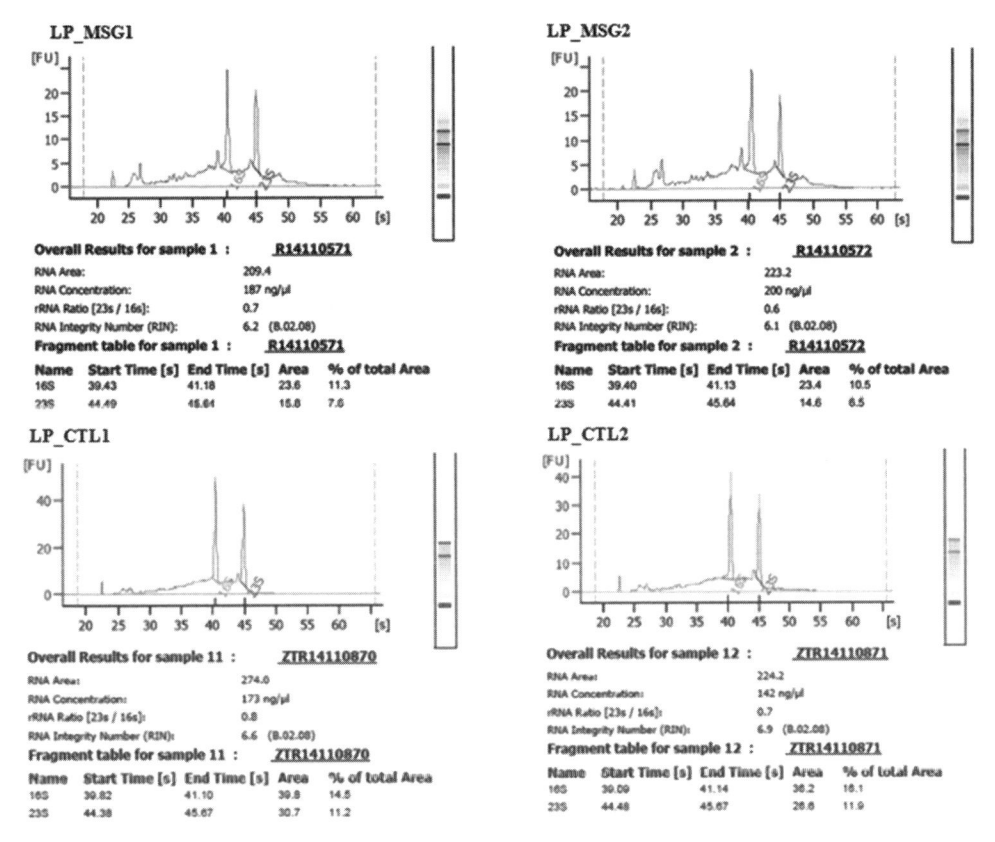

M：RNA marker；1～4：添加 L-MSG 发酵样品；5～8：无添加 L-MSG 发酵样品

图 4-13　菌株总 RNA 提取鉴定

图 4-14　RNA 完整性检测结果

4.4.3.3 RNA 纯度及浓度检测

cDNA 文库建立前，利用 Nanodrop 和 Qubit Fluorometer 对提取得到的 RNA 的纯度及浓度进行定量检测，具体结果见表 4-10。

表 4-10 RNA 纯度及浓度检测结果

样品 名称[a]	浓度 （ng/μL）	体积 （μL）	总量 （ng）	OD 260/280	OD 260/230	23S/16S	纯度 （RIN）
LP_MSG1	522	29	15.14	1.992	2.212	0.7	6.2
LP_MSG2	358	29	10.38	1.967	2.057	0.6	6.1
LP_CTL1	486	21	10.21	2.095	2.077	0.8	6.6
LP_CTL2	682	21	14.32	2.097	2.006	0.7	6.9

注：a 代表样品名称中 MSG 代表实验组（CDM 中添加 L-MSG），CTL 代表对照组（CDM 中没有添加 L-MSG）；1 和 2 代表生物学重复。

上述结果显示，提取得到的总 RNA 样品的纯度较高，OD260/280 的值均在 1.9 以上，说明 RNA 样品没有蛋白质污染；OD260/230 的值均在 2.0 以上，说明 RNA 样品没有受到碳水化合物、盐类等小分子物质的污染。23S/16S 和 RIN 的值能够反映样品 RNA 降解的情况，表中结果说明 4 个 RNA 的完整性较高，没有发生降解。

4.4.3.4 测序原始数据质量评估

测序得到的原始测序列里面含有带接头的、低质量的读取片段，为了保证生物学信息分析的质量，需要对原始读取片段进行过滤，得到高质量读取片段，后续的生物学信息都基于高质量读取片段进行分析。原始读取片段过滤基于以下标准：①去掉带接头的读取片段；②去掉无法确定碱基信息的比例大于 10% 的读取片段；③去掉低质量的读取片段（碱基读取错误率大于 10% 的读取片段）。原始数据评估数据详细信息见表 4-11。

由表中结果可知，4 个样品测序得到的原始数据经过过滤后得到的高质量数据均在 96% 以上，保证了后续生物学分析的数据量；同时 Q 20%（表示碱基正确识别率为 99% 的片段百分比）和 Q 30%（表示碱基正确识别率为 99.9% 的片段百分比）均在 88% 以上，说明在测序过程中碱基读取正确率高（Illumina 公司认为当 Q 30%

为 85% 以上时碱基读取正确率高），测序数据能够真实反映样品 RNA 的生物学信息；4 个样品中 GC 含量非常接近，说明了每次测序具有良好的稳定性（GC 含量一般反映物种的进化和遗传信息，一种生物的基因组或特定 DNA、RNA 片段具有特定的 GC 含量）。

表 4-11 样品测序产出数据质量评估情况

样品名称[a]	原始读取片段	高质量读取片段	高质量读取片段（%）	差错率（%）	Q20（%）	Q30（%）	GC 含量（%）
LP_MSG1A	7888615	7670351	97.23	0.03	96.59	92.86	44.63
LP_MSG1B	7888615	7670351	97.23	0.04	94.52	89.50	44.45
LP_MSG2A	8082150	7838772	96.99	0.03	96.49	92.66	44.58
LP_MSG2B	8082150	7838772	96.99	0.04	94.61	89.64	44.49
LP_CTL1A	8131745	7855564	96.60	0.03	96.52	92.74	44.91
LP_CTL1B	8131745	7855564	96.60	0.04	94.49	89.47	44.64
LP_CTL2A	7538528	7331364	97.25	0.03	96.46	92.61	44.86
LP_CTL2B	7538528	7331364	97.25	0.04	94.21	88.95	44.38

注：a 代表样品名称中 MSG 代表实验组（CDM 中添加 L-MSG），CTL 代表对照组（CDM 中没有添加 L-MSG）；1 和 2 代表生物学重复；字母 A 和 B 代表两端测序。

4.4.3.5 序列的参考基因组比对

1. 参考基因组的选择

以植物乳杆菌 SY-8834 基因组 DNA 为模板，按特异性引物对 GADPH、hsp60、ropA 和 pheS 四个基因分别进行 PCR 扩增，扩增产物进行 DNA 测序。测序结果经 SeqMan 软解剪切和拼接后，再进行 NCBI-Blast 数据库比对，所得结果如表 4-12 所示。

2. 测序序列与参考基因组比对

根据参考物种植物乳杆菌 WCFS1 在 NCBI 数据库提供的基因组信息，将 4 个植物乳杆菌 SY-8834 的高质量读取片段与之进行比对，得到的比对结果如表 4-13 所示。其中总读取片段代表测序序列经过测序数据过滤后的数量统计（高质量读取片段）；测序序列总数代表能够定位到植物乳杆菌 WCFS1 基因组上的测序序列的数量统计；多个比对位置序列数量代表在参考序列中有多个比对位置的测序序列的数量统计；唯一比对位置序列数量代表在参考序列上有唯一比对位置的测序序列的数量统计；正链"+"数量和负链"-"数量分别代表测序序列比对到参考基因组上正链和负链的统计。

表 4-12 植物乳杆菌 SY-8834 参考基因组选择依据

基因	扩增产物长度（bp）	参考物种	序列覆盖度	序列相似度	目标物种 NCBI 检索号
GADPH	67	植物乳杆菌 WCFS1	100%	100%	NC_004567.2
Hsp60	585		97%	99%	
pheS	398		100%	100%	
ropA	无扩增		—	—	

表 4-13 测序序列与参考基因组比对情况

比对项目	LP_MSG1	LP_MSG2	LP_CTL1	LP_CTL2
序列总数	15340702	15677544	15711128	14662728
测序序列总数	15025199	15357080	15289545	14264315
	（97.94%）	（97.96%）	（97.32%）	（97.28%）
多个比对位置序列数量	265644	262860	294754	321552
	（1.73%）	（1.68%）	（1.88%）	（2.19%）
唯一比对位置序列数量	14759555	15094220	14994791	13942763
	（96.21%）	（96.28%）	（95.44%）	（95.09%）
正链"+"数量	7375844	7542946	7492618	6966186
	（48.08%）	（48.11%）	（47.69%）	（47.51%）
负链"-"数量	7383711	7551274	7502173	6976577
	（48.13%）	（48.17%）	（47.75%）	（47.58%）

一般情况下，如果样品中不存在污染并且参考基因组选择合适的情况下，测序序列总数的百分比应大于 70%，多个比对位置序列数量的百分比应小于 10%。由表中结果可知，4 个样本的比对结果，测序序列总数的百分比均在 97% 以上，多个比对位置序列数量的百分比最大的只有 2.19%，说明参考基因组选择合适，采用植物

乳杆菌 WCFS1 的基因组作为参考基因组，能够很好地完成后续的生物学信息分析。

4.4.3.6 样品间相关性分析

生物学重复是任何生物学实验所必须的，本实验中实验组和对照组分别设置两个生物学重复。转录组测序中对组内和组间的不同样品的基因表达水平的相关性进行检测，以验证试验的可靠性和样本选择的合理性。样品间的相关性用皮尔逊相关系数的平方（R^2）表示，相关系数越接近 1，表明样品之间表达模式的相似度越高，具体结果见图 4–15。

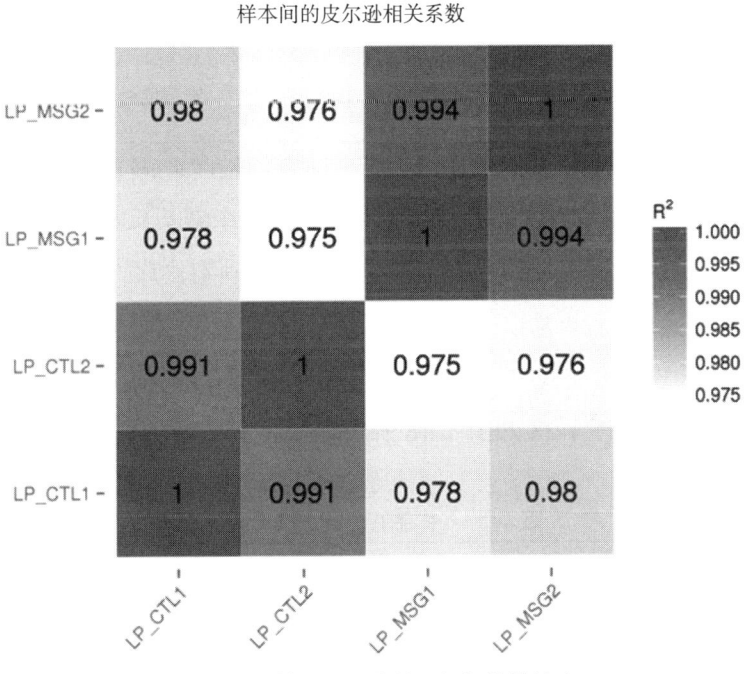

图 4–15　转录组测序样品间相关性检查

由图中结果可知，实验组与对照组内的两个生物学重复的样品之间的相关系数分别为 0.994 和 0.991，说明生物学重复样品间的相关性较好，基因表达模式差异很小。与组内样品相比，实验组和对照组组间的样品的相关系数较差，说明实验组和对照组样品基因的表达模式存在较明显的差异。不同样品间相关性的分析结果符合生物学重复间样品的相关系数应大于生物学重复外样品的相关系数，说明本实验样品的选择是合理的。

4.4.3.7 基因表达水平分析

一个基因的表达水平直接体现了其转录本的丰度情况,转录本的丰度越高,基因的表达水平越高。在转录组测序分析中,可以通过定位到参考基因组基因区的测序序列的统计来估计基因的表达水平;然而,基因真实的表达水平除了与定位到基因区的片段的计数有关,还与基因的产度和测序的深度有关。因此,为了使不同基因、不同样本间估计的基因表达水平具有可比性,便引入了 RPKM 的概念,该基因表达量的估算方法是目前国际上最常用的方法之一,RPKM 的计算方法如下公式所示。

$$RPKM = \frac{总外显基因数量}{定位数量(百万) \times 基因长度(kB)}$$

RPKM 是每百万个读取片段中来自某一基因每千个碱基长度的读取片段数目。公式中总外显基因数量 ÷ 定位数量(百万)可视为所有测序序列中有百分之多少定位到 A 基因上,然后再除以 A 基因的长度,就可以得到测序序列定位到 A 基因单位长度总体表现。本实验中以各基因的 RPKM 值表示其表达量,4 个样品的各基因的表达情况统计如表 4-14 和图 4-16 所示。

表 4-14 样品基因表达情况统计

样品名称	定位基因数	RPKM(0~1)片段数	RPKM(1~3)片段数	RPKM(3~15)片段数	RPKM(15~60)片段数	RPKM(>60)片段数
LP_MSG1	3074	418(13.60%)	142(4.62%)	433(14.09%)	569(18.51%)	1512(49.19%)
LP_MSG2	3074	417(13.57%)	128(4.16%)	448(14.57%)	586(19.06%)	1495(48.63%)
LP_CTL2	3074	401(13.04%)	134(4.36%)	446(14.51%)	607(19.75%)	1486(48.34%)
LP_CTL2	3074	378(12.30%)	42(1.37%)	498(16.20%)	647(21.05%)	1509(49.09%)

根据参考物种植物乳杆菌 WCFS1 的基因组信息，4 个测序样品的唯一比对位置序列（见表 4-14）定位到 3074 的基因上，这些基因在各样品中呈现不同表达，其中表达量较高（PRKM 值大于 60）的基因占总体 50% 左右，说明了样品中大约一半的基因均有较高表达。

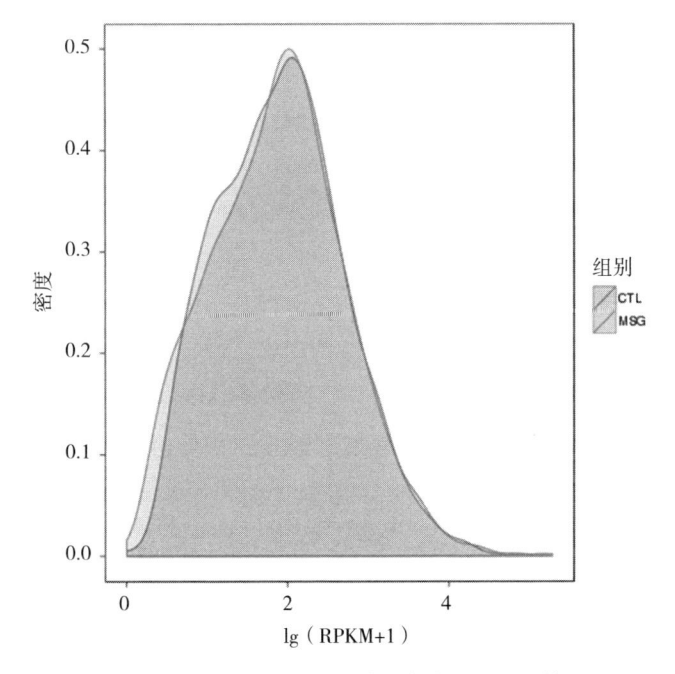

图 4-16　不同实验条件下基因表达水平对比情况

图 4-16 是从整体水平呈现了实验组和对照组中具有不同表达量的基因的分布情况。图中横坐标轴代表各基因的表达水平，纵坐标代表基因密度（即某一表达水平的基因数）。图 4-16 与表 4-14 中的结果相辅相成，说明了实验组和对照组中基因表达模式整体相似，但其中存在个别差异。

4.4.3.8　基因差异表达分析

1. 差异表达基因的筛选

基因差异表达的筛选是根据各基因的 RPKM 值，并从差异倍数和显著水平两个方面进行评估。对差异基因的筛选，本实验的差异阈值设定为 |$\log_2$（RPKM_

MSG/RPKM_CTL)|>1 且 $P<0.005$，其中 $\log_2$（RPKM_MSG/RPKM_CTL）为实验组中基因 A 表达量与对照组中基因 A 表达量的差异倍数的对数值，P 为统计学差异显著性检验指标。在差异基因中，若 $\log_2$（RPKM_MSG/RPKM_CTL）>0，认为该差异基因是显著上调的；反之，若 $\log_2$（RPKM_MSG/RPKM_CTL）<0，认为该差异基因是显著下调的。

本实验在定位的 3074 个基因中，按设定的阈值共筛选得到 87 个差异基因，显著上调的基因有 69 个，显著下调的基因有 18 个，其中在上调基因中有 1 个基因为本次转录组测序的新预测的基因，在下调基因中有 1 个基因存在于小 RNA（samll RNA）上。

2. 差异表达基因功能初步分析

去除新预测的基因和在小 RAN 上的基因对其余的 85 个基因的功能进行初步分析，并将差异阈值设定为 |log2（RPKM_MSG/RPKM_CTL）|>1.5 且 $P<0.005$ 后，得到了 28 个表达量差异更为显著的基因。根据各基因在参考基因组上的位置，确定其编码蛋白，从而初步分析这些差异基因涉及的相关功能，具体结果见表 4-15。

表 4-15 差异基因功能初步分析

基因编号	差异倍数[a]	基因名称	编码蛋白	基因 ID	NCBI 序列号
碳水化合物代谢					
丙酮酸代谢					
lp_0849	+2.0557	pox1	丙酮酸氧化酶	1061989	YP_0048888161
lp_1912	+4.6347	pps	磷酸丙酮酸合酶	1062050	YP_0048896881
lp_2151	+2.1642	pdhD	丙酮酸脱氢酶复合体—二氢硫辛酰脱氢酶	1062177	YP_0048898931
lp_2152	+2.4356	pdhC	丙酮酸脱氢酶复合体—二氢硫辛酸转乙酰基酶	1063704	YP_0048898941
lp_2153	+2.3636	pdhB	丙酮酸脱氢酶复合体 -β 亚基	1063701	YP_0048898951
lp_2154	+2.2996	pdhA	丙酮酸脱氢酶复合体 -α 亚基	1063699	YP_0048898961
lp_3313	+2.4179	pflB	丙酮酸—甲酸盐裂解酶	1064019	YP_0048908271
lp_3314	+2.4913	pflA	丙酮酸—甲酸盐裂解酶激活酶	1063963	YP_0048908281

续表

基因编号	差异倍数[a]	基因名称	编码蛋白	基因ID	NCBI序列号
戊糖磷酸途径					
lp_3554	+3.0329	araA	L-阿拉伯糖异构酶	1061986	YP_0048910311
lp_3555	+2.8132	araD	L-核酮糖-5-磷酸-4-差向异构酶	1061949	YP_0048910321
lp_3556	+2.3406	araB	L-核酮糖激酶	1061948	YP_0048910331
lp_3557	+1.9078	araP	树胶糖醛转运因子	1061994	YP_0048910341
糖酵解					
lp_2096	+1.9307	fruK	1-磷酸果糖激酶	1062153	YP_0048898461
磷酸转移酶体系（磷酸烯醇式丙酮酸依赖）					
lp_0264	+1.7791	pts4ABC	海藻糖专一磷酸转移酶体系	1061187	YP_0048910241
lp_0265	+1.7404	pts5ABC	海藻糖专一磷酸转移酶体系	1061186	YP_0048910251
lp_0436	+1.7495	pts7C	纤维二糖专一磷酸酶转移系统	1061332	YP_0048910261
lp_2097	+1.7375	fruA	果糖专一磷酸转移酶系统	1061803	YP_0048898471
lp_3546	+2.0049	pts35C	半乳糖转移磷酸转移系统	1061926	YP_0048883061
lp_3547	+2.2305	pts35B	半乳糖转移磷酸转移系统	1061947	YP_0048883071
lp_3578	+2.0121	pts35A	半乳糖转移磷酸转移系统	1061942	YP_0048884561
脂肪酸合成					
lp_2767	+1.6616	lp_2767	乙酰基转移酶	1062942	YP_0048903221
氨基酸代谢					
lp_2684	+1.8878	araT2	芳香族氨基酸专一的氨基酸转移酶	1062942	YP_0048903221
核苷酸代谢					
lp_0242	+1.682	ndk	二磷酸核苷酸激酶	1061385	YP_0048882861
其他					
lp_0200	-1.5313	lp_0200	ABC转运因子底物结合蛋白	1061432	YP_0048882521
lp_0240	1.7605	lp_0240	假设蛋白	1061386	YP_0048882851

续表

基因编号	差异倍数[a]	基因名称	编码蛋白	基因ID	NCBI序列号
其他					
lp_0435	1.6573	lp_0435	转录调节因子	1064164	YP_0048884551
lp_0438	1.9697	lp_0438	假设蛋白	1064162	YP_0048884571
lp_2095	1.817	fruR	转录调节因子	1061801	YP_0048898451

注：a 代表差异倍数为该基因 L-MSG 处理组比对照组的表达量统计（RPKM 值）倍数的对数值。

由表 4-15 结果可知，发酵底物中添加 L-MSG 后影响植物乳杆菌 SY-8834 产 γ-氨基丁酸的量，其中的分子机制可能涉及碳水化合物代谢、氨基酸代谢、脂肪酸合成以及核苷酸代谢等多种物质的合成和分解。另外，L-MSG 的添加对植物乳杆菌 SY-8834 的磷酸转移酶系统中海藻糖、纤维二糖、果糖和半乳糖专一性的磷酸转移酶活性有明显的影响。

3. 差异表达基因功能富集分析

差异基因的功能富集分析是指根据基因本体论（GO）数据库，将筛选得到的表达存在差异的基因进行富集，即将这些差异基因进行功能定位。GO 数据库是基因功能国际标准分类体系，分为分子功能（Molecular Function）、生物过程（Biological Process）和细胞组成（Cellular Component）三个部分，在各自部分中还区分具体功能的定位，富集结果如图 4-17 所示。

差异基因 GO 富集柱状图能够直观的反应差异基因富集到分子功能、生物过程和细胞组分的 GO 条目上的个数分布情况。本次转录组测序分析选取了富集最为显著的 30 个 GO 条目进行展示（其中没有细胞组成的相关条目），图中纵坐标为富集的 GO 条目，横坐标为该条目中差异基因的个数，灰底条带表示分子功能的条目，斜纹条带代表生物过程的条目，带 "*" 的条目为显著富集项（以该条目的 P 值为判断依据，$P<0.005$ 时为显著富集项）。

表 4-16 中详细列出了 GO 富集分析中 14 个显著富集 GO 条目，由表中结果可以看出，实验组和对照组中表达显著差异的基因主要涉及碳水化合物的跨膜转运、糖相关物质的同向转运、糖磷酸转移酶 / 酶系和主动运输等功能。上述结果进一步

说明了发酵体系中添加的 L-MSG 可能影响了植物乳杆菌 SY-8834 发酵过程中丙酮酸代谢（乙醛酸循环）、碳水化合物的跨膜转运和磷酸基团转移等过程，这些过程可能会对 γ-氨基丁酸的积累产生影响。

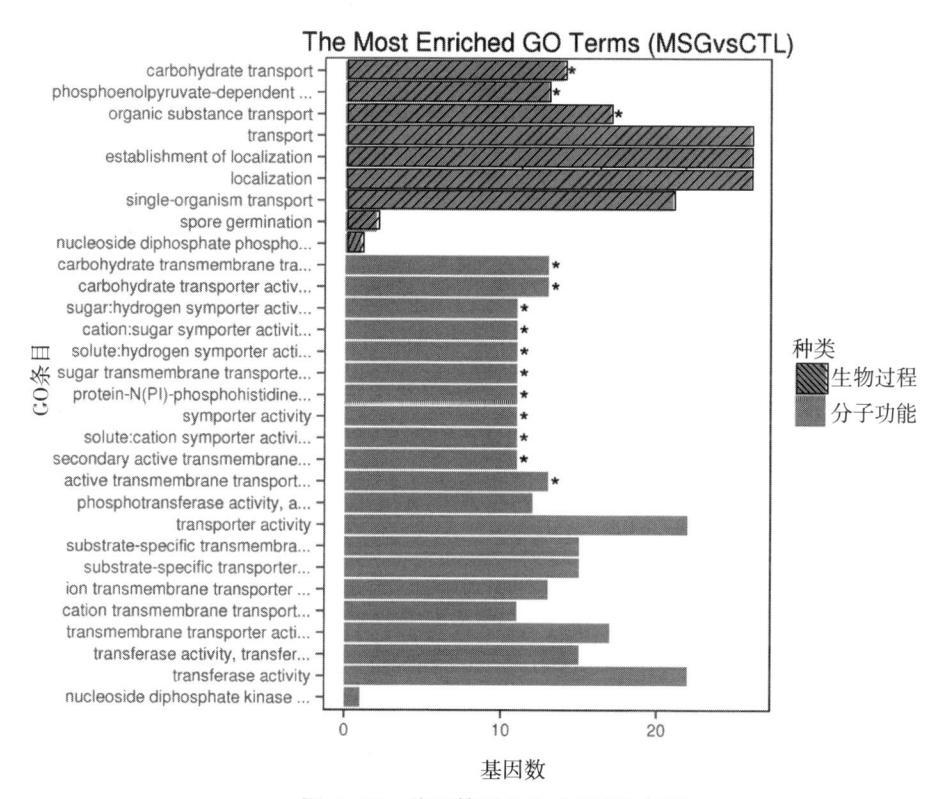

图 4-17　差异基因 GO 功能富集结果

表 4-16　差异基因 GO 富集显著项结果

GO 条目	基因总数	上调基因数	下调基因数	显著性（P）
碳水化合物跨膜转运因子活性	13	12	1	0.00003786
碳水化合物转运因子活性	13	12	1	0.00003786
碳水化合物转运	14	13	1	0.00003786
糖—氢同向转运因子活性	11	10	1	0.00003786
阳离子—糖同向转运因子活性	11	10	1	0.00003786
溶质—氢同向转运因子活性	11	10	1	0.00003786

续表

GO 条目	基因总数	上调基因数	下调基因数	显著性（P）
糖跨膜转运因子活性	11	10	1	0.00003786
蛋白 -N-pi- 磷酸组氨酸糖磷酸转移酶活性	11	11	0	0.00006897
同向转运因子活性	11	10	1	0.00006897
溶质—阳离子同向转运因子活性	11	10	1	0.00006897
磷酸烯醇式丙酮酸依赖的糖磷酸转移酶系	13	13	0	0.00007518
二次主动运输转运因子活性	11	10	1	0.00082654
主动跨膜运输转运因子活性	13	12	1	0.0033125
有机物运输	17	13	4	0.0076531

4. 差异表达基因代谢通路富集分析

差异基因的代谢通路富集分析指的是利用 KEGG 基因功能及基因组信息数据库完成对差异表达基因涉及的相关代谢通路的整体网络分析。在 KEGG 数据库中，以代谢通路为单位，应用数学算法，根据每个通路的显著性指标在差异表达基因中找出显著性富集的代谢通路，$P < 0.05$ 时为显著富集项。本实验对 87 个差异表达基因进行了 KEGG 代谢通路富集分析，结果如图 4-19 所示。

图 4-18 是差异基因 KEGG 富集的散点图，在此图中 KEGG 的富集程度是通过富集因素、数值和富集到此通路上的基因个数来衡量的。纵坐标表示富集通路的名称，横坐标表示富集因素，富集因素越大，说明此通路的富集程度越大，点的大小表示此通路中差异表达基因个数的多少，数值的取值范围为 0～1，越接近零，表示富集越显著（数值是做过多重假设检验校正之后的数值）。

本次富集分析将 87 个差异表达的基因富集到了 29 个 KEGG 的相关条目上，其中挑选了 20 个富集最为显著的条目进行结果展示。由图中结果可以发现，富集最显著的代谢通路分别为磷酸转移酶系统（KEGG: lp102060），丙酮酸代谢（KEGG: lp100620）、戊糖和葡萄糖醛酸互变（KEGG: lp100040）、三羧酸循环（KEGG: lp100020）、脂肪酸代谢（KEGG: lp101212）、脂肪酸合成（KEGG: lp100061）、糖酵解（KEGG: lp100010）和戊糖磷酸途径（KEGG: lp100030）。富集差异表达基因个数最多为代谢通路这个条目，但该条目并非显著富集项。

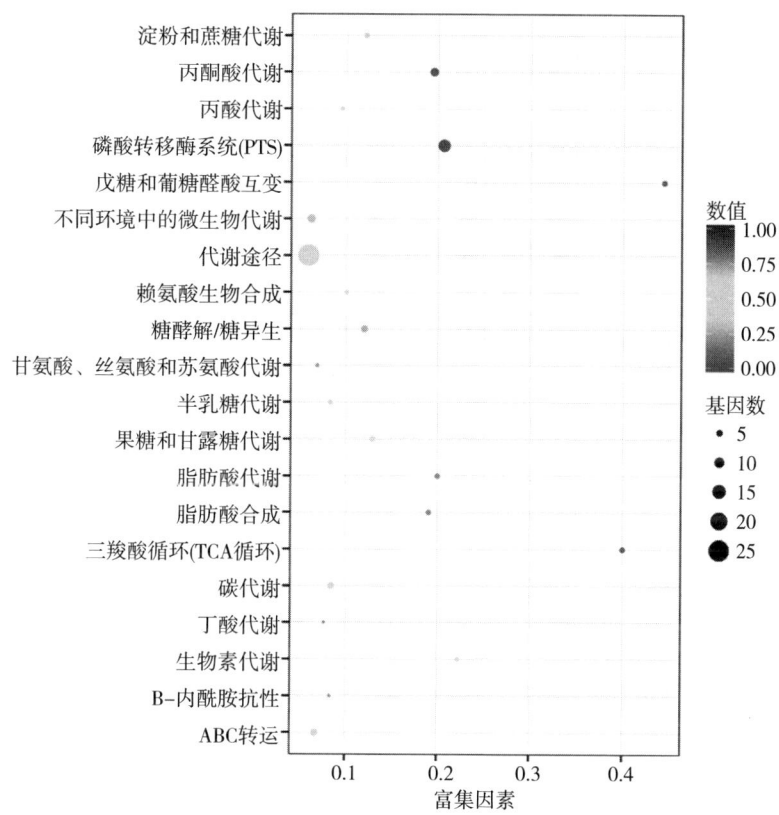

图 4-18 差异基因 KEGG 富集散点图

4.4.3.9 荧光定量 PCR 验证关键基因表达量

为了确定植物乳杆菌 SY-8834 经 L-MSG 诱导发酵后，与 GABA 代谢相关基因的表达量，本研究采用 Real-time RT-PCR 对 14 个与 GABA 代谢密切相关的基因的表达量进行相对定量分析。以 GADPH 为内参基因，对照组（无 L-MSG 添加发酵）中各基因表达量为参比，处理组（L-MSG 添加发酵）中各基因的相对表达量如图 4-19 所示。

4.4.3.10 γ-氨基丁酸代谢通路预测分析

综合差异表达基因功能初步分析、GO 功能富集分析和 KEGG 代谢通路富集分析，并结合已有关于乳酸菌 γ-氨基丁酸代谢通路的报道，对植物乳杆菌 SY-8834

中 γ- 氨基酸丁酸相关的代谢途径进行预测，具体预测结果见图 4-20。

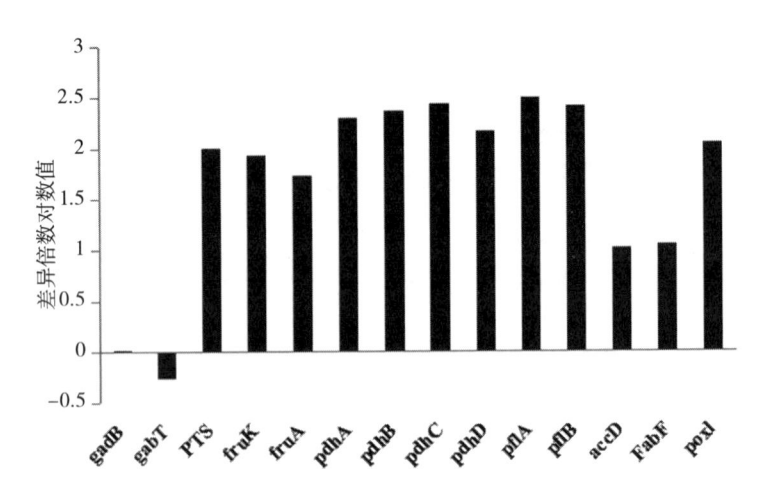

图 4-19　各基因的相对表达量

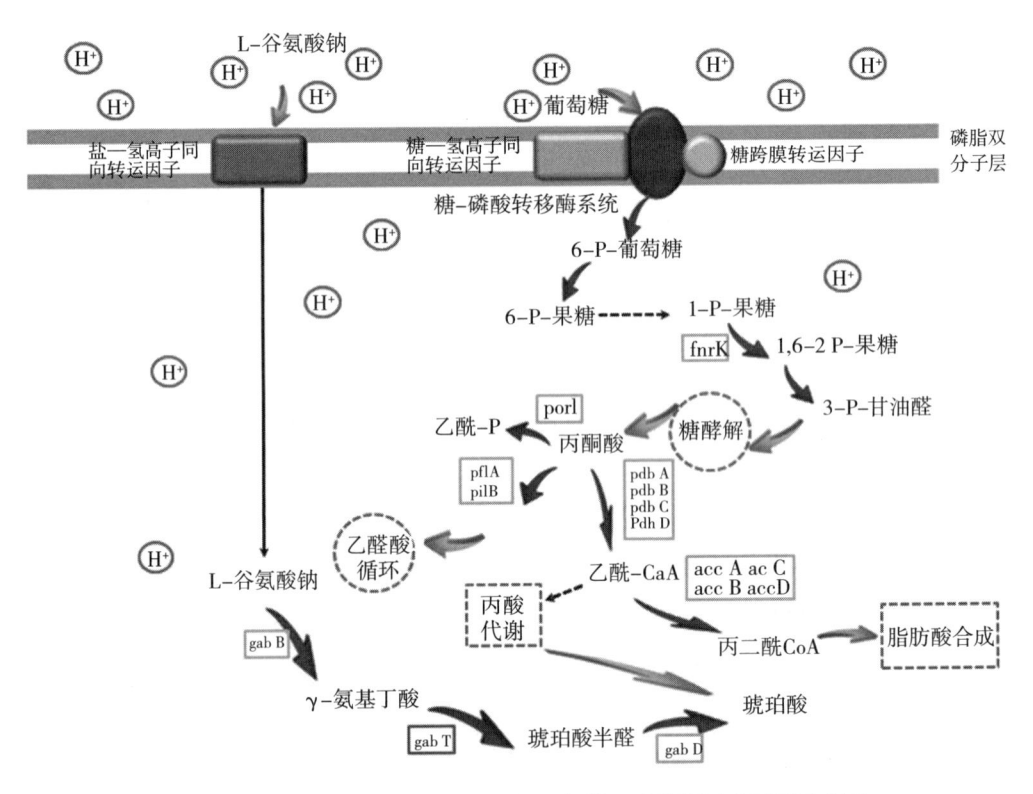

图 4-20　植物乳杆菌 SY-8834 中 γ- 氨基丁酸代谢通路预测示意图

植物乳杆菌 SY-8834 在诱导发酵过程中合成 GABA 可能通过以下途径：培养

基中添加 L-MSG 经细胞膜上的盐—氢离子同向转运因子进入细胞质；碳源葡萄糖通过具体细胞膜上的糖跨膜转运因子进入细胞内，同时氢离子伴随葡萄糖通过糖—氢离子同向转运因子也进入细胞中；葡萄糖在跨细胞膜的过程中，在糖—磷酸转移酶系统的作用下转变成 6-磷酸-葡萄糖，6-磷酸-葡萄糖经过异构化形成 6-磷酸-果糖；之后 6-磷酸-果糖可能转变成 1-磷酸-果糖并在果糖磷酸激酶（fruK，该酶在 L-MSG 刺激下显著上调表达）的催化下生成 1,6-磷酸-果糖，然后形成 3-磷酸-甘油醛进入糖酵解途径；经过糖酵解生成的丙酮酸在 L-MSG 的刺激下有 3 种去向：①丙酮酸在丙酮酸氧化酶（poxl）的催化下生成乙酰磷酸；②丙酮酸在甲酸盐-乙酰基转移酶（pflA、pflB）的催化下生成甲酸盐后进入乙醛酸循环；③丙酮酸在丙酮酸脱氢酶复合体系（pdhA、pdhB、pdhC、pdhD）的催化下生成乙酰-CoA，该去向与 GABA 代谢相关途径的联系最为紧密。随后，生成的乙酰-CoA 可能会进入丙酸代谢转变成琥珀酸，或者乙酰-CoA 在乙酰-CoA 脱羧酶（accA、accB、accC、accD）的催化下生成丙二酰-CoA 并进入脂肪酸合成的过程。

进入细胞质中的 L-MSG 在 GAD（gadB，该酶在 L-MSG 刺激下显著上调表达）的催化下生成 GABA，GABA 在 GABA 转氨酶（gabT）催化下生成琥珀酸半醛，琥珀酸半醛在琥珀酸半醛脱氢酶（gabD）的催化下生成琥珀酸。然而，进入细胞质中的 L-MSG 抑制了 GABA 转氨酶编码基因的表达，同时有丙酸代谢产生的琥珀酸也会抑制 GABA 下游的分解反应，从而导致了植物乳杆菌 SY-8834 在 L-MSG 的诱导发酵过程中 GABA 大量积累。

4.5 本章小结

本研究以植物乳杆菌的模式菌株植物乳杆菌 SY-8834 为研究对象，首先，通过单因素实验探究影响菌体发酵过程中积累 GABA 的因素，再利用正交实验确定各因素对 GABA 产量影响的显著程度；其次，以 L-MSG 为单一诱导因素，化学限定培养基为发酵基质，建立 GABA 产量显著差异的发酵体系；最后，利用高通量转录组测序技术探究与 GABA 代谢相关的差异基因和代谢途径。通过上述的研究得出以下结论：

（1）以发酵液中 GABA 含量为指标，确定底物 L-MSG、辅酶 PLP、发酵初始 pH 值、发酵温度能够显著影响植物乳杆菌 SY-8834 生成 GABA，但钙离子对其产量影响不大；通过正交实验并结合方差分析和极差分析，上述 5 个因素对 GABA 产量影响的显著程度为发酵初始 pH 值＞发酵温度＞底物＞辅酶＞钙离子。

（2）以 L-MSG 为单一诱导因素，化学限定培养基为发酵基质，建立了 GABA 产量显著的发酵体系：发酵初始 pH 值为 5.5，发酵温度为 37℃，辅酶 PLP 添加量为 100μM，底物 L-MSG 添加量为 100mM，接种量为 3%，培养基体积为 2 L。在此发酵条件下，发酵 36h 时，添加 L-MSG 发酵液中 GABA 的含量为 721.35mM，是没有添加 L-MSG 发酵液中 GABA 含量的 7.77 倍。

（3）通过转录组测序并将测序结果与参考基因组信息比对，得到了由 L-MSG 诱导的、与 GABA 代谢相关的 87 个显著差异基因，其中有 69 个显著上调的基因和 18 个显著下调的基因；这些差异基因分别与碳水化合物跨膜转运、糖—磷酸转移酶等功能密切相关，同时参与丙酮酸代谢、戊糖磷酸途径、脂肪酸合成、氨基酸代谢等生物化学过程。

（4）L-MSG 诱导植物乳杆菌 SY-8834 大量积累 GABA 可能的分子机制：① L-MSG 诱导 GAD 的编码基因上调表达，促进 L-MSG 大量转化成 GABA；② L-MSG 诱导 GABA 转氨酶的编码基因下调表达，抑制了 GABA 的分解途径，有助于 GABA 积累；③ L-MSG 诱导葡萄糖经糖酵解、丙酸代谢等途径生成琥珀酸，琥珀酸也可抑制 GABA 的分解途径，有助于 GABA 积累；④ L-MSG 激活了细胞质中脂肪酸的合成，增加了细胞膜的通透性，有利于碳源、氮源等营养物质的吸收，促进细胞中各种物质代谢的进行。

（5）高通量转录组测序技术能够准确、快速地对细胞某一特定状态下一整套转录本进行定量、功能注释、代谢通路富集等相关生物学信息分析，为从转录组水平上探究细胞的生理功能、物质代谢的分子机制提供了强有力的技术支撑。

参考文献

[1] 叶惟泠. γ–氨基丁酸的发现史 [J]. 生理科学进展, 1986, 17(2): 187–189.

[2] 杨胜远, 陆兆新, 吕风霞, 等. γ-氨基丁酸的生理功能和研究开发进展 [J]. 食品科学, 2005, 26(9): 546-551.

[3] CODA R, DI CAGNO R, EDEMA M O, et al. Exploitation of Acha (Digitaria exiliis) and Iburu (Digitaria iburua) flours: Chemical characterization and their use for sourdough fermentation [J]. Food Microbiology, 2010, 27(8): 1043-1050.

[4] 左斌, 刘唐兴, 丰来, 等. E.coli 谷氨酸脱羧酶高产菌株选育及发酵条件研究 [J]. 核农学报, 2009, 23(5): 789-793, 811.

[5] LI H X, CAO Y S. Lactic acid bacterial cell factories for gamma-aminobutyric acid [J]. Amino Acids, 2010, 39(5): 1107-1116.

[6] BJORK J M, MOELLER F G, KRAMER G L, et al. Plasma GABA levels correlate with aggressiveness in relatives of patients with unipolar depressive disorder [J]. Psychiatry Research, 2001, 101(2): 131-136.

[7] 张刚. 乳酸细菌: 基础、技术和应用 [M]. 北京: 化学工业出版社, 2007.

[8] KLEEREBEZEM M, BOEKHORST J, VAN KRANENBURG R, et al. Complete genome sequence of Lactobacillus plantarum WCFS1 [J]. Proceedings of the National Academy of Sciences of the United States of America, 2003, 100(4): 1990-1995.

[9] VAN KRANENBURG R, GOLIC N, BONGERS R, et al. Functional analysis of three plasmids from Lactobacillus plantarum [J]. Applied and Environmental Microbiology, 2005, 71(3): 1223-1230.

[10] SIEZEN R J, FRANCKE C, RENCKENS B, et al. Complete resequencing and reannotation of the lactobacillus plantarum WCFS1 genome [J]. Journal of Bacteriology, 2012, 194(1): 195-196.

[11] AAVV U. Health and nutritional properties of probiotics in food including powder milk with live lactic acid bacteria [J]. Fao & Who, 2001(October): 1-34.

[12] DE VRIES M C, VAUGHAN E E, KLEEREBEZEM M, et al. Lactobacillus plantarum—Survival, functional and potential probiotic properties in the human intestinal tract [J]. International Dairy Journal, 2006, 16(9): 1018-1028.

[13] ZAGO M, FORNASARI M E, CARMINATI D, et al. Characterization and probiotic potential of Lactobacillus plantarum strains isolated from cheeses [J]. Food Microbiology, 2011, 28(5): 1033-

1040.

[14] REN D Y, LI C, QIN Y Q, et al. In vitro evaluation of the probiotic and functional potential of Lactobacillus strains isolated from fermented food and human intestine [J]. Anaerobe, 2014, 30: 1-10.

[15] CAMMAROTA M, DE ROSA M, STELLAVATO A, et al. In vitro evaluation of Lactobacillus plantarum DSMZ 12028 as a probiotic: Emphasis on innate immunity [J]. International Journal of Food Microbiology, 2009, 135(2): 90-98.

[16] KRUISSELBRINK A, HEIJNE DEN BAK-GLASHOUWER M J, HAVENITH C E G, et al. Recombinant Lactobacillus plantarum inhibits house dust mite-specific T-cell responses [J]. Clinical and Experimental Immunology, 2008, 126(1): 2-8.

[17] MANGELL P, NEJDFORS P, WANG M, et al. Lactobacillus plantarum 299v inhibits escherichia coli-induced intestinal permeability [J]. Digestive Diseases and Sciences, 2002, 47(3): 511-516.

[18] KLARIN B, MOLIN G, JEPPSSON B, et al. Use of the probiotic Lactobacillus plantarum 299 to reduce pathogenic bacteria in the oropharynx of intubated patients: A randomised controlled open pilot study [J]. Critical Care, 2008, 12(6): R136.

[19] SANNI A I, ONILUDE A A. Characterization of bacteriocin produced by Lactobacillus plantarum F1 and Lactobacillus brevis OG1 [J]. African Journal of Biotechnology, 2003, 2(8): 219-227.

[20] NGUYEN T D T, KANG J H, LEE M S. Characterization of Lactobacillus plantarum PH04, a potential probiotic bacterium with cholesterol-lowering effects [J]. International Journal of Food Microbiology, 2007, 113(3): 358-361.

[21] WANG Y P, XU N, XI A D, et al. Effects of Lactobacillus plantarum MA2 isolated from Tibet kefir on lipid metabolism and intestinal microflora of rats fed on high-cholesterol diet [J]. Applied Microbiology and Biotechnology, 2009, 84(2): 341-347.

[22] VESA T, POCHART P, MARTEAU P. Pharmacokinetics of Lactobacillus plantarum NCIMB 8826, Lactobacillus fermentum KLD, and Lactococcus lactis MG 1363 in the human gastrointestinal tract [J]. Alimentary Pharmacology & Therapeutics, 2000, 14(6): 823-828.

[23] WULLT M, HAGSLÄTT M L J, ODENHOLT I. Lactobacillus plantarum 299v for the treatment of recurrent Clostridium difficile-associated diarrhoea: A double-blind, placebo-controlled trial [J].

Scandinavian Journal of Infectious Diseases, 2003, 35(6/7): 365-367.

[24] 李理, 刘冶, 满朝新, 等. 产 γ-氨基丁酸乳酸菌及其应用 [J]. 中国乳品工业, 2014, 42(2): 31-34, 47.

[25] DI CAGNO R, MAZZACANE F, RIZZELLO C G, et al. Synthesis of gamma-aminobutyric acid (GABA) by Lactobacillus plantarum DSM19463: Functional grape must beverage and dermatological applications [J]. Applied Microbiology and Biotechnology, 2010, 86(2): 731-741.

[26] GUO Y X, YANG R Q, CHEN H, et al. Accumulation of γ-aminobutyric acid in germinated soybean (Glycine max L.) in relation to glutamate decarboxylase and diamine oxidase activity induced by additives under hypoxia [J]. European Food Research and Technology, 2012, 234(4): 679-687.

[27] ERLANDER M G, TOBIN A J. The structural and functional heterogeneity of glutamic acid decarboxylase: A review [J]. Neurochemical Research, 1991, 16(3): 215-226.

[28] 郭晓娜, 朱永义, 朱科学. 生物体内 γ-氨基丁酸的研究 [J]. 氨基酸和生物资源, 2003, 25(2): 70-72.

[29] HAYAKAWA K, KIMURA M, KAMATA K. Mechanism underlying gamma-aminobutyric acid-induced antihypertensive effect in spontaneously hypertensive rats [J]. European Journal of Pharmacology, 2002, 438(1/2): 107-113.

[30] HARADA A, NAGAI T, YAMAMOTO M. Production of GABA-enriched powder by a brown variety of flammulina velutipes (enokitake) and its antihypertensive effects in spontaneously hypertensive rats [J]. Nippon Shokuhin Kagaku Kogaku Kaishi, 2011, 58(9): 446-450.

[31] YOSHIMURA M, TOYOSHI T, SANO A, et al. Antihypertensive effect of a gamma-aminobutyric acid rich tomato cultivar 'DG03-9' in spontaneously hypertensive rats [J]. Journal of Agricultural and Food Chemistry, 2010, 58(1): 615-619.

[32] GAO S F, BAO A M. Corticotropin-releasing hormone, glutamate, and γ-aminobutyric acid in depression [J]. The Neuroscientist, 2011, 17(1): 124-144.

[33] ADEGHATE E, PONERY A S. GABA in the endocrine pancreas: Cellular localization and function in normal and diabetic rats [J]. Tissue & Cell, 2002, 34(1): 1-6.

[34] END K, GAMEL-DIDELON K, JUNG H, et al. Receptors and sites of synthesis and storage of

gamma-aminobutyric acid in human pituitary glands and in growth hormone adenomas [J]. American Journal of Clinical Pathology, 2005, 124(4): 550-558.

[35] PESSIONE E, MAZZOLI R, GIUFFRIDA M G, et al. A proteomic approach to studying biogenic amine producing lactic acid bacteria [J]. Proteomics, 2005, 5(3): 687-698.

[36] PESSIONE E, PESSIONE A, LAMBERTI C, et al. First evidence of a membrane-bound, tyramine and beta-phenylethylamine producing, tyrosine decarboxylase in Enterococcus faecalis: A two-dimensional electrophoresis proteomic study [J]. Proteomics, 2009, 9(10): 2695-2710.

[37] SHILPA J, PAULOSE C S. GABA and 5-HT chitosan nanoparticles decrease striatal neuronal degeneration and motor deficits during liver injury [J]. Journal of Materials Science: Materials in Medicine, 2014, 25(7): 1721-1735.

[38] 陆勤. γ-氨基丁酸的神经营养作用[J]. 国外医学（生理、病理科学与临床分册）,1995,15（3）: 187-188.

[39] OKADA T, SUGISHITA T, MURAKAMI T, et al. Effect of the defatted rice germ enriched with GABA for sleeplessness, depression, autonomic disorder by oral administration [J]. NIPPON SHOKUHIN KAGAKU KOGAKU KAISHI, 2000, 47(8): 596-603.

[40] 马玉华，王斌，孙进，等. γ-氨基丁酸对高脂膳食小鼠免疫功能的影响[J]. 免疫学杂志, 2014, 30(7): 599-603, 607.

[41] SOH J R, KIM N S, OH C H, et al. Carnitine and/or GABA supplementation increases immune function and changes lipid profiles and some lipid soluble vitamins in mice chronically administered alcohol [J]. Preventive Nutrition and Food Science, 2010, 15(3): 196-205.

[42] TUJIOKA K, OHSUMI M, HORIE K, et al. Dietary gamma-aminobutyric acid affects the brain protein synthesis rate in ovariectomized female rats [J]. Journal of Nutritional Science and Vitaminology, 2009, 55(1): 75-80.

[43] MURASHIMA Y L, KATO T. Distribution of gamma-aminobutyric acid and glutamate decarboxylase in the layers of rat oviduct [J]. Journal of Neurochemistry, 1986, 46(1): 166-172.

[44] ROLDAN E R, MURASE T, SHI Q X. Exocytosis in spermatozoa in response to progesterone and zona pellucida [J]. Science, 1994, 266(5190): 1578-1581.

[45] 孙兵. γ-氨基丁酸对猫睡眠时相的影响 [J]. 天津医科大学学报, 1996, 2(4): 34–35.

[46] LU W Y, INMAN M D. Gamma-aminobutyric acid nurtures allergic asthma [J]. Clinical and Experimental Allergy: Journal of the British Society for Allergy and Clinical Immunology, 2009, 39(7): 956–961.

[47] PARK K, OH S. Production and characterization of GABA rice yogurt [J]. Food Science and Biotechnology, 2005, 14: 518–522.

[48] LI H X, QIU T, GAO D D, et al. Medium optimization for production of gamma-aminobutyric acid by Lactobacillus brevis NCL912 [J]. Amino Acids, 2010, 38(5): 1439–1445.

[49] SIRAGUSA S, DE ANGELIS M, DI CAGNO R, et al. Synthesis of gamma-aminobutyric acid by lactic acid bacteria isolated from a variety of Italian cheeses [J]. Applied and Environmental Microbiology, 2007, 73(22): 7283–7290.

[50] BARRETT E, ROSS R P, O'TOOLE P W, et al. γ-Aminobutyric acid production by culturable bacteria from the human intestine [J]. Journal of Applied Microbiology, 2012, 113(2): 411–417.

[51] CODA R, RIZZELLO C G, GOBBETTI M. Use of sourdough fermentation and pseudo-cereals and leguminous flours for the making of a functional bread enriched of gamma-aminobutyric acid (GABA) [J]. International Journal of Food Microbiology, 2010, 137(2/3): 236–245.

[52] THWE S M, KOBAYASHI T, LUAN T Y, et al. Isolation, characterization, and utilization of γ-aminobutyric acid (GABA)-producing lactic acid bacteria from Myanmar fishery products fermented with boiled rice [J]. Fisheries Science, 2011, 77(2): 279–288.

[53] FERNÁNDEZ M, ZÚÑIGA M. Amino acid catabolic pathways of lactic acid bacteria [J]. Critical Reviews in Microbiology, 2006, 32(3): 155–183.

[54] LU X X, CHEN Z G, GU Z X, et al. Isolation of γ-aminobutyric acid-producing bacteria and optimization of fermentative medium [J]. Biochemical Engineering Journal, 2008, 41(1): 48–52.

[55] LACROIX N, ST-GELAIS D, CHAMPAGNE C P, et al. Gamma-aminobutyric acid-producing abilities of lactococcal strains isolated from old-style cheese starters [J]. Dairy Science & Technology, 2013, 93(3): 315–327.

[56] YANG S Y, LÜ F X, LU Z X, et al. Production of γ-aminobutyric acid by Streptococcus salivarius

subsp. thermophilus Y2 under submerged fermentation [J]. Amino Acids, 2008, 34(3): 473–478.

[57] KOMATSUZAKI N, JUN S M, KAWAMOTO S, et al. Production of γ-aminobutyric acid (GABA) by Lactobacillus paracasei isolated from traditional fermented foods [J]. Food Microbiology, 2005, 22(6): 497–504.

[58] 王超凯, 刘绪, 张磊, 等. 产γ-氨基丁酸乳酸菌的筛选及发酵条件初步优化[J]. 食品与发酵科技, 2012, 48(1): 36–39.

[59] ZHANG Y M, ROCK C O. Membrane lipid homeostasis in bacteria [J]. Nature Reviews Microbiology, 2008, 6: 222–233.

[60] PENG C L, HUANG J, HU S, et al. A two-stage pH and temperature control with substrate feeding strategy for production of gamma-aminobutyric acid by lactobacillus brevis CGMCC 1306 [J]. Chinese Journal of Chemical Engineering, 2013, 21(10): 1190–1194.

[61] 孟和毕力格, 冀林立, 罗斌, 等. 传统乳制品中产γ-氨基丁酸乳酸菌的培养基优化[J]. 食品工业科技, 2009, 30(7): 124–127.

[62] LI H X, QIU T, HUANG G D, et al. Production of gamma-aminobutyric acid by Lactobacillus brevis NCL912 using fed-batch fermentation [J]. Microbial Cell Factories, 2010, 9(1): 85.

[63] PARK K B, OH S H. Production of yogurt with enhanced levels of gamma-aminobutyric acid and valuable nutrients using lactic acid bacteria and germinated soybean extract [J]. Bioresource Technology, 2007, 98(8): 1675–1679.

[64] UENO Y, HAYAKAWA K, TAKAHASHI S, et al. Purification and characterization of glutamate decarboxylase from lactobadllus bvevis IFO 12005 [J]. Bioscience, Biotechnology, and Biochemistry, 1997, 61(7): 1168–1171.

[65] 邓平建. 基因芯片技术(上)[J]. 中国公共卫生, 2001, 17(8): 24–28.

[66] 陈琉, 哈伯·旺斯路德, 尼尔·温哥顿, 等. 基因芯片—同时研究数以千计的生物技术[J]. 中国现代医学杂志, 2005, 15(13): 1977–1983.

[67] MAZZOLI R, PESSIONE E, DUFOUR M, et al. Glutamate-induced metabolic changes in Lactococcus lactis NCDO 2118 during GABA production: Combined transcriptomic and proteomic analysis [J]. Amino Acids, 2010, 39(3): 727–737.

[68] OKONIEWSKI M J, MILLER C J. Hybridization interactions between probesets in short oligo microarrays lead to spurious correlations [J]. BMC Bioinformatics, 2006, 7: 276.

[69] WANG Z, GERSTEIN M, SNYDER M. RNA-Seq: A revolutionary tool for transcriptomics [J]. Nature Reviews Genetics, 2009, 10: 57-63.

[70] ROYCE T E, ROZOWSKY J S, GERSTEIN M B. Toward a universal microarray: Prediction of gene expression through nearest-neighbor probe sequence identification [J]. Nucleic Acids Research, 2007, 35(15): e99.

[71] LI B, DEWEY C N. RSEM: Accurate transcript quantification from RNA-Seq data with or without a reference genome [J]. BMC Bioinformatics, 2011, 12: 323.

[72] GERHARD D S, WAGNER L, FEINGOLD E A, et al. The status, quality, and expansion of the NIH full-length cDNA project: The Mammalian Gene Collection (MGC) [J]. Genome Research, 2004, 14(10B): 2121-2127.

[73] HARBERS M, CARNINCI P. Tag-based approaches for transcriptome research and genome annotation [J]. Nature Methods, 2005, 2: 495-502.

[74] MARIONI J C, MASON C E, MANE S M, et al. RNA-seq: An assessment of technical reproducibility and comparison with gene expression arrays [J]. Genome Research, 2008, 18(9): 1509-1517.

[75] CLOONAN N, FORREST A R R, KOLLE G, et al. Stem cell transcriptome profiling via massive-scale mRNA sequencing [J]. Nature Methods, 2008, 5: 613-619.

[76] BARBAZUK W B, EMRICH S J, CHEN H D, et al. SNP discovery via 454 transcriptome sequencing [J]. The Plant Journal: for Cell and Molecular Biology, 2007, 51(5): 910-918.

[77] DOVER S, HALPERN Y S. Control of the pathway of γ-aminobutyrate breakdown in Escherichia coli K-12 [J]. Journal of Bacteriology, 1972, 110(1): 165-170.

[78] FEEHILY C, O'BYRNE C P, KARATZAS K A G. Functional γ-Aminobutyrate Shunt in Listeria monocytogenes: Role in acid tolerance and succinate biosynthesis [J]. Applied and Environmental Microbiology, 2013, 79(1): 74-80.

[79] GOH S H, POTTER S, WOOD J O, et al. HSP60 gene sequences as universal targets for microbial species identification: Studies with coagulase-negative staphylococci [J]. Journal of Clinical

Microbiology, 1996, 34(4): 818–823.

[80] NASER S M, THOMPSON F L, HOSTE B, et al. Application of multilocus sequence analysis (MLSA) for rapid identification of Enterococcus species based on rpoA and pheS genes [J]. Microbiology, 2005, 151(Pt 7): 2141–2150.

[81] MORTAZAVI A, WILLIAMS B A, MCCUE K, et al. Mapping and quantifying mammalian transcriptomes by RNA-Seq [J]. Nature Methods, 2008, 5: 621–628.

[82] KIM M J, KIM K S. Isolation and Identification of γ-Aminobutyric acid (GABA)-producing lactic acid bacteria from Kimchi [J]. Journal of the Korean Society for Applied Biological Chemistry, 2012, 55(6): 777–785.

[83] 畅天狮, 刘俊果, 张桂, 等. 乳酸菌在酸性环境中的生理变化及pHin的调控机制 [J]. 中国乳品工业, 2002, 30(2): 7–10.

[84] CHOI S I, LEE J W, PARK S M, et al. Improvement of γ-aminobutyric acid (GABA) production using cell entrapment of lactobacillus brevis GABA 057 [J]. Journal of Microbiology and Biotechnology, 2006, 16: 562–568.

[85] LU X X, XIE C Y, GU Z X. Optimisation of fermentative parameters for GABA enrichment by lactococcus lactis [J]. Czech Journal of Food Sciences, 2009, 27(6): 433–442.

[86] RIZZELLO C G, NIONELLI L, CODA R, et al. Effect of sourdough fermentation on stabilisation, and chemical and nutritional characteristics of wheat germ [J]. Food Chemistry, 2010, 119(3): 1079–1089.

[87] HIRAGA K, UENO Y, ODA K. Glutamate decarboxylase from lactobacillus brevis: Activation by ammonium sulfate [J]. Bioscience, Biotechnology, and Biochemistry, 2008, 72(5): 1299–1306.

[88] BAI Q Y, CHAI M Q, GU Z X, et al. Effects of components in culture medium on glutamate decarboxylase activity and γ-aminobutyric acid accumulation in foxtail millet (Setaria italica L.) during germination [J]. Food Chemistry, 2009, 116(1): 152–157.

[89] HWANG I K, YOO K Y, KIM D W, et al. Differential changes in pyridoxine 5'-phosphate oxidase immunoreactivity and protein levels in the somatosensory cortex and striatum of the ischemic gerbil brain [J]. Neurochemical Research, 2008, 33(7): 1356–1364.

[90] KARAHAN A G, BAŞYİĞİT KıLıÇ G, KART A, et al. Genotypic identification of some lactic acid

bacteria by amplified fragment length polymorphism analysis and investigation of their potential usage as starter culture combinations in Beyaz cheese manufacture [J]. Journal of Dairy Science, 2010, 93(1): 1-11.

[91] 伍娟, 董英, 徐福兵, 等. 乳酸菌发酵促进小麦胚芽累积 γ-氨基丁酸条件的研究 [J]. 食品与发酵工业, 2014, 40(12): 77-82.

[92] JIANG D H, JI H, YE Y, et al. Studies on screening of higher γ-aminobutyric acid-producing Monascus and optimization of fermentative parameters [J]. European Food Research and Technology, 2011, 232(3): 541-547.

[93] KOOK M C, SEO M J, CHEIGH C I, et al. Enhancement of γ-amminobutyric acid production by Lactobacillus sakei B2-16 expressing glutamate decarboxylase from Lactobacillus plantarum ATCC 14917 [J]. Journal of the Korean Society for Applied Biological Chemistry, 2010, 53(6): 816-820.

[94] ZIK M, ARAZI T, SNEDDEN W A, et al. Two isoforms of glutamate decarboxylase in Arabidopsis are regulated by calcium/calmodulin and differ in organ distribution [J]. Plant Molecular Biology, 1998, 37(6): 967-975.

[95] 钱莉, 缪冶炼, 陈介余, 等. 钙离子对香蕉谷氨酸脱羧酶贮藏的改善作用 [J]. 中国食品学报, 2013, 13(11): 106-110.

[96] TEUSINK B, VAN ENCKEVORT F H J, FRANCKE C, et al. In silico reconstruction of the metabolic pathways of Lactobacillus plantarum: Comparing predictions of nutrient requirements with those from growth experiments [J]. Applied and Environmental Microbiology, 2005, 71(11): 7253-7262.

[97] FATH M J, KOLTER R. ABC transporters: Bacterial exporters [J]. Microbiological Reviews, 1993, 57(4): 995-1017.

[98] POOLMAN B. Energy transduction in lactic acid bacteria [J]. FEMS Microbiology Reviews, 1993, 12(1/2/3): 125-147.

[99] VADEBONCOEUR C, PELLETIER M. The phosphoenolpyruvate: Sugar phosphotransferase system of oral streptococci and its role in the control of sugar metabolism [J]. FEMS Microbiology Reviews, 1997, 19(3): 187-207.

[100] KLEEREBEZEMAB M, HOLS P, HUGENHOLTZ J. Lactic acid bacteria as a cell factory:

Rerouting of carbon metabolism in Lactococcus lactis by metabolic engineering [J]. Enzyme and Microbial Technology, 2000, 26(9/10): 840-848.

[101] COTTER P D, HILL C. Surviving the acid test: Responses of gram-positive bacteria to low pH [J]. Microbiology and Molecular Biology Reviews: MMBR, 2003, 67(3): 429-453.

[102] CLARK S M, DI LEO R, DHANOA P K, et al. Biochemical characterization, mitochondrial localization, expression, and potential functions for an Arabidopsis γ-aminobutyrate transaminase that utilizes both pyruvate and glyoxylate [J]. Journal of Experimental Botany, 2009, 60(6): 1743-1757.

[103] FERNANDEZ A, OGAWA J, PENAUD S, et al. Rerouting of pyruvate metabolism during acid adaptation in Lactobacillus bulgaricus [J]. Proteomics, 2008, 8(15): 3154-3163.

[104] ZHAI Z Y, DOUILLARD F P, AN H R, et al. Proteomic characterization of the acid tolerance response in Lactobacillus delbrueckii subsp. bulgaricus CAUH1 and functional identification of a novel acid stress-related transcriptional regulator Ldb0677 [J]. Environmental Microbiology, 2014, 16(6): 1524-1537.

[105] KOPONEN J, LAAKSO K, KOSKENNIEMI K, et al. Effect of acid stress on protein expression and phosphorylation in Lactobacillus rhamnosus GG [J]. Journal of Proteomics, 2012, 75(4): 1357-1374.

第五章
植物乳杆菌高活性发酵剂制备

5.1 高活性发酵剂制备概述

对于乳酸菌发酵剂的使用大致历经了3个阶段：液体发酵剂、冷冻发酵剂和直投式发酵剂。液体酸奶发酵剂价格便宜，品质不稳定且储存过程中易染杂菌，菌种活力经常发生改变，保藏时间也短，在长距离运输过程中菌种活力降低得更快。已经逐渐被大型酸奶厂家所淘汰，只有一些中小型酸奶工厂还联合一些大学或研究所进行生产。冷冻酸奶发酵剂是经深度冷冻而制成，菌种活力较高，使用方便，活化时间较短，价格比直投式发酵剂便宜。但是其运输和储藏过程都需要 $-55\,^\circ\!\mathrm{C}\sim-45\,^\circ\!\mathrm{C}$ 的低温环境，因其深冷冻链的费用比较高，所以使用的广泛性受到很大的限制。直投式酸奶发酵剂较其他两种发酵剂相比，发酵剂的活力强、种类多、使用更方便、发酵产品质量稳定、无须中间活化就可直接投入到发酵罐中进行发酵乳制品的生产，一般储藏在冰箱中即可，运输成本和储藏成本都比较低。乳酸菌发酵剂种类多，发酵乳制品厂家可以根据需要任意选择，不仅丰富了酸奶的种类，同时也省去了菌种车间，减少了工作人员及资金投入，简化了生产工艺流程，并且其价格逐渐为国内厂家所接受，已经开始在一些大型酸奶厂家推广使用。

直投式发酵剂的使用简化了发酵食品企业的生产工艺，提高了企业产品的质量，使酸奶发酵剂的生产专业化、社会化、规范化和统一化，从而使发酵乳产品的生产标准化。直投式发酵剂提高发酵乳产品质量，保障了消费者的利益和健康，已成为近年来发酵食品领域的研究热点。

5.2 高活性发酵剂制备实验材料

5.2.1 实验菌株

植物乳杆菌 SY-8834：分离自的牧民自制发酵酸奶；德式乳杆菌保加利亚亚种和嗜热链球菌来自实验室。

5.2.2 培养基及溶液配制

（1）普通 MRS 培养基见表 5-1。蒸馏水定容至 1000mL，调 pH 至 5.8，然后高压灭菌，4℃保存。

表 5-1 普通 MRS 培养基

蛋白胨	5.0g
牛肉膏	5.0g
酵母膏	5.0g
胰蛋白胨	10.0g
葡萄糖	20.0g
5 种盐溶液： $K_2HPO_4 \cdot 3H_2O$ $MgCl_2 \cdot 6H_2O$ $ZnSO_4 \cdot 7H_2O$ $CaCl_2$ $FeCl_2$	各 10mL
Tween 80	1.0mL

（2）增殖 MRS 培养基见表 5-2。蒸馏水定容至 1000mL，调 pH 至 5.8，115℃ 20min 高压灭菌后，4℃保存。

（3）番茄汁的制备：

新鲜番茄 → 清洗 → 热烫（90～95℃，3～5min）→ 榨汁 → 过滤 → 定容 → 调 pH 至 7.0，121℃高压灭菌 15min，4℃保存备用。

(4) 0.1mol/L HCl：去离子水定容至 1000mL，用 0.2μm 滤膜过滤，然后过滤除菌 4℃保存。

表 5-2 增殖 MRS 培养基

葡萄糖	16.31g
酵母粉	7.5g
胰蛋白胨	15g
牛肉膏	7.5g
Tween 80	1.5g
柠檬酸氢二铵	3.52g
乙酸铵	5g
乙酸钠	5g
硫酸镁	0.87g
硫酸锰	0.41g

（5）GABA 标准液：称量 0.5156g GABA 固体加去离子水定容到 100mL HCl 中，用 0.2μm 滤膜过滤，配制终浓度为 50mmol/L 的 GABA 标准储备液。

用 0.1mol/L HCl 将 GABA 标准储备液分别稀释成 0.5mmol/L、1.0mmol/L、2.5mmol/L、5.0mmol/L、7.5mmol/L、15.0mmol/L、25.0mmol/L 浓度，用 0.2μm 滤膜过滤，4℃保存待用。

（6）衍生试剂见表 5-3。用 0.2μm 滤膜过滤除菌 4℃保存。

表 5-3 衍生试剂

试剂	数量
OPA	10mg
甲醇	0.5mL
硼酸缓冲液	2mL
2-巯基乙醇	30μL

（7）液相色谱流动相见表 5-4。用 0.2μm 滤膜过滤并经超声波脱气处理，室温保存。

（8）冻干保护剂：脱脂乳 10%（w/v）、海藻糖 4%（w/v）、麦芽糖糊精为 4%（w/v）、L-谷氨酸钠 4%（w/v），121℃ 高压灭菌 30min，4℃ 储存。

表 5-4 液相色谱流动相

试剂	数量
乙酸钠	50mM
甲醇	490mL
四氢呋喃	10mL

5.2.3 主要仪器与设备（表 5-5）

表 5-5 主要仪器与设备

仪器与设备	来源
各种规格移液器	Eppondorf 公司
BCN1360 型生物洁净工作台	北京东联哈尔仪器制造
低温冷冻离心机	上海离心机械研究所
微量台式离心机	美国 Beckman 公司
快速混匀器	姜堰市新康医疗机械有限责任公司
纯水生产仪	美国 PULL 公司
紫外分光光度计 DU800	美国 Beckman 公司
灭菌锅	上海三申医疗器械有限公司
精密电子天平（0.0001g）	瑞士梅特勒—托利多有限公司
梅特勒—托利多 Delta320pH 计	瑞士梅特勒—托利多有限公司
DH-101 恒温鼓风干燥箱	青岛海尔集团公司
GL-21M 高速冷冻离心机	上海市离心机械研究所
电热恒温水浴锅	天津泰斯特仪器有限公司
冷冻干燥仪	日本 HITACHI 公司
FM100 制冰机	英国 GRANT 公司
BCD-518WSA 冰箱	海尔公司
DHP-9272 型电热恒温培养箱	上海一恒科技有限公司
SCANNER 5560B 型扫描仪	BenQ 公司

续表

仪器与设备	来源
0.22μm 滤膜	Millipore
ZHWY200B 型全温度恒温培养摇床	上海智城分析仪器制造有限公司
真空冷冻干燥机	实验室
电镜扫描仪	实验室
DH–101 恒温鼓风干燥箱	青岛海尔集团公司
Waters 2695 GPC 高效液相仪	美国 Waters 公司
Hypersil ODS2 C18 色谱柱	大连依利特分析仪器有限公司
SPSS Statistics	USA
Windows Excel 2003	Microsoft, USA
Design–Expert	USA

5.2.4 主要化学试剂（表 5–6）

表 5–6　主要化学试剂

试剂	来源
葡萄糖	国产分析纯试剂
蛋白胨	国产分析纯试剂
牛肉膏	国产分析纯试剂
氯化钠	国产分析纯试剂
氢氧化钠	国产分析纯试剂
无水乙醇	国产分析纯试剂
碳酸氢钠	国产分析纯试剂
氢氧化钾	国产分析纯试剂
脱脂奶粉	市售
邻苯二甲醛	国药集团化学试剂有限公司
Tween 80	国产分析纯试剂
γ- 氨基丁酸标准品	Sigma 生物试剂有限公司
5- 磷酸吡哆醛	Sigma 生物试剂有限公司
色谱级甲醇	MTEDI 生物试剂有限公司

续表

试剂	来源
四氢呋喃	天津光复精细化工研究所
海藻糖	上海楷洋生物技术有限公司
麦芽糖糊精	上海楷洋生物技术有限公司
无水甜菜碱	上海楷洋生物技术有限公司
核糖醇	上海楷洋生物技术有限公司
甘油	上海楷洋生物技术有限公司
L-谷氨酸钠	上海楷洋生物技术有限公司
VC	上海楷洋生物技术有限公司

5.3 高活性发酵剂制备实验方法

5.3.1 乳酸菌的纯化与活化

从 -80℃取出甘油管冻存的分离自内蒙古传统发酵乳制品中高产 GABA 植物乳杆菌 SY-8834，按照 2% 的比例接种到新鲜液体 MRS 培养基，置于 30℃培养 14h，菌体生长旺盛，达到对数生长期。用接种环蘸取菌液于固体 MRS 平板上，三区划线，放入恒温培养箱，30℃培养 36h。从平板上长出的菌落中挑选典型的单个菌落，放于 2mL 新鲜液体 MRS 培养基中 30℃培养 14h，4℃保存备用。

将纯化后的单菌落菌液进行电镜扫描实验，视野中菌落形态单一，说明没有杂菌污染。同时将纯培养菌液按照 2% 比例接种到新鲜液体 MRS 培养基中，连续传代培养 2 次，将培养的菌液与 80% 的甘油按 3∶1 的比例混合，置于 -80℃冰箱冷冻保存。

5.3.2 植物乳杆菌生长曲线的建立

将活化好的植物乳杆菌按 2% 的比例接种于液体 MRS 液体培养基中，每隔 2h 取样，梯度稀释，取 $10^{-9} \sim 10^{-6}$ 之间的稀释梯度进行平板涂布，放于恒温培养箱，30℃培养 36h，培养完成后，进行平板计数。以时间为横坐标，活菌数对数为纵坐标建立生长曲线。

5.3.3 植物乳杆菌营养条件和环境条件的优化

对影响植物乳杆菌生长的营养条件（碳源、氮源、生长因子、缓冲盐及微量元素）和环境条件（温度、初始pH、培养方式及接种量）进行单因素实验。初步筛选出明显影响菌体生长的营养条件和环境条件。

1. 菌体生长的营养条件的单因素实验

将活化好的植物乳杆菌按2%的比例接种于含有不同碳源、氮源、生长因子、缓冲盐及微量元素的MRS液体培养基中，置于30℃恒温箱中培养。每隔2小时用紫外分光光度计在600nm波长下测定吸光值。以时间为横坐标，以吸光值为纵坐标，分别绘制不同培养条件下的生长曲线。以不同营养条件为横坐标，吸光值为纵坐标绘制柱状图，最终确定最佳的营养因子。

2. 菌体生长的环境条件的单因素实验

将活化好的植物乳杆菌按2%的比例接种于不同初始pH（4.4、5、5.5、5.8、6、6.5、7）、不同培养温度（25℃、30℃、35℃、40℃、45℃）的优化培养基中；将活化好的植物乳杆菌按不同的比例（1%、2%、3%、4%、5%）接种于培养基中，并置于30℃恒温箱中培养。每隔2小时测定吸光值。以时间（h）为横坐标，以吸光值纵坐标，分别绘制不同培养条件下的生长曲线。以不同培养条件为横坐标、吸光值为纵坐标绘制柱状图，最终确定最佳的环境生长条件。

5.3.4 植物乳杆菌增殖培养基成分的确定

1. Plackett-Burman设计法筛选试验因素及水平

在前期单因素试验的基础上选用对菌体生长有影响的因素进行Plackett-Burman试验设计，在PB实验设计的基础上每个试验因素取2个水平，高水平（+1）取低水平（-1）的1.5倍，以植物乳杆菌的菌体浓度（CFU/mL）为响应值。筛选影响菌体生长的显著影响因子。

2. 最陡爬坡实验

响应面法得到的拟合方程只在考察的最优区域内才能充分近似真实情形。在进行响应面优化前，通常会在变量变化的一个小区域内，用最陡爬坡法快速有效地进入最优点所在临近区域。根据 Plackett-Burman 试验结果中显著因子的效应大小，确定最陡爬坡试验的方向和梯度，其他因子均取低水平，考察菌体浓度的变化趋势，确定后续试验因素的中心点。

3. Box-Behnken Design 响应面优化增殖培养基

响应面分析法是一种寻找多因素系统中最佳条件的数学统计方法，可以通过建立模型来寻求最优的试验条件，评价不同因素的效应。根据 Plackett-Burman 试验和最陡爬坡实验中确定的试验因素和中心点，采用 Box-Behnken 法进行 3 因素 3 水平的响应面优化，以获得最佳培养基。

4. 多元二次回归模型的建立及方差分析

利用 Design-Expert 软件对试验数据进行二次多项回归拟合，获得回归方程，验证实验值与模拟值的拟合程度。

5.3.5 菌体在优化前后的培养基中生长性能的确定

将菌液按 2% 的比例分别接种于优化前后的培养基中，比较菌体在优化前后的活菌数变化及干重变化。干重测量方法：取不同时间点的发酵液 40mL，4000r/min 离心 10min 收集菌体，并用 0.85% 的生理盐水洗涤 3 遍，在 70℃烘箱烘干至恒重。称量计算不同时间点的菌体干重（g/L）。

5.3.6 菌体在发酵罐中培养条件的优化

在前期优化出的最优培养基和确定的最佳静态培养条件的基础上，用 3.7L 发酵罐（试验过程中发酵罐的实际装液体积为 2L），对植物乳杆菌 SY-8834 的高密度发酵工艺设计单因素试验，影响因素包括中和剂、pH、流加葡萄糖等，以发酵液活菌数的高低作为确定高密度发酵工艺的指标。

利用 3.7 L 瑞士 Bio-自动发酵罐进行高密度培养，在发酵罐进行高密度培养之前需要对发酵罐以及各种管道（通气管、取样针、补料瓶及管道）进行 121℃高温灭菌 15min。

5.3.6.1 不同恒定 pH 培养条件的确定

设置发酵罐不同 pH：4.5、5.0、5.5、5.8、6.0，使用发酵罐对植物乳杆菌 SY-8834 进行恒定 pH 的培养。每隔 2 小时取样测定活菌数，并以时间为横坐标、活菌数为纵坐标绘制生长曲线，并比较不同恒定 pH 对菌体存活率的影响。

5.3.6.2 不同中和剂的选择

分别选用质量体积分数为 20% NaOH、20% 氨水、20% 碳酸钠、20% 氢氧化钙为中和碱液，使用发酵罐对植物乳杆菌 SY-8834 最佳初始 pH 条件下进行不同恒定 pH 的培养。每隔 2 小时取样测定活菌数，并以时间为横坐标、活菌数为纵坐标绘制生长曲线，并比较不同的中和剂对菌体存活率的影响。

5.3.6.3 流加葡萄糖浓度的确定

利用葡萄糖测定试剂盒（葡萄糖氧化酶—过氧化氢酶法，上海荣盛生物药业）测定不同时间点的发酵液中葡萄糖的残留量，确定补料时间。在指数期流加不同浓度（20g/L、30g/L、40g/L）的葡萄糖及新鲜培 MRS 养基，在上面确定的最佳培养条件下对植物乳杆菌 SY-8834 进行培养。每隔 2 小时取样测定活菌数，并以时间为横坐标，活菌数为纵坐标绘制生长曲线，并比较不同葡萄糖的浓度对菌体存活率的影响。

5.3.7 冻干发酵剂制备工艺条件确定

5.3.7.1 菌体收获时间的确定

在最优条件下培养菌体，每隔 2h 取样计算活菌数，绘制生长曲线。文献报道在菌株的对数期与稳定期收货菌体，菌体的冻干存活率升高。分别在对数生长期中期、对数生长期末期、稳定期前期、稳定期中期收集菌体，离心收集菌体并添加保护剂冻干后测定冻干存活率。

5.3.7.2 菌体冻干保护剂的选择

选择不同种类的冻干保护剂,包括海藻糖、葡萄糖、麦芽糖糊精、L-半胱氨酸盐酸盐、谷氨酸钠。121℃灭菌15min,4℃保存备用。

5.3.7.3 保护剂添加比例的研究

在上述冻干保护剂的基础上,对保护剂添加比例进行研究。添加保护剂比例菌泥:保护剂(m/m)分别为1:1、1:2、1:4、1:6、1:8、1:10,计算其冻干存活率,选择存活率较高的添加比例作为优化结果。

5.3.7.4 菌体与菌泥混合厚度的研究

在上述冻干保护剂添加比例的基础上,对保护剂比例与菌泥混合后进行冻干的厚度进行研究。在5mL安培瓶中分别添加0.4mL(0.2cm)、0.6mL(0.3cm)、0.8mL(0.4cm)、1.0mL(0.5cm)、1.2mL(0.6cm)菌悬液,计算其冻干存活率,选择存活率较高的菌悬液厚度作为优化结果。

5.3.7.5 菌体冻干存活率的计算

冻干存活率 = 冻干菌粉中活菌数 / 冻干前菌悬液中活菌数

冻干前菌泥中的活菌数:将发酵液按上述优化的离心条件离心收集菌体,用0.85%的生理盐水洗涤菌体两遍,取0.1g菌泥加0.9g 0.85%的生理盐水混匀并进行10倍梯度连续稀释,取3个稀释度进行平板涂布。30℃恒温培养36h,进行计数。

5.3.7.6 扫描电镜观察冻干前后菌体形态变化

将添加保护剂和不添加保护剂的冻干菌体利用电镜扫描仪进行电镜观察,未经冷冻处理的菌体按照下列步骤进行电镜扫描,观察菌体形态的在冻干前后的结构变化。

(1)取材:将样品用双面刀切成2×5mm的小条。

(2)固定:加入2.5% pH 6.8戊二醛固定并置于4℃冰箱中固定1.5h以上。

(3）冲洗：用 0.1M pH 6.8 Pbs 冲洗 2～3 次，每次 10min。

（4）脱水：分别用浓度为 50%、70%、90% 的乙醇进行脱水一次，每次 10min；100% 的乙醇脱水 2～3 次，每次 10～15min。

（5）置换：100% 乙醇：叔丁醇 =1：1，纯叔丁醇各一次，每次 15min。

（6）干燥：将样品放于 -20℃冰箱中冷冻 30min，放于 ES-2030 型冷冻干燥仪对样品进行干燥，大约 4h。

（7）粘样：将样品观察面向上，用导电胶带粘在扫描电镜样品台上。

（8）镀膜：用 E-1010 型离子溅射镀膜仪，在样品表面镀上一层厚 100～150Å 的金膜。

（9）将处理好的样品放于样品盒中待检。

5.3.8　冻干发酵剂质量评价及酸奶发酵

5.3.8.1　冻干菌粉的感官评价

对制备好的发酵剂的色泽、滋味、组织状态及杂质等情况进行检查。

5.3.8.2　酸奶发酵及酸奶的质构测定

将制备好的发酵剂按市售发酵剂的接种量进行酸奶发酵，即 1g 发酵剂接种到 100mmol/L 的底物 L- 谷氨酸钠和 20umol/L 的磷酸吡哆醛的灭菌奶中，在酸奶发酵期间测定奶样的 pH，当 pH 降到 4.5 酸奶发酵成熟。对发酵好的酸奶进行感官评价和质构测定，利用高效液相色谱测定酸奶中 GABA 的含量。

5.4　高活性发酵剂制备结果与分析

5.4.1　菌株的纯化与活化

植物乳杆菌 SY-8834 经过纯化复苏，在固体 MRS 平板上长势良好，形态单一。

菌落边缘整齐、表面光滑、中央有突起，菌落呈乳白色，菌落大小为 0.5～3mm。菌落形态如图 5-1 所示。

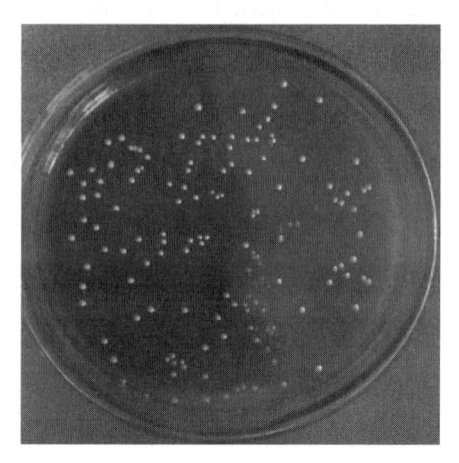

图 5-1　植物乳杆菌 SY-8834 菌落形态

菌种经纯化后接种到新鲜液体 MRS 培养基中培养，菌体培养完成后收集菌体并进行电镜扫描实验，其细胞呈短乳杆状，形态单一，细胞形态图如图 5-2 所示。

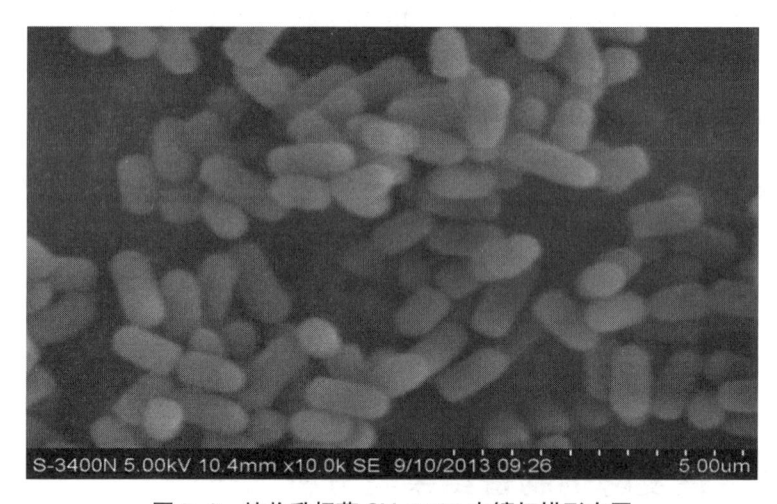

图 5-2　植物乳杆菌 SY-8834 电镜扫描形态图

5.4.2　菌体生长性能的测定及培养基成分的优化

菌体生长至 12h 时达到稳定期，此时活菌数最高达到 6.4×10^{10} CFU/L；菌体在整个生长过程中，发酵液中的 pH 值从 5.8 下降到 3.4，葡糖的浓度从 16.6g/L 下降到 1.2g/L。另外，从图中可以明显看出，当菌体生长到 18h 时活菌数迅速下降，可能是由于营养物质如碳源的消耗和 pH 值的下降（主要是菌体代谢葡萄糖产生乳酸造成的）造成菌体活力下降，并出现菌体自溶现象。植物乳杆菌 SY-8834 的生长曲线见图 5-3。

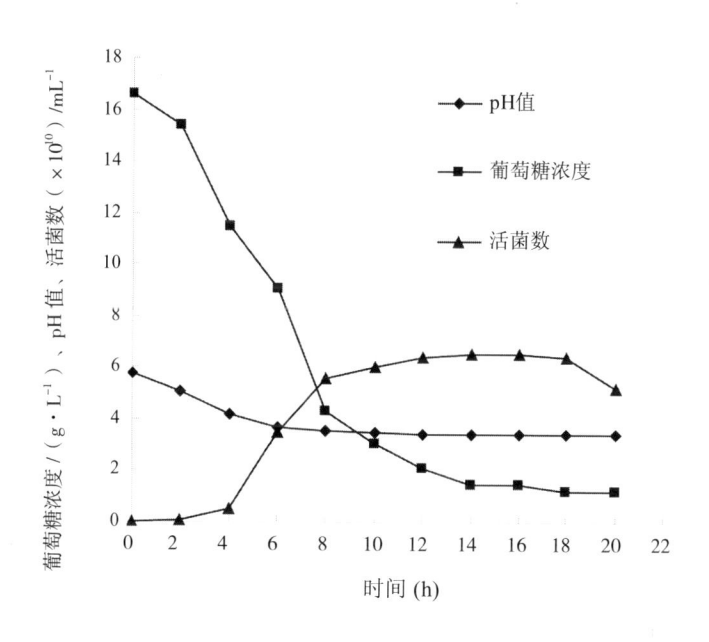

图 5-3　植物乳杆菌 SY-8834 的生长曲线

5.4.3　菌体生长的最适营养条件和环境条件的筛选

5.4.3.1　菌体生长的最适营养条件的确定

对菌体生长的最佳营养条件包括碳源、氮源、缓冲盐、生长因子进行了单因素筛选。将葡萄糖、麦芽糖、果糖、蔗糖、乳糖分别代替 MRS 培养基中的碳源，在 30℃条件下发酵 12h，实验结果如图 5-4（a）所示；将蛋白胨、酪蛋白胨、牛肉膏、酵母粉、胰蛋白胨、尿素、硫酸铵分别代替 MRS 培养基中氮源，在同样条件下发酵 12h，实验结果如图 5-4（b）所示；将乙酸钠、磷酸氢二钾、柠檬酸氢二铵、磷酸二氢钾、碳酸氢钠、碳酸钠、氨水、乙酸铵分别代替 MRS 培养基中缓冲盐，在同样条件下发酵 12h，结果如图 5-4（c）所示；将烟酸、维生素 C、硫酸锰、干酪素、硫酸镁、番茄汁铵分别代替 MRS 培养基中的生长因子，在同样条件下发酵 12h，结果如图 5-4（d）所示。

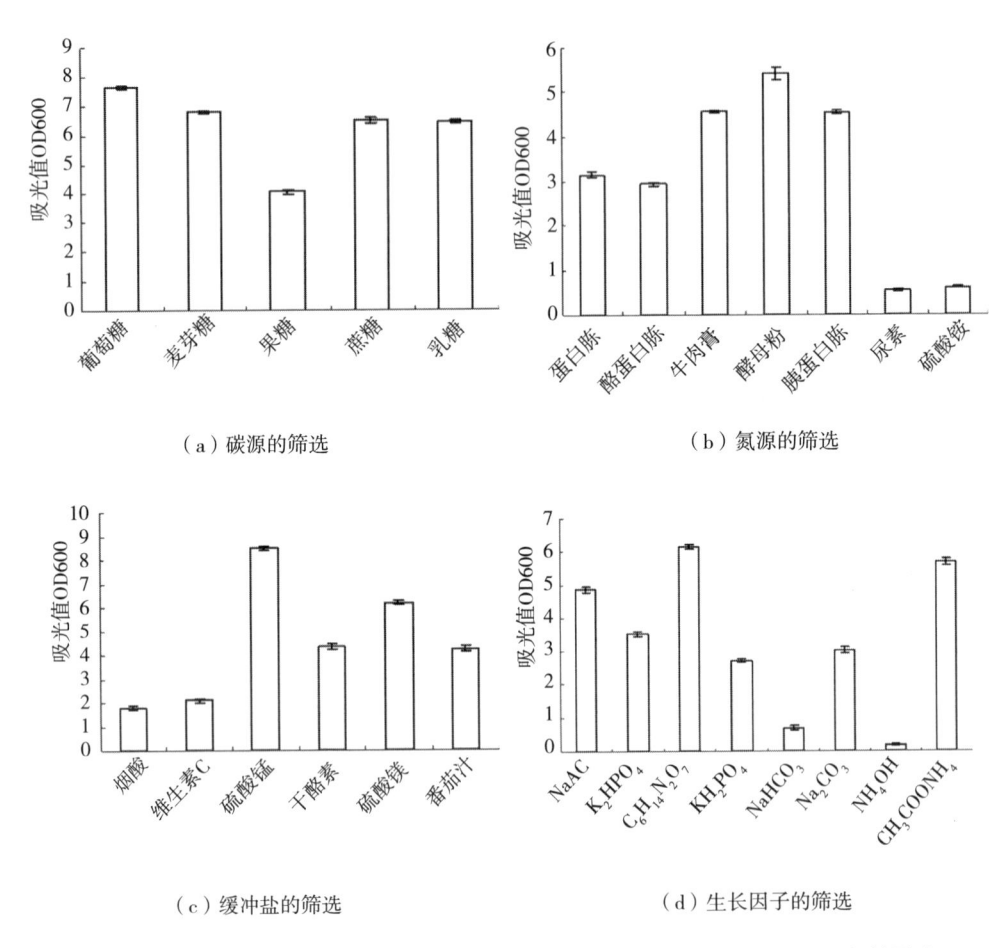

（a）碳源的筛选

（b）氮源的筛选

（c）缓冲盐的筛选

（d）生长因子的筛选

图 5-4　不同的碳源、氮源、缓冲盐及生长因子对植物乳杆菌 SY-8834 生长的影响

从图 5-4（a）可以看出，对植物乳杆菌 SY-8834 有明显促进作用的碳源为葡萄糖；从图 5-4（b）可以看出，最佳氮源为酵母粉、牛肉膏和胰蛋白胨；从图 5-4（c）可以看出，最佳缓冲盐为柠檬酸氢二铵和乙酸铵；从图 5-4（d）可以看出最佳生长因子为硫酸锰、硫酸镁和 Tween 80。有研究证明复合氮源比单一氮源更有利于乳酸菌的生长。本实验选用酵母粉、牛肉膏和胰蛋白胨为植物乳杆菌

SY-8834 生长的复合氮源。

5.4.3.2 菌体生长的最适环境条件的确定

对菌体生长有影响的环境条件包括温度（25℃、30℃、35℃、40℃、45℃）、初始 pH（4.5、5.0、5.5、6.0、6.5）和接种量（1%、2%、3%、4%、5%）进行了单因素筛选。菌体在不同环境条件下的生长情况如图 5-5 所示。

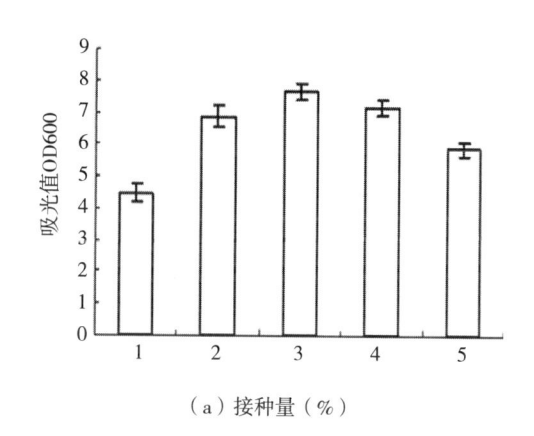

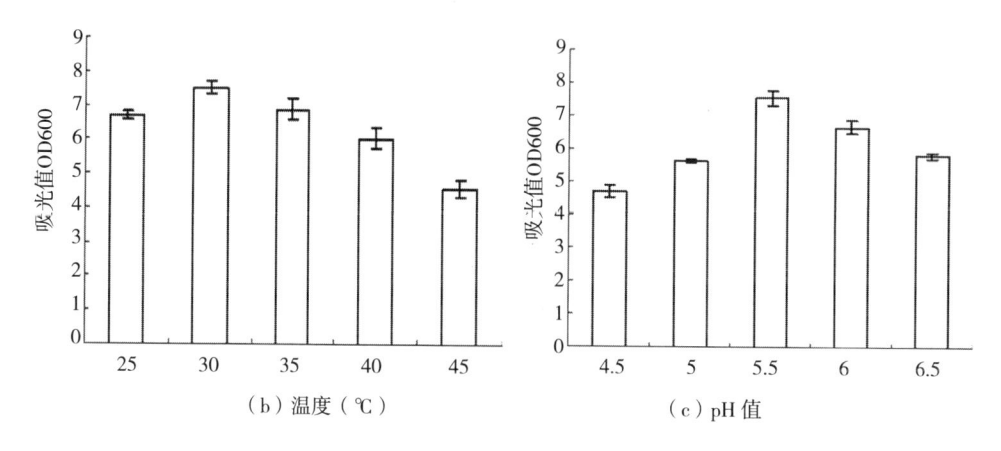

图 5-5 不同接种量、温度、pH 值对植物乳杆菌 SY-8834 生长的影响

从图 5-5 可知，当接种量为 3% 时菌体生长最好，接种量过高和过低都不利于菌体的生长；最佳培养温度为 30℃，温度条件直接影响菌体自身酶的活性，温度过高和过低都不利于菌体的生长；最佳 pH 值为 5.5，对于植物乳杆菌 SY-8834 来说，菌体在偏酸性环境下生长良好，当低于或高于最适 pH 值时都不利于菌体的

生长。

5.4.3.3 植物乳杆菌 SY-8834 增殖培养基成分的确定

1. Plackett-Burman 实验设计

筛选得到的对菌体生长有明显影响的因素设计实验，实验设计筛选因素编码及水平见表 5-7，植物乳杆菌 SY-8834 活菌数的变化结果见表 5-8，表 5-9 是根据表 5-8 中的实验结果对实验过程选取的每个实验因素效应大小进行分析的结果。

表 5-7 Plackett-Burman 实验设计表

变量值编码	变量（g/100mL）	编码 −1	水平 +1
X1	葡萄糖	2	3
X2	牛肉膏	1	1.5
X3	酵母粉	0.5	0.75
X4	胰蛋白胨	1	1.5
X5	柠檬酸氢二铵	0.2	0.3
X6	乙酸铵	0.5	0.75
X7	乙酸钠	0.5	0.75
X8	硫酸锰	0.025	0.0375
X9	硫酸镁	0.058	0.087
X10	Tween 80	0.1	0.15

表 5-8 Plackett-Burman 实验设计各因素水平对菌体活菌数的影响

运行序列	X1	X2	X3	变量X4	编码X5	值X6	X7	X8	X9	X10	活菌数（×10^{10}CFU/mL）
1	−	−	−	−	−	−	−	−	−	−	4.4
2	+	+	+	−	+	+	−	+	−	−	4.7
3	−	−	+	+	+	+	+	+	−	+	6.0

续表

运行序列	X1	X2	X3	变量编码值 X4	X5	X6	X7	X8	X9	X10	活菌数 (×10¹⁰CFU/mL)
4	+	−	+	−	−	−	+	+	+	−	4.5
5	+	−	−	+	+	−	+	−	+	+	4.6
6	−	+	+	+	−	+	+	−	−	+	4.9
7	−	+	−	−	+	+	+	+	−	+	4.7
8	−	+	+	−	+	−	−	−	+	+	6.0
9	−	−	−	+	+	+	−	+	+	−	4.8
10	+	+	−	+	−	−	−	+	+	−	4.7
11	+	−	+	−	−	+	−	−	−	+	4.7
12	+	+	−	+	+	−	+	−	−	−	4.7

表 5-9 Plackett-Burman 实验设计对活菌数影响的方差分析表

因素	效应	系数	系数标准误	T 检验	P 值
常量	4.8917	0.008333	587.00	0.001	—
葡萄糖	−0.4833	−0.2417	0.008333	−29.00	0.022
牛肉膏	0.1167	0.0583	0.008333	7.00	0.090
酵母粉	0.4833	0.2417	0.008333	29.00	0.122
胰蛋白胨	0.1500	0.0750	0.008333	9.00	0.070
柠檬酸氢二铵	0.4833	0.2417	0.008333	29.00	0.022
乙酸铵	−0.3167	−0.1583	0.008333	−19.00	0.033
乙酸钠	0.0167	0.0083	0.008333	1.00	0.500
Tween 80	0.0167	0.0083	0.008333	1.00	0.500
硫酸镁	0.0500	0.0250	0.008333	3.00	0.205
硫酸锰	0.4500	0.2250	0.008333	27.00	0.024

由表 5-9 可以看出，X1（葡萄糖）、X6（乙酸铵）2 个因素的效应为负，表明因素 X1（葡萄糖）、X6（乙酸铵）对菌体浓度的影响为负效应，即随着培养基

中葡萄糖、乙酸铵含量的增加，活菌数呈下降趋势；其余因素的效应为正，均为正效应。其中葡萄糖、柠檬酸氢二铵、乙酸铵和硫酸锰的 P 值均小于0.05，表明这三个因素对活菌数的影响显著。而柠檬酸氢二铵、乙酸铵在菌体生长过程中均起到缓冲盐的作用，为了后续实验设计方便，这里只选取柠檬酸氢二铵作为培养基中的缓冲盐。故采用葡萄糖、柠檬酸氢二铵和硫酸锰这3个因素为主要研究对象做后续研究，利用最陡爬坡实验确定葡萄糖、柠檬酸氢二铵和硫酸锰的最佳浓度范围。

2. 最陡爬坡实验设计

根据表5-9筛选得到的显著影响因素的效应大小确定最陡爬坡试验的方向和梯度（见表5-10）并进行试验，根据试验结果确定响应面实验设计因素的中心点。

由表5-10可以看出，随着葡萄糖浓度降低，柠檬酸氢二铵和硫酸锰浓度的升高，活菌数呈现先上升后下降的变化趋势，活菌最高的响应值区域在第四组试验。故响应面设计因素的中心点为葡萄糖15g/L，柠檬酸氢二铵3.5g/L，硫酸锰0.4g/L。

表5-10 最陡爬坡实验设计及结果

组别	葡萄糖	柠檬酸氢二铵	硫酸锰	活菌数（$\times 10^{10}$CFU/mL）
1	3	0.2	0.025	5.1
2	2.5	0.25	0.03	5.7
3	2	0.3	0.035	5.9
4	1.5	0.35	0.04	6.5
5	1	0.4	0.045	4.9
6	0.5	0.45	0.05	2.6

3. Box-Behnken Design 响应面设计

根据表5-9试验筛选得到的对菌体生长有显著影响的因素葡萄糖、柠檬酸氢二铵、硫酸锰和由表5-10最陡爬坡实验确定的试验因素中心点，采用Design Expert 17.0软件进行3因素3水平的响应面设计。表5-11是以葡萄糖、柠檬酸氢二铵、硫酸锰3个因素为自变量，植物乳杆菌SY-8834活菌数为响应值设计的3因素3水平Box-Behnken试验方案。表5-12是根据表5-11设计方案得到的实验结果。响应面设计实验结果见图 5-6。

表 5-11 Box-Behnken Design 因素及水平编码表

因素 （g/L）	代码	水平		
		+1	0	-1
葡萄糖	X1	20	15	10
柠檬酸氢二铵	X2	4.0	3.5	3.0
硫酸锰	X3	0.45	0.4	0.35

根据表 5-12 的试验结果，通过 Design Expert 17.0 软件处理，确定回归方程：
$Y=6.65+0.39X1+0.013X2+0.19X3+0.11X1X2-0.100X1X3+0.0075X2X3-0.77X1^2-0.43X2^2-0.44X3^2$

式中：Y 为植物乳杆菌 SY-8834 菌体浓度的预测响应值；X1 为葡萄糖的编码值；X2 为柠檬酸氢二铵的编码值；X3 为硫酸锰的编码值。

回归方程方差分析见表 5-13。

表 5-12 Box-Behnken 试验设计及结果

试验号	因素水平			Y/(10^{10}CFU/mL)
1	0	0	0	6.56
2	0	1	1	6.26
3	0	-1	-1	5.32
4	0	1	-1	5.57
5	1	-1	0	5.82
6	-1	1	0	4.86
7	-1	0	1	5.18
8	0	0	0	6.88
9	0	0	0	6.6
10	0	-1	1	5.98
11	0	0	0	6.59
12	1	1	0	5.83
13	1	0	1	5.78

续表

试验号	因素水平			Y/ (10^{10}CFU/mL)
14	-1	0	-1	4.89
15	-1	-1	0	5.3
16	0	0	0	6.63
17	1	0	-1	5.89

表 5-13 活菌数的响应面二次方模型方差分析

变异来源	平方和	自由度	均方	F 值	P
模型	6.12	9	0.68	13.40	0.0012
X1	1.19	1	1.19	23.51	0.0019
X2	0.00125	1	0.00125	0.025	0.8797
X3	0.29	1	0.29	5.76	0.0474
X1X2	0.051	1	0.051	1.00	0.3512
X1X3	0.040	1	0.040	0.79	0.4042
X2X3	0.000225	1	0.00225	0.004433	0.9488
$X1^2$	2.52	1	2.52	49.63	0.0002
$X2^2$	0.76	1	0.76	15.05	0.0061
$X3^2$	0.83	1	0.83	16.32	0.0049
残差	0.36	7	0.051	—	—
失拟项	0.29	3	0.096	5.69	0.0632
纯误差	0.067	4	0.017	—	—
总和	6.47	16	—	—	—

从表 5-13 中可以看出，经 Design-Expert 17.0 软件分析，所建立的模型 P 值为 0.0012 小于 0.01，表明建立的模型影响极显著；模型失拟项 P 为 0.0632，大于 0.05，即失拟项不显著，说明本试验建立的模型在整个回归区域的拟合度较好，接近真实的响应曲面情况，模型建立合理；CV（变异系数）表示模型的精确度，本试验模型中 CV=3.83%，较低，说明模型精确度高，试验可信。模型的决定系数 R^2=94.51%，矫正系数 R_{Adj}^2=87.46%，表明预测值与实际值之间具有高度相关性，

能解释87.46%的响应值变化，故可以利用此模型代替真实试验点对植物乳杆菌SY-8834的菌体浓度进行预测。

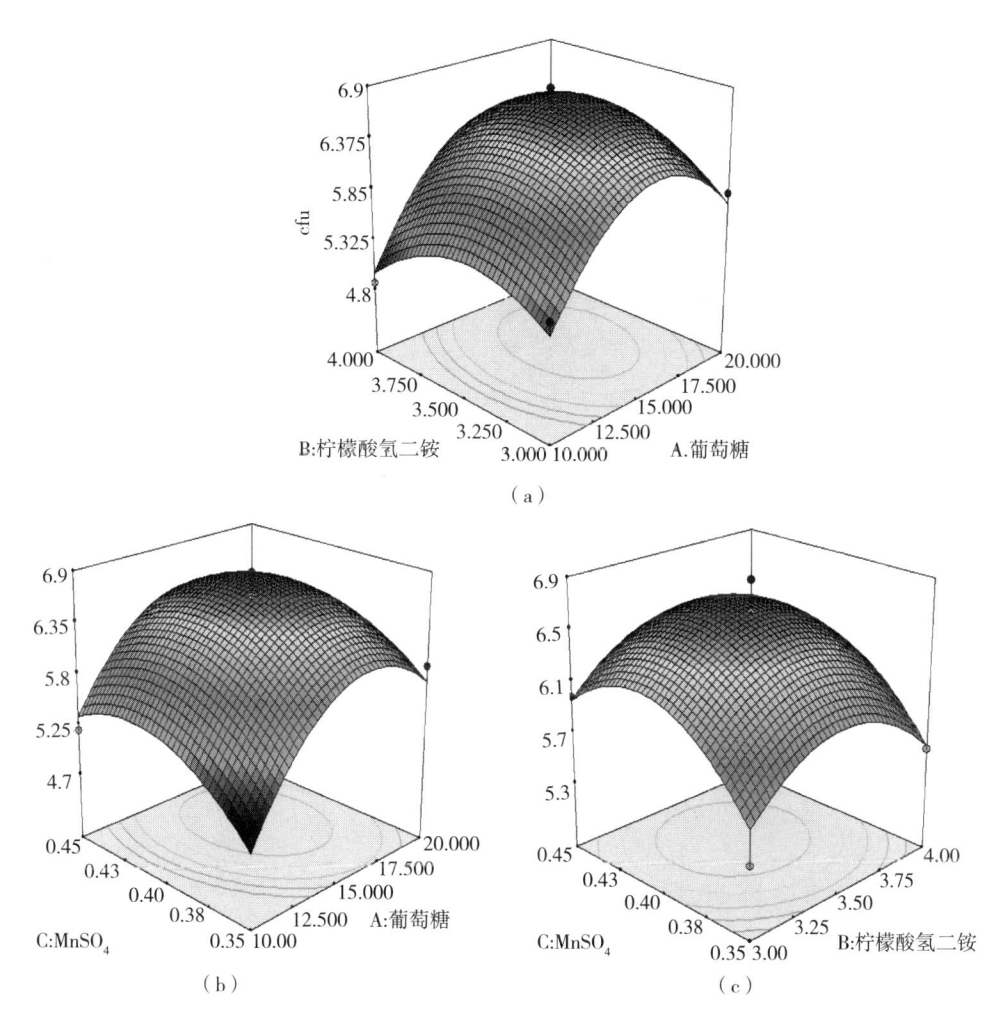

图5-6 葡萄糖与柠檬酸氢二铵（a）、葡萄糖与硫酸锰（b）和柠檬酸氢二铵与硫酸锰（c）的交互作用对活菌数的响应面立体图

从响应面图5-6分析可知，回归模型存在最大值。根据Design-Expert 17.0软件得到的回归方程可计算得到Y的最大估计值为6.72×10^{10}CFU/mL，此时葡萄糖16.31g/L、柠檬酸氢二铵3.52g/L、硫酸锰0.41g/L。

5.4.3.4 菌体在优化前后培养基中生长性能的比较

图 5-7（a）为优化前后细胞生物量的变化，经优化后细胞干重由原来的 3.31g/L 提高到 3.93g/L，细胞干重提高了原来的 1.2 倍。图 5-7（b）为优化前后细胞活菌数的变化，经优化后，活菌数由原来的 3.15×10^{10} CFU/mL 提高到 6.48×10^{10} CFU/mL，活菌数提高了 2.1 倍。且活菌数与响应面预测的最大活菌数 6.72×10^{10} CFU/mL 接近。说明回归方程能够真实地反映筛选因素对植物乳杆菌 SY-8834 生长的影响，对于培养基的优化研究具有指导意义。

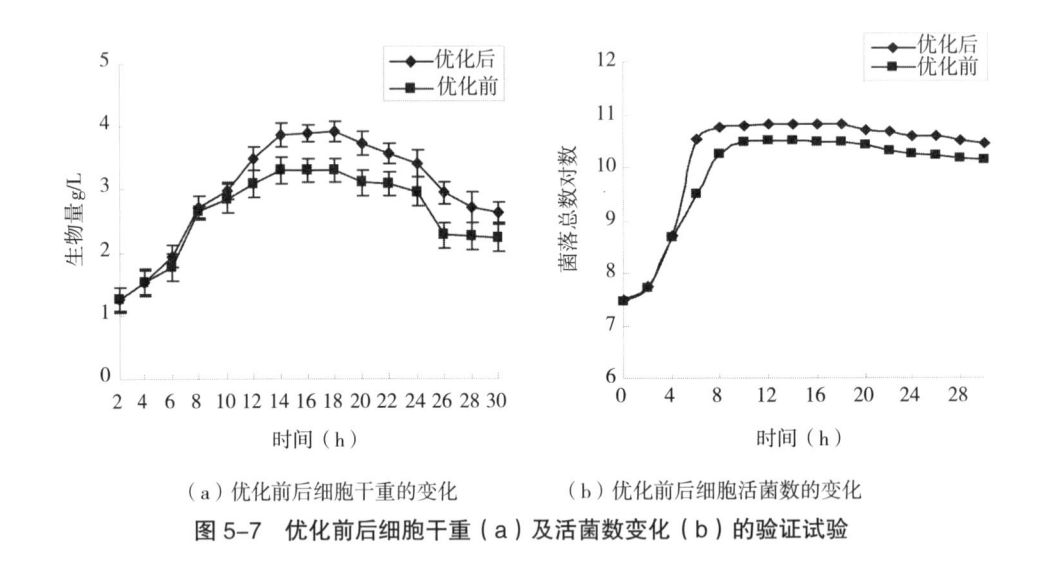

（a）优化前后细胞干重的变化　　（b）优化前后细胞活菌数的变化

图 5-7　优化前后细胞干重（a）及活菌数变化（b）的验证试验

5.4.4 植物乳乳杆菌发酵罐培养条件的优化

5.4.4.1 不同 pH 值条件对菌体生长的影响

发酵过程中，乳酸菌对不同的 pH 值环境的适应程度不同。图 5-8 是不同 pH 条件下，植物乳杆菌 SY-8834 所能达到的最大活菌数。

由图 5-8 可以看出控制发酵 pH 为 5.5 时，菌体活菌数能达到最高 16.5×10^{10} CFU/mL。pH 高于或低于最适 pH 都不利于菌体的生长。所以最终选择恒 PH 值为 5.5 作为植物乳杆菌 SY-8834 高密度培养的最佳 PH。

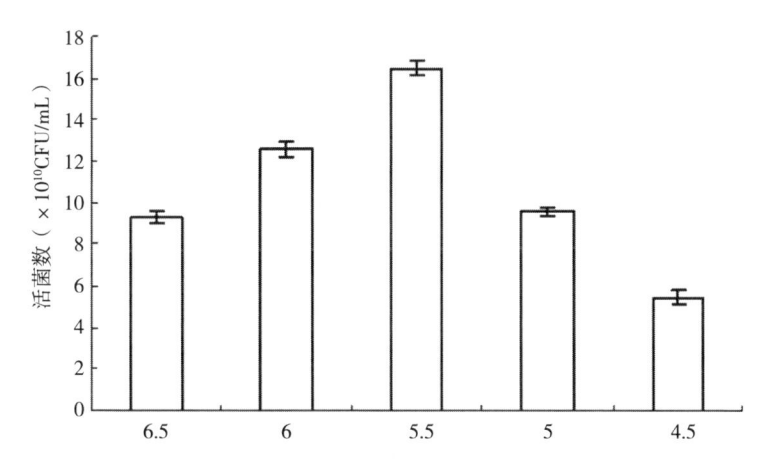

图 5-8 不同恒定 pH 条件下对植物乳杆菌 SY-8834 发酵浓度的影响

5.4.4.2 不同中和剂对菌体生长的影响

在以上确定的最优培养基及最佳静态培养条件的基础上，采用不同的中和剂对高密度发酵过程中产生的酸进行中和，以抵消高密度发酵产生过量的酸对其生长造成的抑制。图 5-9 是不同的 $NH_3 \cdot H_2O$、Na_2CO_3、$CaCO_3$、$NaOH$ 为中和剂的条件下，植物乳杆菌 SY-8834 所能达到的最大的活菌数。

由图 5-9 可以看出，当中和剂选择氨水时，菌体活菌数能达到 19.4×10^{10} CFU/mL。与其他中和剂相比，氨水更有利于菌体生长，可能原因是氨水在菌体生长过程中起到了一部分氮源的作用。所以最终选择 $NH_3 \cdot H_2O$ 作为植物乳杆菌 SY-8834 高密度培养的最佳的中和剂。

5.4.4.3 流加不同浓度的葡萄糖对菌体生长的影响

根据植物乳杆菌 SY-8834 的生长曲线图 5-10，在上述培养的最佳条件下对流加不同浓度的葡萄糖对菌体生长的影响进行研究，结果如图 5-10。

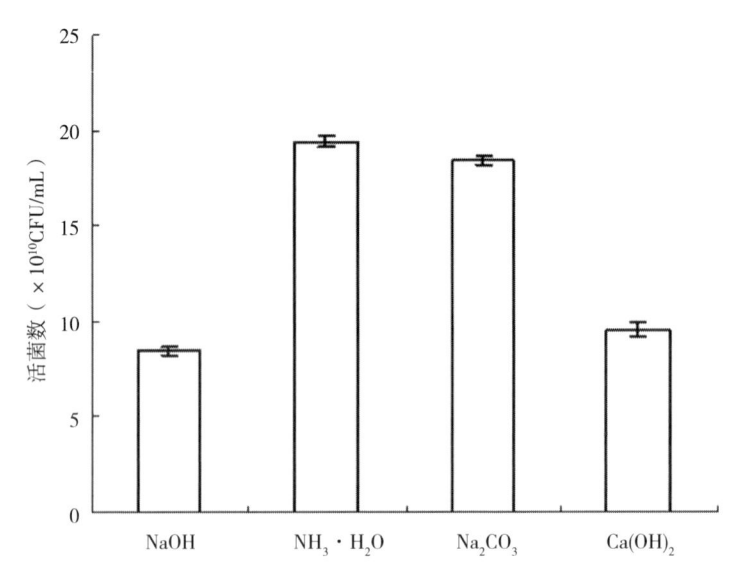

图 5-9 不同种类的中和剂对植物乳杆菌 SY-8834 发酵浓度的影响

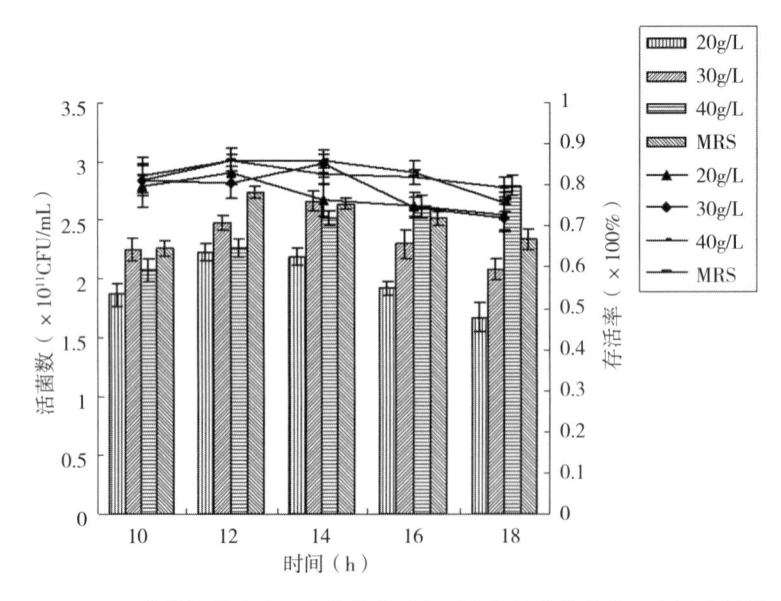

图 5-10 不同葡萄糖的浓度及菌体收获时间对菌体活菌数和冻干存活率的影响

由图 5-10 可以看出，当流加葡萄糖的浓度为 20g/L、30g/L 和 MRS 新鲜培养基时，菌体活菌数呈先上升后下降的趋势；流加葡萄糖的浓度为 40g/L 时，菌体活菌数呈逐渐上升的趋势，且在第 10h、12h、14h、16h 时菌体活菌数较流加 30g/L 的葡萄糖和 MRS 培养基的第 10h、12h、14h、16h 的活菌数有所下降。随着菌体生长时间的延长，流加葡萄糖的浓度为 40g/L 的活菌数才逐渐上升，这可能原因是在指数期中期补料浓度过大，限制了菌体的生长。虽然补料浓度在 40g/L 时，第 16h、第 18h 活菌数高于流加 20g/L、30g/L 的葡萄糖和 MRS 新鲜培养基下的活菌数，但菌体冻干存活率有所下降。由此说明菌体的收获时间影响冻干菌体的存活率。这是由于对数生长期和稳定期前期的菌体活力要高于稳定期后期和衰亡期的菌体活力，随着菌体生长时间的延长，虽然菌体活菌数略有上升，但是菌体的活力却逐渐下降，导致菌体的冻干存活率下降。另外，流加 30g/L 的葡萄糖组和流加新鲜 MRS 培养基组比较，流加新鲜 MRS 培养基组对菌体的增殖以及冻干后菌体的存活率均好于流加 30g/L 的葡萄糖组，但从经济效益及操作的简便性考虑，最终确定流加 30g/L 的葡萄糖为最佳实验条件。

通过增殖培养基的优化及发酵罐发酵条件和补料策略的优化研究，最终获得的菌体活菌数达到了 2.74×10^{11} CFU/mL。较优化前菌体活菌数 3.15×10^{10} CFU/mL 菌体浓度提高了 8.7 倍，基本实现了菌体高密度培养的目的。植物乳杆菌 SY-8834 的高密度培养，为下一步直投式发酵剂的制备奠定了基础。

5.4.5 冻干发酵剂制备工艺条件确定

5.4.5.1 菌体离心条件的确定

菌体高密度培养完成以后，离心收集菌体，表 5-14 是不同离心时间和转速对植物乳杆菌 SY-8834 活菌数结果。

离心前发酵液中的活菌数为 1.36×10^{11} CFU/mL。由表 5-14 可以看出，离心条件为 6000r/min，离心 15min 时活菌数最高，当离心转速过大，离心时间过长时，活菌数都有所下降，这可能是由于在离心过程中离心力的机械作用会造成菌体损伤甚至死亡，所以如果离心工艺不当，益生菌制剂中的活菌数的数量就会大大降低。由表 5-14 可以看出，同一离心转速、不同离心时间下，除了 8000r/min 组间存在差异，其余组间均无明显明显差异（$P > 0.05$）。同一离心时间下，不同离心转速组间存在差异（$P < 0.05$）。同一离心时间下，随着离心转速的增加，植物乳杆菌 SY-8834 的活菌数呈现先增加后减少的趋势，原因可能是离心力小，时间短时，

发酵液中的菌体不能完全和发酵液分离，造成菌体离心得率降低。所以选择菌体最佳的离心条件为 6000r/min，离心 15min。不同条件下得到的菌体最大存活率为 95.59%，最小存活率为 52.21%

表 5-14　不同离心时间和转速对植物乳杆菌 SY-8834 存活率的影响

转速（r/min）	不同时间不同离心力下活菌数（×10^{11}CFU/mL）		
	10min	15min	20min
4000	1.08 ± 0.03	1.12 ± 0.03	1.14 ± 0.04
6000	1.28 ± 0.03	1.30 ± 0.02	1.28 ± 0.01
8000	1.06 ± 0.04	1.01 ± 0.02	1.05 ± 0.01
10000	0.86 ± 0.02	0.85 ± 0.01	0.85 ± 0.01
12000	0.85 ± 0.01	0.77 ± 0.01	0.71 ± 0.02

5.4.5.2　冻干保护剂的选择

冷冻干燥过程是否成功（存活率高、保质期长）的关键在于有效保护剂的使用，保护剂可以改变生物样品冷冻干燥的物理环境和化学环境，减轻或防止冷冻干燥或复水对细胞的损害，尽可能保持原有的各种生理生化特征和生物活性。常用于冻干保护剂的种类有糖类、氨基酸、醇类等。实验过程中选用海藻糖、葡萄糖、L-半胱氨酸盐酸盐、无水甜菜碱、核糖醇、麦芽糖糊精、甘油、L-谷氨酸钠、维生素 C、脱脂乳为植物乳杆菌 SY-8834 冻干保护剂，研究这些保护剂对菌体的冻干保护作用。单因素实验结果见表 5-15，正交实验结果见表 5-16。

表 5-15　单一冻干保护剂对冻干菌体存活率的影响

保护剂	添加比例（%）	冻干后活菌数（×10^{11}CFU/mL）	冻干存活率（%）
海藻糖	5	1.27 ± 0.02	49.05
葡萄糖	5	0.17 ± 0.02	7.22
麦芽糖糊精	5	1.37 ± 0.01	51.71

续表

保护剂	添加比例（%）	冻干后活菌数（×10^{11}CFU/mL）	冻干存活率（%）
无水甜菜碱	2	0.14 ± 0.02	6.08
核糖醇	2	0.15 ± 0.01	5.32
甘油	10	1.05 ± 0.03	41.06
L-谷氨酸钠	2	1.37 ± 0.01	52.09
L-半胱氨酸盐酸盐	2	0.12 ± 0.02	5.32
维生素 C	5	0.19 ± 0.01	7.22
脱脂乳	10	1.39 ± 0.02	52.47

将添加保护剂的冻干菌粉进行活菌计数，并与不添加冻干保护剂的冻干菌粉的活菌数进行比较，由表5-15可以看出，所选取的冻干保护剂的保护作用大小为：脱脂乳＞L-谷氨酸钠＞麦芽糖糊精＞海藻糖＞甘油＞维生素C＞无水甜菜碱＞核糖醇＞L-半管氨酸盐酸盐＞葡萄糖。单一保护剂对菌体的保护作用不太理想，下一步实验选取对菌体冻干有较好保护作用的保护剂海藻糖、麦芽糖糊精、L-谷氨酸钠、脱脂乳为复合保护剂。复合保护剂的正交实验结果见表5-16。

由正交表5-16可以得出最佳保护剂配方：A2B1C1D2，即脱脂乳10%，海藻糖4%，麦芽糖糊精为4%，L-谷氨酸钠4%。利用此复合冻干保护剂进行菌体冻干，冻干菌粉中的活菌数为1.86×10^{11}CFU/mL，冻干存活率达到84.5%。实验表明复合保护剂对菌体的冻干保护作用要好于单一保护剂对菌体的保护作用。

5.4.5.3 菌体与菌泥混合厚度的研究

在上述冻干保护剂添加比例的基础上，对保护剂与菌泥混合后加入到安培瓶中的厚度进行研究。在5mL安培瓶中分别添加0.4mL（0.2cm）、0.6mL（0.3cm）、0.8mL（0.4cm）、1.0mL（0.5cm）、1.2mL（0.6cm）菌悬液，计算冻干菌粉中的活菌数及冻干存活率，结果见图5-11。

表 5-16 复合冻干保护剂的 $L_9(3^4)$ 正交试验实验结果

序号	脱脂乳（%）	海藻糖（%）	麦芽糖糊精（%）	L-谷氨酸钠（%）	活菌数（×10^{11}CFU/mL）
1	8	4	4	2	1.81
2	8	6	6	4	1.78
3	8	8	8	6	1.42
4	10	4	6	6	1.86
5	10	6	8	2	1.26
6	10	8	4	4	2.22
7	12	4	8	4	1.64
8	12	6	4	6	1.56
9	12	8	6	2	1.48
均值 1	1.670	1.770	1.863	1.517	—
均值 1	1.780	1.533	1.707	1.880	—
均值 1	1.560	1.707	1.440	1.613	—
极差	0.220	0.237	0.423	0.363	—

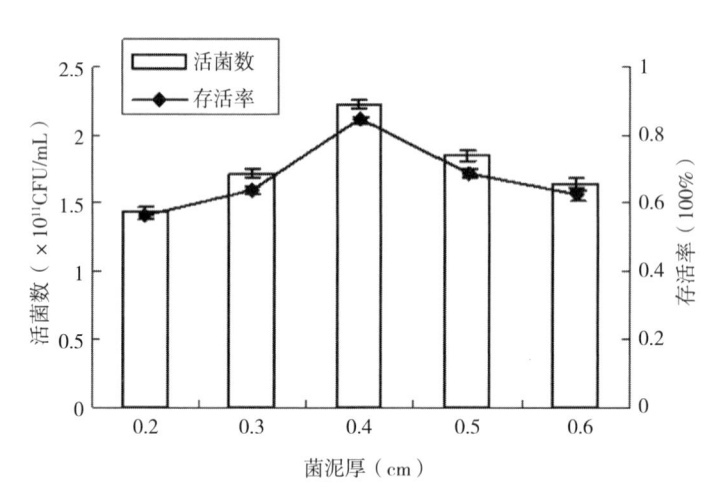

图 5-11 不同菌悬液厚度对植物乳杆菌 SY-8834 存活率的影响

由图 5-11 可以看出，不同厚度的菌悬液对菌体冻干保护作用不同。冻干时间受冻干厚度的影响，冻干时间越长菌粉中的含水量越低，一般冻干菌粉中的含水量为 1%～3% 时，保存期越长。冻干菌粉中含水量过低（＜0.5%），过高（＞

10%）都会影响菌体的活力。当菌悬液的厚度为0.4cm时，冻干菌粉中的活菌数为2.22×10^{11}CFU/mL，冻干存活率为84.5%。冻干效果要好于其他厚度。所以实验最终选择菌悬液的厚度为0.5cm为最佳厚度。

5.4.5.4 保护剂添加比例的研究

在上述冻干保护剂的基础上，对保护剂与菌泥的添加比例进行研究。添加保护剂比例菌泥：保护剂（m/m）分别为1：1、1：2、1：4、1：6、1：8，计算冻干菌粉中的活菌数和冻干存活率，结果见图5-12。

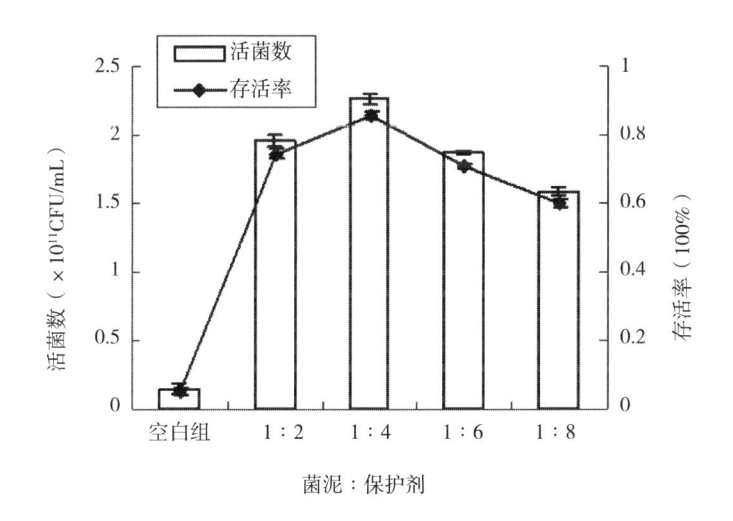

图5-12 不同比例的冻干保护剂对植物乳杆菌SY-8834存活率的影响

由图5-12可以看出，不同菌泥与冻干保护剂的比值对菌体冻干保护作用不同。当菌泥：保护剂为1：4时，冻干菌粉中的活菌数为2.27×10^{11}CFU/mL，冻干存活率为86.3%。冻干效果要好于其他比例的冻干效果。所以实验最终选择菌泥：保护剂为1：4。

5.4.5.5 扫描电镜观察冻干前后菌体形态的变化

为进一步说明冻干保护剂对菌体的冻干保护效果，实验对添加不同保护剂组（A.未经冷冻处理的菌体；B.未添加保护剂的菌体；C.添加脱脂乳的菌体；D.添加优化保护剂的菌体）的冻干菌粉进行电镜扫描实验，结果见图 5-13。

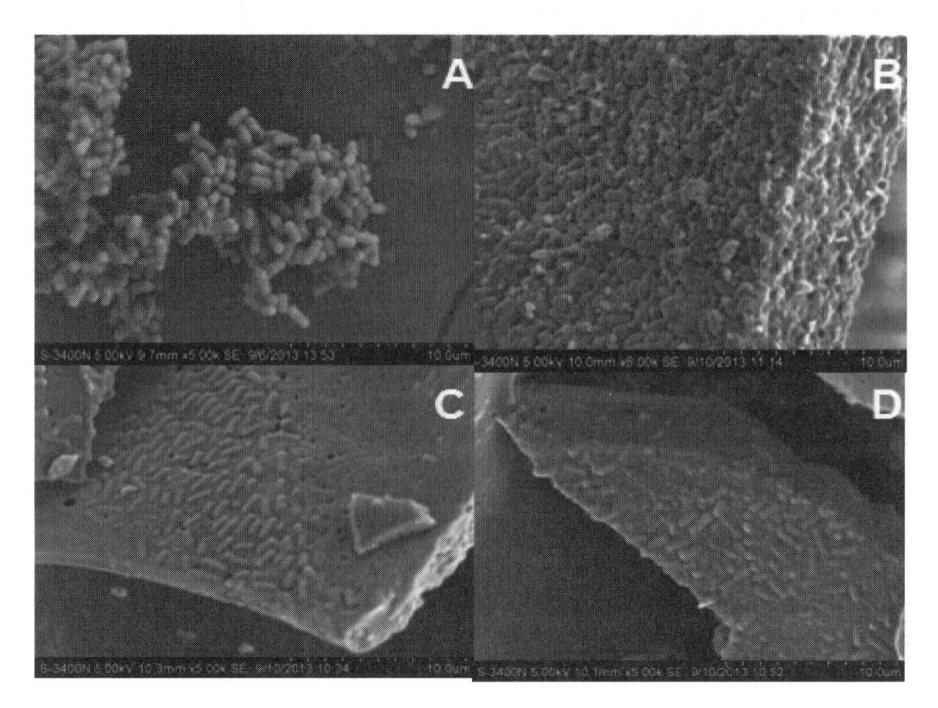

图 5-13　冻干前后植物乳杆菌 SY-8834 电镜扫描图

从图 5-13 可以看出，未添加保护剂的冻干菌体与添加保护剂的菌体相比，菌体均暴露于表面，极易受到不良环境因素的影响。从图中可以明显看出，未添加保护剂的冻干菌体部分细胞变性破裂，细胞以细胞簇的形式紧密聚集，细胞间有丝状物相互黏连，可能由于细胞破裂后内容物泄露所致。而添加保护剂的 C 组和 D 组，菌体均被覆盖在薄的涂层下，C 中只有在界面处存在大量的菌体。菌体形态完整，细胞饱满。由此说明，菌体添加保护剂能有效的保持细胞膜的渗透屏障和结构完整性，从而提高细胞的冻干存活率。

5.4.6　冻干发酵剂质量评价及酸奶发酵

5.4.6.1　冻干发酵剂的质量评价

对冻干后菌粉的色泽、滋味、组织状态和杂质等指标进行评价，结果见表 5-17。

表 5-17　直投式发酵剂的感官评价结果

指标	结果
色泽	色泽均一，呈白色或淡黄色
滋味	菌粉有淡淡的奶香味和酸味
组织状态	蓬松的粉末状
杂质	不可见

5.4.6.2　冻干发酵剂的活力检测

益生菌发酵剂的活力是评价发酵剂好坏的最关键标尺，实验对不同储藏条件下储藏 45 天的菌粉活力进行了检测。实验结果如图 5-14。

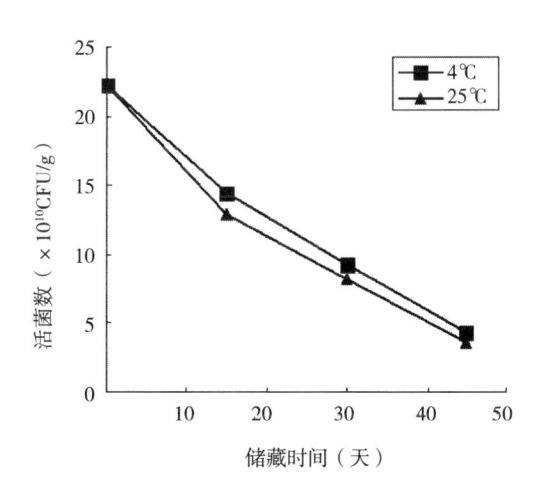

图 5-14　不同储存温度下菌粉的活力变化

由图 5-14 可以看出，4℃条件储藏的菌粉活要好于 25℃条件下的菌粉活力。并且随着储存时间的延长，菌粉活力呈现下降的趋势。菌粉在 4℃条件下储存，菌粉活力下降了 0.66 logCFU/g。在 25℃条件下储存菌粉活力下降了 0.73 logCFU/g。

5.4.6.3　酸奶发酵及酸奶的质构测定

本实验在前期优化的发酵条件（发酵温度为 43℃，接种量为 2%，其中单菌发酵植物乳杆菌接种量为2%，混菌发酵 L.P∶L.b∶S.t= 0.5∶0.5∶1.5）基础上，对底物的添加量进一步优化，以提高酸奶的口感及质构特性。实验发现，添加不同底物浓度的 L-谷氨酸钠发酵的酸奶感官特性和质构特性并没有明显差异（数据未给出）。表 5-18 是不同种类的酸奶质构特性的比较。

表 5-18　不同种类的酸奶质构特性比较

酸奶	黏度 （ρ·s）	保水力 （%）	硬度 （g）	黏度指数 （ρ·s）	凝聚性 （g）
混菌	1448.9 ± 11.6^b	71.7 ± 3.2^b	77.3 ± 1.7^a	146.8 ± 0.9^b	48.1 ± 1.2^a
单菌	1351.8 ± 14.2^c	55.7 ± 1.5^c	44.5 ± 0.9^b	147.3 ± 0.9^b	38.1 ± 1.2^b
市售	1581.9 ± 9.9^a	89.0 ± 1.0^a	78.2 ± 0.7^a	153.2 ± 0.8^a	54.4 ± 1.9^a

注：表中混菌（2%）；单菌（2%）：植物乳杆菌 SY-8834。

从表 5-18 中可以看出，不同种类的发酵剂发酵的酸奶对酸奶的质构特性影响差异显著。其中黏度指标是混菌发酵酸奶、单菌发酵酸奶与市售品牌之间差异显著（$P < 0.05$）；酸奶的黏度是影响感官特性及质构特性的重要因素，本实验还需要在提高酸奶黏度上做进一步研究。混菌发酵酸奶、单菌发酵酸奶的保水力差异显著与市售品牌差异显著（$P < 0.05$），酸奶的保水力影响酸奶在货架期间乳清的析出，需要通过添加增稠剂等物质以提高酸奶的保水力。混菌发酵酸奶与单菌发酵硬度指标差异显著（$P < 0.05$），混菌发酵酸奶与市售品牌差异不显著（$P > 0.05$）。混菌发酵酸奶与单菌发酵酸奶凝聚性差异显著（$P < 0.05$），混菌发酵酸奶与市售品牌差异不显著（$P > 0.05$）；黏性指数指标混菌发酵酸奶与单菌发酵酸奶差异不显著（$P > 0.05$），混菌发酵酸奶与市售酸奶差异显著（$P < 0.05$）。三种不同的酸奶质构特性排序为市售＞混菌酸奶＞单菌。综合比较混菌发酵酸奶的质构特性要好于单菌发酵酸奶的质构特性，即混菌发酵的酸奶黏度为（1448.9±11.6）ρ·s、保水力为（71.7±3.2）%、硬度为（77.3±1.7）g、黏性指数为（146.8±0.9）ρ·s、凝聚性为（48.1±1.2）g。从分析的结果来看，混菌发酵酸奶选用 L.p SY-8834、L.b 和 S.t 三种菌复配发酵，嗜热链球菌产黏效果好，提高了酸奶的品质，质构特性好于单菌发酵，其质构特性与市售酸奶质构

特性相近，其硬度指标与市售酸奶无明显差异。通过研究还发现，在发酵酸奶过程中，单菌发酵时间远远长于混菌发酵，从工业生产成本和效益考虑，最终选择三株菌混合作为酸奶发酵的发酵剂。

5.4.6.4 高效液相色谱测定酸奶中 GABA 含量

用高效液相色谱仪对发酵好的酸奶中的 GABA 含量进行检测，判断菌粉冻干后发酵酸奶中 GABA 含量的影响，酸奶中 GABA 的高效液相色谱图见图 5-15。

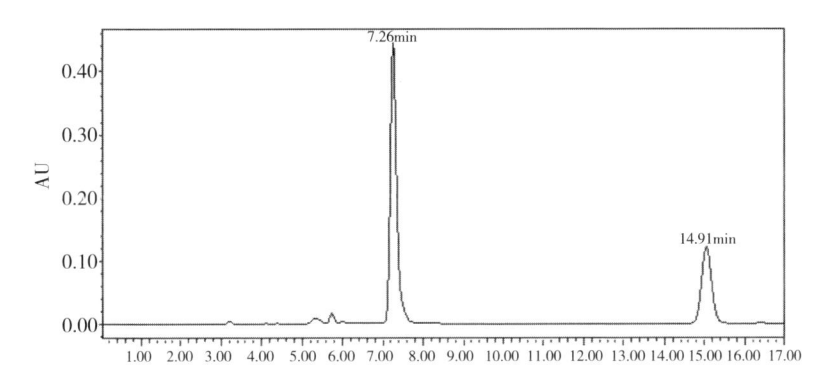

图 5-15 酸奶样品中 GABA 的液相色谱图

由图 5-15 可以看出，GABA 的出峰时间为 14.91min，L-谷氨酸钠的出峰时间为 7.26min。不同研究者所得出的 GABA 出峰时间不完全一致，这是由于标准品的纯度、流动相的组分和 OPA 的纯度不同所致。用高效液相色谱测得的添加不同底物浓度的 L-谷氨酸钠的添加量在 100mM、75mM、50mM、25mM 时，酸奶中 GABA 含量分别为 61mg/100g、46mg/100g、39mg/100g、13mg/100g。当添加 L-谷氨酸钠的浓度为 100mM 时，GABA 的含量最高，但此时发酵的酸奶口感欠佳。本实验综合酸奶口感、质构特性及 GABA 含量等指标，最终选择底物 L-谷氨酸钠的添加量为 75mM。

5.5 本章小结

利用分离自内蒙古传统发酵乳制品中的植物乳杆菌 SY-8834 制备高活性直投式乳酸菌发酵剂的关键技术包括：高密度培养技术、冷冻干燥工艺及菌粉储藏稳定性试验。通过单因素实验，采用 Plackett-Burman 法、最陡爬坡试验和 Box-Behnken 设计对植物乳杆菌培养基成分进行优化；通过单因素试验对影响菌体浓度的恒定 pH 值、中和剂以及补料浓度进行了筛选，确定发酵罐高密度培养的最佳条件；通过单因素实验及正交实验设计的方法优化了最佳的复合冻干保护剂配方，利用电镜扫描观察冻干菌粉在添加冻干保护剂和不添加冻干保护剂冻干前后菌体的内部形态变化；并对储藏期间发酵剂的活菌数变化进行了研究。通过上述的研究得出以下结论：

（1）对植物乳杆菌 SY-8834 的菌体浓度、活菌数有明显影响的因子进行筛选，确定了显著因子为葡萄糖、柠檬酸氢二铵和硫酸锰。经响应面优化后，得到植物乳杆菌 SY-8834 活菌数（Y）对葡萄糖（X1）、柠檬酸氢二铵（X2）和硫酸锰（X3）的多项回归方程为：$Y=6.65+0.39X1+0.013X2+0.19X3+0.11X1X2-0.100X1X3+0.0075X2X3-0.77X1^2-0.43X2^2-0.44X3^2$。并由此方程得到了最佳增值培养基配方：葡萄糖 16.31g/L，酵母粉 7.5g/L，胰蛋白胨 15g/L，牛肉膏 7.5g/L，柠檬酸氢二铵 3.52g/L，乙酸铵 5g/L，乙酸钠 5g/L，Tween 80 1.5mL/L，硫酸镁 0.87g/L，硫酸锰 0.41g/L。菌体浓度在优化后的增殖培养基中可达 6.48×10^{10} CFU/mL，是基础 MRS 配方浓度的 2.1 倍。

（2）确定发酵罐高密度培养的最佳 pH 值为 5.8，最佳中和剂为 $NH_3\cdot H_2O$，最佳补料葡萄糖的浓度为 30g/L。菌体浓度在优化的增殖培养基中利用发酵罐进行菌体高密度培养，菌体密度可达 2.74×10^{11} CFU/mL，是基础 MRS 配方浓度的 8.7 倍。

（3）菌体高密度培养完成，离心收集菌体，添加保护剂并冻干。得到菌体最佳收获时间是 14min，最优的离心条件为 6000r/min，离心 10min；最佳的复合冻干保护剂配方为脱脂乳 10%、L-谷氨酸钠 4%、海藻糖 4%、麦芽糖糊精 4%；冻干厚度为 0.5cm；保护剂与菌泥比例为 1∶4，冻干菌粉存活率最高为 87.3%，冻干菌粉中的活菌数为 2.27×10^{11} CFU/g。

（4）发酵剂在 4℃和 25℃储藏 45 天期间，活菌数分别为 4.27×10^{11} CFU/g 和 3.66×10^{11} cfu/g，4℃条件下储存要优于 25℃。

参考文献

[1] PRAKASH O, NIMONKAR Y, SHOUCHE Y S. Practice and prospects of microbial preservation [J]. FEMS Microbiology Letters, 2013, 339(1): 1–9.

[2] TO B C S, ETZEL M R. Spray drying, freeze drying, or freezing of three different lactic acid bacteria species [J]. Journal of Food Science, 1997, 62(3): 576–578.

[3] BAUER S A W, SCHNEIDER S, BEHR J, et al. Combined influence of fermentation and drying conditions on survival and metabolic activity of starter and probiotic cultures after low-temperature vacuum drying [J]. Journal of Biotechnology, 2012, 159(4): 351–357.

[4] CARVALHO A S, SILVA J, HO P, et al. Protective effect of sorbitol and monosodium glutamate during storage of freeze–dried lactic acid bacteria [J]. Le Lait, 2003, 83(3): 203–210.

[5] FONSECA F, BÉAL C, CORRIEU G. Method of quantifying the loss of acidification activity of lactic acid starters during freezing and frozen storage [J]. Journal of Dairy Research, 2000, 67(1): 83–90.

[6] ABADIAS M, BENABARRE A, TEIXIDÓ N, et al. Effect of freeze drying and protectants on viability of the biocontrol yeast Candida sake [J]. International Journal of Food Microbiology, 2001, 65(3): 173–182.

[7] 赵瑞香. 嗜酸乳杆菌及其应用研究 [M]. 北京：科学出版社，2007:98–99.

[8] 刘颖, 满朝新, 吕学娜, 等. 植物乳杆菌 NDC75017 对 Caco-2 细胞中 il-6 表达的影响 [J]. 微生物学报, 2012, 52(10): 1237–1243.

[9] 王微, 赵新淮. 增稠剂对酸奶质地的影响研究 [J]. 中国乳品工业, 2006, 34(11): 20–22.

[10] YANG S Y, LÜ F X, LU Z X, et al. Production of γ–aminobutyric acid by Streptococcus salivarius subsp. thermophilus Y2 under submerged fermentation [J]. Amino Acids, 2008, 34(3): 473–478.

[11] YAZICI F, ALVAREZ V B, HANSEN P M T. Fermentation and properties of calcium-fortified soy milk yogurt [J]. Journal of Food Science, 1997, 62(3): 457–461.

[12] JAGANNATH A, RAJU P S, BAWA A S. Comparative evaluation of bacterial cellulose (nata) as a cryoprotectant and carrier support during the freeze drying process of probiotic lactic acid bacteria [J]. LWT –Food Science and Technology, 2010, 43(8): 1197–1203.

[13] VINDEROLA G, ZACARÍAS M F, BOCKELMANN W, et al. Preservation of functionality of Bifidobacterium animalis subsp. lactis INL1 after incorporation of freeze-dried cells into different food matrices [J]. Food Microbiology, 2012, 30(1): 274-280.

[14] 江汉湖. 食品微生物学 [M]. 2 版. 北京：中国农业出版社, 2005.

[15] 高鹏飞, 李妍, 赵文静, 等. 益生菌 Lactobacillus casei Zhang 增殖培养基的优化 [J]. 微生物学通报, 2008, 35(4): 623-628.

[16] 叶雪飞, 阮辉, 冯石开, 等. 发酵乳杆菌增殖培养基营养因子优化研究 [J]. 食品科学, 2010, 31(5): 194-196.

[17] 任亚妮, 车振明, 金建, 等. 短乳杆菌的培养条件及高密度培养研究 [J]. 中国调味品, 2011, 36(6): 48-53.

[18] 叶雪飞, 阮辉, 冯石开, 等. 发酵乳杆菌增殖培养基营养因子优化研究 [J]. 食品科学, 2010, 31(5): 194-196.

[19] EDWARD V A, HUCH M, DORTU C, et al. Biomass production and small-scale testing of freeze-dried lactic acid bacteria starter strains for cassava fermentations [J]. Food Control, 2011, 22(3/4): 389-395.

[20] RIESENBERG D, GUTHKE R. High-cell-density cultivation of microorganisms [J]. Applied Microbiology and Biotechnology, 1999, 51(4): 422-430.

[21] 尚天翠. 温度及 pH 条件对乳酸菌生长影响的研究 [J]. 伊犁师范学院学报 (自然科学版), 2011, 5(3): 32-36.

[22] 李爱江, 张敏, 辛莉. 发酵生产过程中发酵条件对微生物生长的影响 [J]. 农技服务, 2007, 24(4): 124-126.

[23] 王璐. 盐胁迫下乳酸菌的高密度培养及冻干保护的研究 [D]. 哈尔滨：哈尔滨工业大学, 2010.

[24] 高鹏飞, 李妍, 赵文静, 等. 益生菌 Lactobacillus casei Zhang 增殖培养基的优化 [J]. 微生物学通报, 2008, 35(4): 623-628.

[25] HONGPATTARAKERE T, RATTANAUBON P, BUNTIN N. Improvement of freeze-dried lactobacillus plantarum survival using water extracts and crude fibers from food crops [J]. Food and Bioprocess Technology, 2013, 6(8): 1885-1896.

[26] 任亚妮, 车振明, 金建, 等. 短乳杆菌的培养条件及高密度培养研究 [J]. 中国调味品, 2011, 36(6): 48-53.

[27] SCHWAB C, VOGEL R, GÄNZLE M G. Influence of oligosaccharides on the viability and membrane properties of Lactobacillus reuteri TMW1.106 during freeze-drying [J]. Cryobiology, 2007, 55(2): 108-114.

[28] 孙欣, 祝清俊, 王文亮, 等. 直投式酸奶发酵剂制备关键技术 [J]. 中国酿造, 2011, 30(10): 17-19.

[29] 张建友. 冻干乳酸菌菌种的研究 [D]. 哈尔滨: 东北农业大学, 2003.

[30] 严佩峰, 豆成林, 李志成. 离心条件对乳酸菌离心存活率的影响 [J]. 食品科技, 2008, 33(11): 40-43.

[31] 朴鹏, 刘芳, 霍贵成. 离心条件对双歧杆菌存活力的影响 [J]. 山东大学学报 (理学版), 2008, 43(7): 40-44, 50.

[32] RACINE F M, SAHA B C. Production of mannitol by Lactobacillus intermedius NRRL B-3693 in fed-batch and continuous cell-recycle fermentations [J]. Process Biochemistry, 2007, 42(12): 1609-1613.

[33] PÖRTNER R, MÄRKL H. Dialysis cultures [J]. Applied Microbiology and Biotechnology, 1998, 50(4): 403-414.

[34] BEAL C, FONSECA F, CORRIEU G. Resistance to freezing and frozen storage of Streptococcus thermophilus is related to membrane fatty acid composition [J]. Journal of Dairy Science, 2001, 84(11): 2347-2356.

[35] 程艳薇, 刘春梅, 谭书明, 等. 嗜酸乳杆菌菌粉的加工技术研究 [J]. 食品科技, 2010, 35(9): 46-50.

[36] 赵瑞香. 嗜酸乳杆菌及其应用研究 [M]. 北京: 科学出版社, 2007: 98-99.

[37] 刘颖, 满朝新, 吕学娜, 等. 植物乳杆菌 NDC 75017 对 Caco-2 细胞中 il-6 表达的影响 [J]. 微生物学报, 2012, 52(10): 1237-1243.

[38] BUCK K, VOEHRINGER P, FERGER B. Rapid analysis of GABA and glutamate in microdialysis samples using high performance liquid chromatography and tandem mass spectrometry [J]. Journal of

Neuroscience Methods, 2009, 182(1): 78-84.

[39] DE FREITAS SILVA D M, FERRAZ V P, RIBEIRO A M. Improved high-performance liquid chromatographic method for GABA and glutamate determination in regions of the rodent brain [J]. Journal of Neuroscience Methods, 2009, 177(2): 289-293.

[40] 葛菁萍, 蔡柏岩, 宋明明, 等. 高效液相色谱法测定乳酸菌中的 γ-氨基丁酸 [J]. 食品科学, 2008, 29(6): 324-326.

[41] 范修海. 益生酸豆奶直投式发酵剂的开发 [D]. 哈尔滨: 东北农业大学, 2013.

[42] ROUBOS J A, VAN STRATEN G, VAN BOXTEL A J B. An evolutionary strategy for fed-batch bioreactor optimization; concepts and performance [J]. Journal of Biotechnology, 1999, 67(2/3): 173-187.

[43] 章德法. 发酵香肠超浓缩高活性发酵剂的研制及应用 [D]. 南京: 南京农业大学, 2008.

[44] 刘冬梅, 李理, 梁世中, 等. 直投式酸奶发酵剂研究进展 [J]. 中国乳品工业, 2005, 33(1): 29-33.

[45] 李晓瑜, 包大跃. 美国益生菌产品的发展状况 [J]. 中国食品卫生杂志, 2001, 13(1): 43-45.

[46] 彭木, 黄凤兰, 侯楠, 等. 乳酸菌的研究现状及展望 [J]. 黑龙江农业科学, 2012(12): 132-136.

[47] 郭本恒. 益生菌 [M]. 北京: 化学工业出版社, 2004.

[48] OBERG C J, BROADBENT J R. Thermophilic starter cultures: Another set of problems [J]. Journal of Dairy Science, 1993, 76(8): 2392-2406.

[49] LEE J, LEE S Y, PARK S, et al. Control of fed-batch fermentations [J]. Biotechnology Advances, 1999, 17(1): 29-48.

[50] 孟祥晨, 杜鹏, 李艾黎, 等. 乳酸菌与乳品发酵剂 [M]. 北京: 科学出版社, 2009.

[51] FERNÁNDEZ M F, BORIS S, BARBÉS C. Probiotic properties of human lactobacilli strains to be used in the gastrointestinal tract [J]. Journal of Applied Microbiology, 2003, 94(3): 449-455.

[52] 姚汝华. 微生物工程工艺原理 [M]. 广州: 华南理工大学出版社, 1996: 161.

[53] MANN G V. Studies of a surfactant and cholesteremia in the maasai [J]. The American Journal of Clinical Nutrition, 1974, 27(5): 464-469.

[54] 赖新峰, 王立生, 潘令嘉, 等. 双歧杆菌对裸鼠腹腔巨噬细胞激活作用的初步观察 [J]. 中国微

生态学杂志, 1999, 11(6): 336–338.

[55] 尹胜利, 杜鉴, 徐晨. 乳酸菌的研究现状及其应用[J]. 食品科技, 2012, 37(9): 25–29.

[56] TAKANO D T. Anti-hypertensive activity of fermented dairy products containing biogenic peptides [J]. Antonie Van Leeuwenhoek, 2002, 82(1): 333–340.

[57] ESSER S, REILLY W T, RILEY L B, et al. The role of sentinel lymph node mapping in staging of colon and rectal cancer [J]. Diseases of the Colon and Rectum, 2001, 44(6): 850–854;discussion 854–856.

[58] 岑沛霖, 蔡谨. 工业微生物学[M]. 北京: 化学工业出版社, 2000: 150.

[59] 徐丽丹, 邹积宏, 袁杰利. 乳酸菌的降血压作用研究进展[J]. 中国微生态学杂志, 2009, 21(4): 366–368.

[60] MASLOWSKI K M, VIEIRA A T, NC A, et al. Regulation of inflammatory responses by gut microbiota and chemoattractant receptor GPR43 [J]. Nature, 2009, 461(7268): 1282–1286.

[61] 周晓莹, 陈晓琳. 乳酸菌的益生作用及其应用研究进展[J]. 中国微生态学杂志, 2011, 23(10): 946–949.

[62] AGUIRRE-EZKAURIATZA E J, AGUILAR-YÁÑEZ J M, RAMÍREZ-MEDRANO A, et al. Production of probiotic biomass (Lactobacillus casei) in goat milk whey: Comparison of batch, continuous and fed-batch cultures [J]. Bioresource Technology, 2010, 101(8): 2837–2844.

[63] 雷欣宇, 康建平, 曾凡坤, 等. 嗜酸乳杆菌增殖培养基的响应面优化[J]. 食品科技, 2013, 38(1): 7–12.

[64] LUCAS A, SODINI I, MONNET C, et al. Probiotic cell counts and acidification in fermented milks supplemented with milk protein hydrolysates [J]. International Dairy Journal, 2004, 14(1): 47–53.

[65] DE VUYST L. Technology aspects related to the application of functional starter cultures [J]. Food Technology and Biotechnology, 2000, 38(2): 105–112.

[66] KOSIN B, RAKSHIT S K. Microbial and processing criteria for production of probiotics: A review [J]. Food Technology and Biotechnology, 2006, 44(3): 371–379.

[67] MOHAMMADI R, SOHRABVANDI S, MOHAMMAD MORTAZAVIAN A. The starter culture characteristics of probiotic microorganisms in fermented milks [J]. Engineering in Life Sciences,

2012, 12(4): 399–409.

[68] GOMES A M P, MALCATA F X. Bifidobacterium spp. and Lactobacillus acidophilus: Biological, biochemical, technological and therapeutical properties relevant for use as probiotics [J]. Trends in Food Science & Technology, 1999, 10(4/5): 139–157.

[69] 王艳萍, 习傲登, 许女, 等. 嗜酸乳杆菌高密度培养及发酵剂的研究 [J]. 中国酿造, 2009, 28(5): 111–116.

[70] 卫玲玲. 泡菜用直投式发酵剂的研究 [D]. 杭州: 浙江大学, 2012.

[71] 贺璟. 鼠李糖乳杆菌直投式发酵剂的研究 [D]. 长沙: 湖南农业大学, 2012.

[72] 孙灵霞, 张秋会, 李红, 等. 直投式酸奶发酵剂在酸奶制作中应用的初步研究 [J]. 食品与发酵科技, 2011, 47(6): 63–64, 69.

[73] 刘大为. 嗜酸乳杆菌高密度培养及浓缩型发酵剂研究 [D]. 天津: 天津科技大学, 2010.

[74] 田辉. 嗜热链球菌高密度培养与直投式发酵剂开发 [D]. 哈尔滨: 东北农业大学, 2012.

[75] 黄良昌, 吕晓玲, 邢晓慧. 酸奶发酵剂的研究进展 [J]. 广州食品工业科技, 2001, 17(3): 43–46, 57.

[76] 宋金慧. 高活力益生菌发酵剂的制备及产品开发 [D]. 北京: 中国农业科学院, 2009.

[77] BOMRUNGNOK W, SONOMOTO K, PINITGLANG S, et al. Single step lactic acid production from cassava starch by laactobacillus plantarum SW14 in conventional continuous and continuous with high cell density [J]. APCBEE Procedia, 2012, 2: 97–103.

[78] SUZUKI T. A dense cell culture system for microorganisms using a stirred ceramic membrane reactor incorporating asymmetric porous ceramic filters [J]. Journal of Fermentation and Bioengineering, 1996, 82(3): 264–271.

[79] 高松柏. 酸奶的发展趋势 [J]. 中国乳品工业, 2001, 29(5): 14–17.

[80] 刘宇峰, 王金英. 直接使用型酸奶发酵剂的研制 [J]. 中国乳品工业, 1995, 23(6): 274–279.

[81] 周洋, 赵玉娟, 牛春华, 等. 植物乳杆菌 SC9 直投式发酵剂的研究 [J]. 农产品加工(学刊), 2013(21): 11–14.

[82] 罗云波. 食品生物技术导论 [M]. 北京: 中国农业大学出版社, 2002: 237–287.

[83] SOLIMAN N A, BEREKAA M M, ABDEL-FATTAH Y R. Polyglutamic acid (PGA) production

by Bacillus sp. SAB-26: Application of Plackett-Burman experimental design to evaluate culture requirements [J]. Applied Microbiology and Biotechnology, 2005, 69(3): 259-267.

[84] JIANG D H, JI H, YE Y, et al. Studies on screening of higher γ-aminobutyric acid-producing Monascus and optimization of fermentative parameters [J]. European Food Research and Technology, 2011, 232(3): 541-547.

[85] 熊涛, 黄锦卿, 宋苏华, 等. 植物乳杆菌发酵培养基的优化及其高密度培养技术 [J]. 食品科学, 2011, 32(7): 262-268.

[86] 张兰威, 刘维, 张书军. 促进混合培养的保加利亚杆菌和嗜热链球菌生长的物质研究 [J]. 中国乳品工业, 1999, 27(1): 12-15.

[87] 刘丹, 潘道东. 直投式乳酸菌发酵剂增菌培养基的优化 [J]. 食品科学, 2005, 26(9): 204-207.

[88] FITZPATRICK J J, AHRENS M, SMITH S. Effect of manganese on Lactobacillus casei fermentation to produce lactic acid from whey permeate [J]. Process Biochemistry, 2001, 36(7): 671-675.

[89] LACROIX C, YILDIRIM S. Fermentation technologies for the production of probiotics with high viability and functionality [J]. Current Opinion in Biotechnology, 2007, 18(2): 176-183.

附 录
植物乳杆菌 SY-8834 的 *pln* 基因序列

plnB:

TTGTGCCACTGTAACACCATGACCCCATCATTTGTGCGATTTTTGGGGGTGCTGTTAATGGTTT
CGGGACCGGAACGGCCCTCAAAAATGGGATTTCAACCGGTGGCCTCGATATTATCGGTATCGTGTTA
CGCCGTAAAACGGGTCGCAGTATTGGGACGATCAACATGGCGTTCAACTCGATCATTGTCATTTAGG
CTTGCTCTGAAA

plnC:

TTTAGCAGATGGAATTCGGCAGCATGGGCAAGTTTTATGCCAAGTCGAAAGAAAGTTACTTTA
AAAAAGTCTTCATCGGTACGACGCTTGACATTCAGCAAAAAATGGCAGTATAAAGCAATCAATAG
AATGAGAGCGGCTATTAAGTAGCAGAACAAAAAAAACAGCGGTTCACTGCCAGATTAGGACTGTGA
ACCGCTGCTTTTAAGCGTCATAATTAAGGTTGTTCTGTTTCATTGAGACCGACTGATTCATCATCAAC
CGTGTTTTCGGCTGCGTGGCGGTTGAAGAGTAAGTTAAGGCCAACTGCGGCTACACTACCAACGAC
CACCCCGTTGCTCAACATGATTTGAAGTGCACCAGGTAAGAATTGGAAGATATTGGATTGCACCGGT
GGATTATAGCAA

plnD:

TTTTGAGGGAACAAACAGACTGGACTTGAATTAGCCAGTCGAATTCGGGCAACGATACCATT
GGCTAAAATAGTTTTCATTACAACACACGATGAGCTATCGTTTGTAACTCTGGAACGGCGGATTGCA
CCGTTGGATTATATTTTGAAAGACCAGTCTGCTGACCTAATTACGCAAATGATTATTAAGGCATCAA
TGTAGTACAGAACGAATTAAAAAAGACTAATAGTCAGCGCAAAGATGTTTTTAACTATAAGTTAGG
AACGCGATACTTTTCACTCGCATTAGATGATGTGATTTTGTTGAGTACATCTAAACTGCGACCGGGC
AGCGTACAACTCCATGCTATTAATAAGGTTGCTGAGTTCCCAGGAAATTTAAATGCGCTCGAAGAA
AAGTATCCGCAATTTTTTCCGAATGCA

plnEF:

TTTTGGCATTGTTTAAATTCCCCCCATATAAACTAAAAAGGCTGAGCACTGCAGGCCCAGTCA

TAAATCGAGTGCTTTCTTATAGTGCTTAAACTTGATGGCTTGAACTATCCGTGGATGAATCCTCGGA
CAGCGCTAATGACCCAATCGGCAGGCCCAACAGCACTTTTATAATTATTCCGAACGCCACGCGCGCT
ATAGGCATGGAAAACGCCACCTGAAATAGCATTTAATTCACGGTCACGCAAAACTAGAAATTTTTC
ATAATTGTTGATCTCCCCCAAGAAAATTAACGAATACTTTTCAAAATACCACGAATGCCTGCAACTG
AACCAATTGCATCAACAACATGTCGAACACTTTTACCAAAGTTATAACCGCCCCGATTAAAACCACC
AGATATTTTGGCAAGCTTTTTTTGGGCCCAACCTGA

plnG:

TCTTGCGGTTTATTTGTATGTCAAAGGAACGGTTTGAAAGCGAATGGTCCGGAGTTGCCCTTTT
CTTTGCACCGAAGTCGGAATATAAGCCAGTTAAGCAAGATAAGGGC TCACTATGGGGATTTATTCC
AAGCTTATTAAAGCAGCGCCGACTGGTTATTAATATTGTGCTTGCTGCAGTTTTAATCACGATTATTA
GTATCTGTGGGTCTTATTTCTTACAAGCGGTGATTGATACTTATATTCCCAATAATATGCACAGTACA
TTGGCAGTGGTGGGCATTGGTCTAATCGTTTTTTATACCTTTCAGGCTATCTTTACTTATGCCCAGAA
TTTTTTATTGGCGGTTTTAGGTCAACGACTTTCGATTGAAATTATTTTAGGCTATA TTCGGCACGTCT
TTGAATTGCCAATGAGTTTTTTTGCCACTCGGCGGACGGGGGAATGG

plnI:

ATCCTGGGCGGGTAATTAGGTGTAAGGCTTCGTTTAGAAAGTCGCGGGAATTGAATAAGTTGT
TGAGAGACAACTAGTTTTTTAATATTATTTAGAGCTTCTGTCAGTGTTATTTGACAGAGCTCTTTTGT
TATGAATATGAAAACTGATTATATATAATACGGCGCTGAAGATAGTTGGAGTAGGGCTCTAATTATG
ATCTTATGAGTATTAAAATGGCTAAAAAGTAAGCACGGTACTCGATCGTAAAGTATATTAGCATGGT
GTTAAGACGTGAAATTTAGTTGGCGATATGCCTAGCTTTTAGCGTAACCCAAAACTTCAAAGATAAT
TGAAATTGTAGTGCTGCAAACAATAATTTATAGGAATTCAAAATGGATGATTACTCGTCTATTTTAT
CTTCAATATTTAGGATACTCAATAACTTCCAATGCTTAGAGGAGG

plnK:

TCTGTAAGCATTGCTAACCAATCAAAATAAATATTAAGGAAAATCGCACCCATATAACCAGCC
ACAAAGAGCACTAATACTAGCGGGTAATATCTTCTTTTGAAATCAAT TTCTATCATCTATTATAATC
CCCCGAGACATCAATTATAGTGCGTGCGACCGACCGATTCAAACACGTATTCAACGACATTCTTACG
ACTCTGGCGGCCACCAGAAATATTCTTTTCAGCGTCAGCAGT

plnS:

TTTTTCCACCGTTGTCTATGTACTCTACTTAATTTACCGTGTGCTTATTAAGGTTAATTGATAAGGTGTTGTCTTATTTGGGTTCTTGTATGGCTTCCTCACCAATGCCTCCTTTCTGGTTGCGCTTCCCCTTAAACTATTAACGATTTCTAACTTGATGTTAAACTGATTTATTGTCAAAATCACTATTTAAATATTTTATTTTATGATGGCAATACAAACACTTTGATTATCGCGATATACTTATACGAGCATTACCTTTTTCAATAAGGAGGCACTACTGATGAACTCATTCAAGAACCCACTTATGACAACACCCTATCTGCTAGCCATAATCGCCACACTGACGATGCTAGTTAGTCCACTGACAACGGTTGTTATATCAGTACTGATATGGTTGTCGGGCATTACGTGGGTAAGGC